물리가 쉬워지는

미적분

물리가 쉬워지는

미적분

| 처음 만나는 물리수학책 |

나가노 히로유키 지음 | 위정훈 옮김 | 김범준 감수

비전코리아

시작하며

선생: '물리가 쉬워지는 미적분'의 세계에 오신 것을 환영합니다!

학생: 예? 저한테 하신 말씀이세요?

선생: 그럼요, 학생에게 한 말이죠. 이 책을 펼쳐줘서 고마워요.

학생: 뭔가 싶어서요. 물리와 수학이 같이 있는 책은 처음 봤거든요.

선생: 고등학생이에요?

학생: 예. 고등학교 2학년이에요.

선생: 고등학생들에게는 좀 생소하겠지만, 대학에 들어가면 종종 접하게 될 거예요.

학생: 그렇군요. 이 책은 어떤 내용인데요?

선생: 한마디로 말하면, 미적분을 전혀 모르는 사람에게 미적분을 사용해 뉴턴 역학 문제를 다루는 방법을 알려주는 입문서예요.

학생: 물리에 필요한 수학이라면…, 미적분을 말하는 건가요?

선생: 일반적으로 물리에서 사용되는 수학적 방법 전반을 가리키므로 벡터해석이나 군론(群論) 등의 분야도 포함해야겠죠. 하지만 이 책에서는 미적분만 다룬답니다.

학생: 그런데 …, 말씀하시는 분은 누구세요?

선생: 수학학원 원장입니다.

학생: 물리 선생님이 아니시네요?

선생: 예. 하지만 학원에서 때때로 물리도 가르치고 있어요. 또 대학에서 관련 학과를 전공했고요.

학생: 그렇군요. 그런데 왜 이런 책을 쓰신 거예요? 미적분을 가르쳐주는 책이라면 '미적분'이라고 이름 붙이면 되고, 물리를 가르쳐주는 책이라면 그냥 '물리'라고 하는 게 더 낫잖아요.

선생: 그 이야기를 하기 전에…, 학생은 '물리' 하면 어떤 이미지가 떠오르나요?

학생: 공부를 많이 안 해서 잘 모르겠지만, 공식에 집어넣어서 답을 얻는다는 이미지를 갖고 있어요.

선생: 나도 고등학교에서 물리를 처음 배웠을 때 원래 있던 자연현상을 수학적 공식으로 표현하는 것을 물리라고 생각했어요.

학생: 다른가요?

선생: 완전 다르죠! 미적분 개념을 적용하면, 교과서에 문득문득 등장하는 수많은 공식이 수학과 연계돼 있음을 알 수 있어요. 수학 안에서 자연계를 지배하는 법칙을 찾을 수 있지요. 자연계는 우연히 공식대로 이루어져 있는 것이 아니랍니다.

학생: … 하지만 자연계는 공식대로잖아요?

선생: 결과적으로는 그렇죠. 하지만 같은 역사라도 그냥 '옛날에 이런 사건이 있었다'라고 배우는 것과 사건이 일어나기까지의 경위와 이유를 알고서 배우는 것은 전혀 다르죠? 이해도나 학습의 심화 정도 면에서 차이가 클 거예요.

학생: 뭐, 그건 그렇죠.

선생: 나는 고등학교 2학년 때 운 좋게도 미적분을 사용해 물리를

다루는 방법을 배웠어요. 하얀 종이와 연필만으로 자연법칙(공식)을 내가 이끌어낼 수 있다는 사실에 얼마나 흥분했는지 몰라요. 그 감동은 지금도 잊히지 않네요. 기억 속에 생생하게 남아 있죠.

학생: 흥분할 것까지야…. (너무 심하네! 웃음)

선생: 미적분을 통해 물리를 생각하면 좋은 점이 또 있어요.

학생: 그게 뭔데요?

선생: 수학을 잘하게 돼요.

학생: 물리를 공부하면 수학을 잘하게 된다고요?

선생: 학년이 올라갈수록 수학이 점점 어려워지면서 계산도 복잡해져요. 몇 자릿수나 되는 수식 변형을 하다가 '어라, 지금 내가 뭘 계산하고 있었지?' 했던 적이 없었나요?

학생: 예, 있었어요. 그 느낌 알아요.

선생: 하지만 물리는 그런 일이 없어요. 아무리 계산이 복잡해도 결과는 어떤 현상을 설명하고 있기 때문이죠. 미적분으로 물리법칙을 이끌어내면 수식의 의미를 생각하게 됩니다. 이것이 수식을 '읽는' 힘을 길러주는 거죠. 수학(특히 미적분)과 물리는 떼려야 뗄 수 없는 관계예요. 두 과목 모두 공부해야 서로의 이해를 높일 수 있답니다. 이 책은 그런 상승효과를 노렸어요.

학생: 그렇군요. 그럼 고등학교에서 물리를 배우면 선생님이 말씀하시는 '상승효과'를 실감할 수 있나요?

선생: 못 합니다. 일본의 고등학교에서는 물리를 가르칠 때 미적분을 사용하지 않아요. 그래서 물리공식 뒤에 감춰진 이론을 이

해하기 어렵죠. 복잡한 계산의 의미를 생각하는 개념이 부족하거든요.

학생: 왜 고등학교에서 미적분을 사용하지 않는 건데요?

선생: 그건… 미적분을 사용하려면 미적분의 개념은 물론이고 다양한 함수에 대한 지식 등이 필요한데 그런 것들을 이해한 다음에 물리를 시작하면 너무 늦다는 거죠. 뭐 이런 사정 때문에 미적분을 사용하지 않는 거라고 생각해요.

학생: 어른들의 사정 때문이라는 거죠….

선생: 하지만 고등학교 수학에서는 미적분과는 관계없는 단원도 배우기 때문에 쓸데없는 시간이 걸린다는 측면도 있어요. 미적분에 필요한 수학만으로 축소시키면 비교적 단기간에 필요한 것을 습득할 수 있겠죠.

학생: 아까 이 책은 '미적분을 사용해 뉴턴 역학 문제를 다루는 방법을 알려주는 입문서'라고 하셨는데, 뉴턴 역학이 뭔가요?

선생: 역학이란 물체 사이에 작용하는 힘과 운동의 관계를 연구하는 물리학의 한 분야예요. 뉴턴 역학은 아인슈타인의 '상대성 이론' 이전의 역학을 말합니다. 요컨대 고등학교 물리에서 배우는 역학이라고 생각해도 됩니다.

학생: 역학 이외의 단원은 안 나오나요?

선생: 안 나옵니다. 수학의 의미를 파악할 수 있는 자연현상으로 역학이 가장 이미지화하기 쉽다고 생각하기에 거기까지로 제한했지요.

학생: 저는 미분이나 적분을 한 번도 배운 적이 없는데, 이 책이

저한테 어려울까요?

선생: 괜찮아요. 이 책을 읽는 데 필요한 건 수학 I, 수학 A에 나오는 기초 지식뿐이에요. 미적분은 물론 삼각함수나 지수, 로그 함수, 벡터 등도 가장 초보적인 것부터 아주 쉽게 설명하고 있으니까 그 점은 안심하세요.

학생: 수학 성적은 반 평균 정도인데, 정말로 저도 배울 수 있을까요?

선생: 물론이죠. 본문을 보면 알겠지만, 비슷한 책을 찾아볼 수 없을 정도로 아주 친절하게 설명하고 있어요. 수식 변형 도중에 미아가 되지 않도록 여러 곳에 가이드를 붙여두었지요.

학생: (정말 괜찮겠지…) 이 책의 수학 범위는 고등학교 과정까지인가요?

선생: 아뇨, 3장의 '미분방정식'에서는 약간 대학 범위까지 발을 들여놓습니다. 하지만 이 책을 보고 잘 따라온다면 무리 없이 이해할 수 있어요. 그리고 대학 수학에 나올 만한 '극단적인 엄밀함'에는 너무 집착하지 않도록 신경을 썼습니다. 미적분을 '사용할 수 있게' 하는 것이 최우선 목표예요.

학생: 그렇게까지 말씀하시니 읽어봐도 좋을 것 같아요. 그런데 이 책은 고등학생용인가요?

선생: 아뇨. 고등학생부터 읽을 수 있도록 썼지만 대학생이나 직장인도 대상입니다.

학생: 오빠가 대학교 2학년인데, '대학 수학이랑 물리는 너무 어려워' 하는 말을 입에 달고 살아요….

선생: 오빠도 읽었으면 좋겠네요. 앞에서도 말했듯이 고등학교 물

리 시간에는 미적분이 등장하지 않지만 대학 물리 강의에서는 아주 당연한 듯 미적분을 사용합니다. 얼마나 당황스럽겠어요? 이 책은 그런 사람들에게 도움이 될 거라 자부합니다.

학생: 다 읽은 뒤 오빠한테도 빌려줘야겠어요. 그런데 왜 직장인도 대상이에요? 직장인은 수학이나 물리가 필요 없잖아요?

선생: 아뇨, 그렇지 않아요. 실제로 학생 때 수학이나 물리를 포기했다가 직장인이 되어 그 필요성을 깨닫는 사람이 많다네요.

학생: 그런가요? 수학이나 물리를 포기했던 사람이 직장인이 된 다음에 극복할 수 있는 건가요?

선생: 물론이죠! 학생 때 아무리 수학과 담을 쌓고 살았더라도 직장인이 되어 수학의 매력에 빠질 수 있어요. 실제로 우리 학원 수강생 중에는 직장인이나 주부, 은퇴하신 분들도 많아요. 뒤늦게 수학을 이해하는 즐거움을 만끽하며 해묵은 수학 공포증을 날려버리고 있답니다.

학생: 고등학교 때 몰랐던 걸 알 수 있게 되다니 뭔가 특별한 방법으로 가르치시는 건가요?

선생: 특별한 방법은 아니고요, 그냥 '공부의 왕도'를 가르치고 있을 뿐이죠. 언제나 언어의 정의와 원리원칙에서 출발해서 비약이 없도록 논리를 전개하고, 결론을 이끌어내는 스타일로 해나가는 것이지요.

학생: 음, 뭔가 아주 어려운 것처럼 들리는데요….

선생: 아뇨. 사물은 정의나 원리원칙에서 멀어질수록 이해하기 힘들어요. 그리고 나는 전문 교사로서 지금까지 20년 이상 여

러 학생들을 지도해왔습니다. 초보자가 함정에 빠지기 쉬운 대목을 잘 알고 있으므로 '어려운 곳'은 특히 친절하게 짚어주면서 수업을 진행합니다. 학생들이 '선생님은 제가 모르는 대목을 어떻게 알고 콕 짚어주세요?' 하며 놀라곤 하지요.

학생: 수학이나 물리를 배우는 데 나이 제한은 없다, 이 말씀이세요?

선생: 맞아요! 나는 수학이나 물리는 평생학습을 하기에 가장 적합한 학문이라고 생각해요. 종이와 연필과 참고서가 있으면 수준에 맞춰, 언제나 하고 싶을 때 하고 싶은 만큼 다시 배워나갈 수 있거든요. 학생 때 수학을 포기했던 사람이나 완전히 잊어버린 사람이야말로 이 책을 꼭 읽었으면 좋겠어요. 수학과 물리를 함께 배우는 묘미를 알기 바랍니다.

학생: 그 말씀은…, 저와 오빠는 물론이고 엄마 아빠도 읽을 가치가 있다는 얘기인가요?

선생: 그런 식으로 가족이 돌려 읽으면 지은이로서 최고의 기쁨이죠. 이 책에는 평소 내가 학원에서 가르치는 수업 방식이 그대로 재현돼 있습니다. 그것은 수학이나 물리를 배우는 왕도인 동시에 사물을 이해하게 되는 최단 최적의 방법입니다. 아무리 나이를 먹더라도 수학이나 물리를 익히는 것이 인생에 가져다주는 은혜는 한없이 많아요.

학생: 그렇군요. (웃음)

선생: 그럼, 이 책의 'Q & A'에서 다시 만나요.

차례

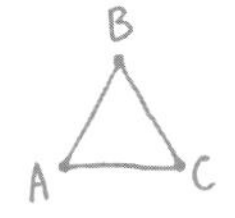

2장 적분

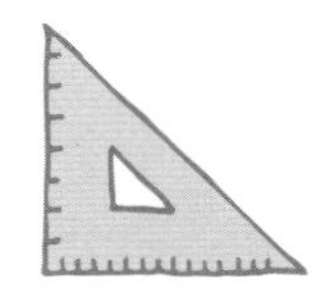

3장 미분방정식

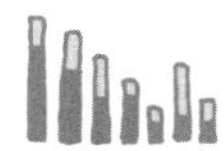

* 일러두기

1. 물리, 수학 용어는 주로 쓰이는 쪽으로 정리했습니다. 혼용해서 쓰이거나 원어명이 있는 경우 하나로 통일하고 처음 나올 때 병기했습니다.
2. 일본 고등학교의 수학 교육 과정은 우리나라와 일치하지 않습니다. 이 책을 보는 데 지장이 없을 시 특별한 경우를 제외하고는 일본 교육 과정만 적어놓았습니다.

1장

미분

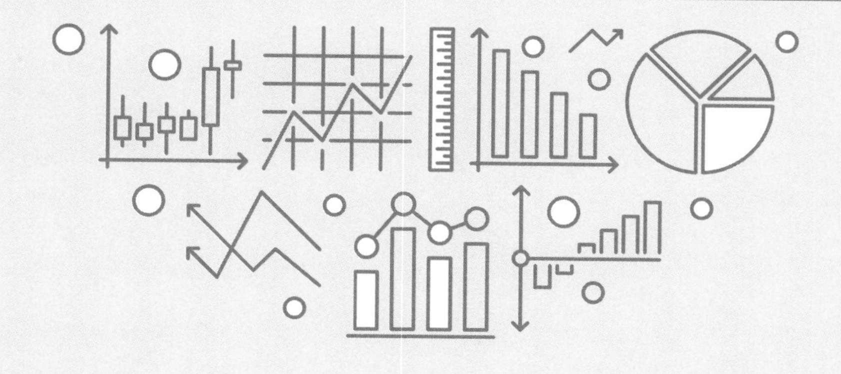

01 _ 미분계수

'한없이 가까워지는 값', 미분·적분의 시작

먼저 '**순간을 포착하는 수학**'이 뭔지 알아보자. 예를 들어 이런 문제가 있다고 하자.

> 처음에 멈춰 있던 자동차가 10초 동안 100m 나아갔다.
> 이 자동차의 속도를 구하라.

초등학생이라면 이렇게 말할지도 모른다.

"간단하네요. 속도는 거리÷시간이니까 100÷10=10. 따라서 초속 10미터겠죠."

그러나 문제에는 '처음에 멈춰 있던'이라고 적혀 있으므로 자동차는 멈춘 상태에서 가속하여 10초 동안 100미터를 움직였다고 할 수 있다. 속도는 시시각각 변화하므로 특정 순간에서의 속도, 즉 순간속도는 달라진다. 그러면 이 초등학생이 '거리÷시간'으로 계산한 '초속 10미터'는 무엇을 구한 것일까?

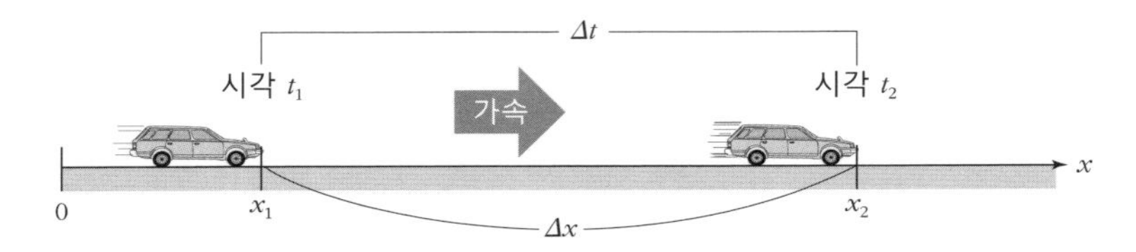

〈그림 1-1〉 속도는 일정하지 않고 점점 빨라진다.

〈그림 1-1〉과 같이 x축을 따라 가속운동을 하는 물체가 시각 t_1에서 시각 t_2 동안 x_1에서 x_2까지 이동한 경우 '거리÷시각'을 계산하면 **계속 똑같은 속도로 달렸다고 생각한 경우의 속도**, 즉 평균속도가 구해진다. **평균속도**를 $\bar{v}$로 나타내면 다음과 같다.

$$\bar{v} = \frac{x_2 - x_1}{t_2 - t_1} \tag{1-1}$$

초등학생이 구한 답은 시각 0[초]에서 시각 10[초] 사이의 평균속도였다.

(1-1)의 $x_2 - x_1$을 Δx, $t_2 - t_1$을 Δt라고 나타내면 이렇다.

$$\bar{v} = \frac{\Delta x}{\Delta t} \tag{1-2}$$

주

수학이나 물리에서는 보통 $\bar{v}$(브이 바라고 읽는다)와 같이 문자(변수) 위에 '－'를 붙여 **평균**을 나타내거나, Δx(델타 엑스라고 읽는다)와 같이 문자(변수) 앞에 'Δ'를 붙여 **변화량**을 표시한다.

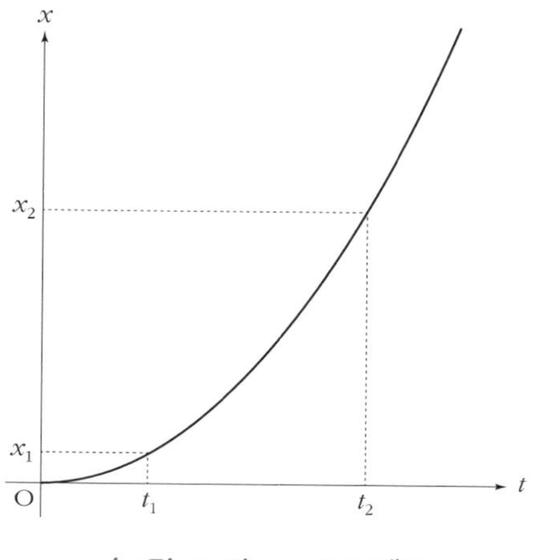

〈그림 1-2〉 $x-t$ 그래프

가속하는 물체의 운동을 시각 t를 가로축으로, 위치 x를 세로축으로 하여 그래프로 나타내면 곡선이 된다(〈그림 1-2〉). 이 그래프 위에 두 점 $P_1(t_1, x_1)$, $P_2(t_2, x_2)$를 찍으면 (1-1)이나 (1-2)로

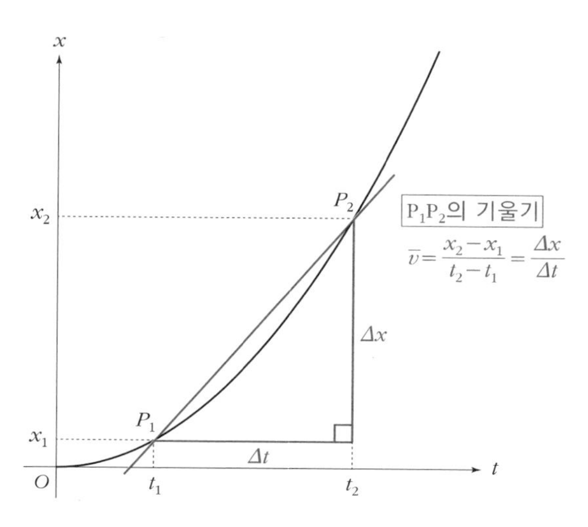

〈그림 1-3〉 평균속도 $\bar{v}$는 직선 P_1P_2의 기울기

나타나는 평균속도 $\bar{v}$는 '**직선 P_1P_2의 기울기**'가 된다(〈그림 1-3〉).

말이 길어졌는데, 지금부터가 진짜 문제다. 가속운동에서도 평균속도는 초등학교 때부터 친숙한 '거리÷시간'으로 구할 수 있지만, 어떤 시각의 **순간속도**를 구하려면 어떻게 해야 할까? 시시각각 속도가 변화하는 운동(가속운동)에서 순간속도를 구하려면, 극한과 미분계수라는 수학이 필요하다. 먼저 극한부터 살펴보자.

극한

함수 $f(x)$가 다음과 같을 때,

$$f(x) = \frac{1}{x}$$

여기서 x의 값을 한없이 크게 하면 $f(x)$는 한없이 0에 가까워진다. 〈그림 1-4〉를 봐도 명백하다.

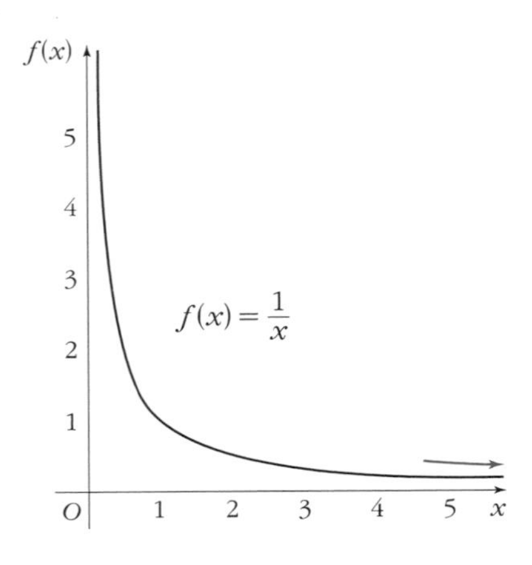

〈그림 1-4〉 $f(x) = \frac{1}{x}$ 그래프

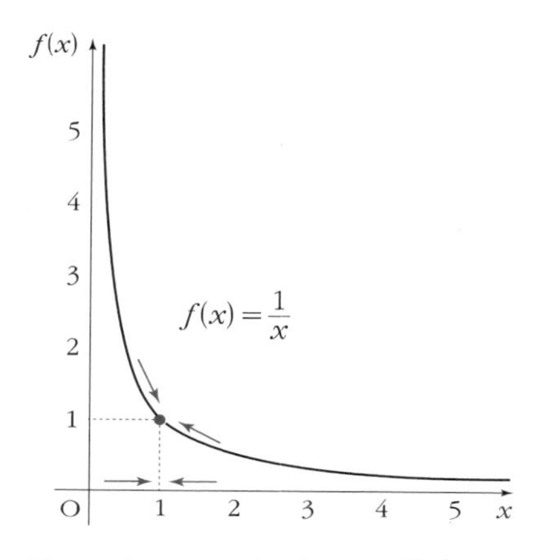

〈그림 1-5〉 $x=1$일 때 함수 $f(x)$의 극한

이것을 수학에서는 아래처럼 나타낸다.

$$\lim_{x \to \infty} f(x) = \lim_{x \to \infty} \frac{1}{x} = 0 \qquad (1\text{-}3)$$

그리고 0을 **x가 무한대(∞)로 갈 때 함수 $f(x)$의** 극한값 또는 극한이라고 한다. 또한 같은 $f(x)$로 x의 값을 1에 한없이 가깝게 하면, $f(x)$는 한없이 1에 가까워진다(〈그림 1-5〉).

이것은 다음과 같이 적는다.

$$\lim_{x \to 1} f(x) = \lim_{x \to 1} \frac{1}{x} = 1 \qquad (1\text{-}4)$$

1은 $x \to 1$일 때 함수 $f(x)$의 극한(값)이다. 또한 (1-3)이나 (1-4)와 같이 $f(x)$의 극한(값)이 일정한 값일 때, $f(x)$는 **수렴**한다고 말한다. 그런데 (1-3)과 (1-4)를 나란히 쓰면 "(1-4)의 '=(같다)'

는 맞지만 (1-3)의 '='는 실은 '≒(대략 같다)'이겠죠?" 하고 의심하는 사람이 적지 않다. 충분히 이해된다. $\frac{1}{x}$의 x를 아무리 크게 해도 절대로 0이 되지는 않는다. 하지만 '='면 된다.

많은 사람들이 오해하는 내용이어서 자세히 설명한다.

$$\lim_{x \to \infty} \frac{1}{x} = 0$$

이것은 **전체적으로 'x가 한없이 커질수록 $\frac{1}{x}$은 한없이 0에 가까워진다'는 의미를 담고 있다.** 결코 'x를 한없이 크게 하면 $\frac{1}{x}=0$이 된다'는 의미가 아니다.

$$\lim_{x \to 1} \frac{1}{x} = 1$$

이것 역시 'x가 1에 한없이 가까워지면 $\frac{1}{x}$은 한없이 1에 가까워진다'는 의미이며, '$\frac{1}{x}$의 x에 1을 대입하면 1이 된다'는 의미가 아니라는 점에 주의하자.

(다시 한 번 말하지만) 함수 $f(x)$의 **극한(값)**이란 어디까지나 '**한없이 가까워지는 값**'이며, $x \to \alpha$일 때 $f(x)$의 극한(값)과 $f(\alpha)$가 같아지는 경우가 있는지 없는지는 별개의 문제다(p. 23 〈주〉 참조).

여기까지 이야기한 내용을 정리해보자.

함수의 극한

'함수 $f(x)$에서 변수 x가 α와 다른 값을 취하면서 한없이 α에 가까워질 때, 그에 따라 $f(x)$의 값이 일정한 값 p에 한없이 가까워지는' 것을

$$\lim_{x \to \alpha} f(x) = p$$

라고 표현하고, p를 $x \to \alpha$일 때 $f(x)$의 **극한(값)**이라고 한다. 또한 이때 $f(x)$는 p에 **수렴**한다고 말한다.

주

$$f(x) = \begin{cases} x^2 & (x \neq 0) \\ 3 & (x = 0) \end{cases}$$

예를 들어 위와 같은 함수가 있을 때,

$$\lim_{x \to 0} f(x) = 0,\ f(0) = 3$$

이므로 $x \to 0$일 때 $f(x)$의 극한과 $f(0)$은 일치하지 않는다.
이때 $f(x)$는 $x = 0$에서 불연속이다(〈그림 1-6〉).

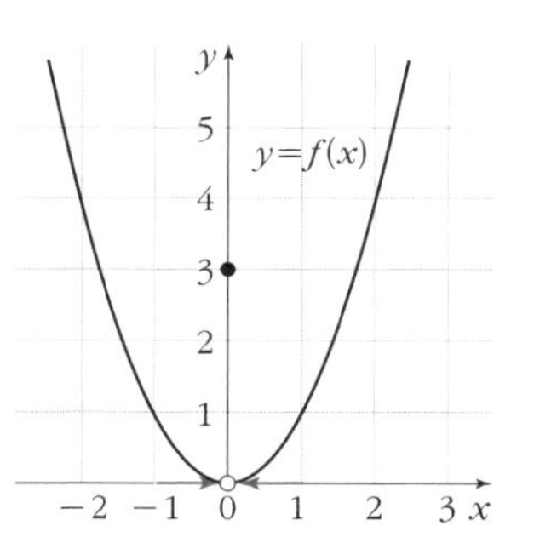

〈그림 1-6〉 $f(x)$는 $x = 0$에서 불연속

$$\lim_{x \to \alpha} f(x) = f(\alpha)$$

참고로 위의 식이 성립하는 것은 말하자면, x가 한없이 α에 가까워질 때 $f(x)$의 극한과 $f(\alpha)$ [$f(x)$의 x에 α를 대입한 값]가 같다는 것

은 **$x=\alpha$ 에서 $f(x)$가 연속이기**($x=\alpha$에서 그래프가 이어져 있다) 위한 조건이다(뒤에서 자세히 설명한다 → p. 212).

$\lim_{x\to\alpha} f(x)$와 $\lim_{x\to\alpha} g(x)$가 유한확정값으로 수렴할 때, 다음 성질이 성립한다.

극한의 성질

① $\lim_{x\to\alpha}\{kf(x)+lg(x)\}=k\lim_{x\to\alpha}f(x)+l\lim_{x\to\alpha}g(x)$ [k, l은 상수]

② $\lim_{x\to\alpha}f(x)g(x)=\lim_{x\to\alpha}f(x)\lim_{x\to\alpha}g(x)$

③ $\lim_{x\to\alpha}g(x)\neq 0$일 때

$$\lim_{x\to\alpha}\frac{f(x)}{g(x)}=\frac{\lim_{x\to\alpha}f(x)}{\lim_{x\to\alpha}g(x)}$$

주 이 성질들은 앞으로 극한 관련 계산을 할 때 여러 곳에서 사용된다. 엄밀히 검증하려면 대학에서 배우는 **ε-δ(엡실론-델타) 논법**이 필요하지만, 여기서는 생략한다.

예시 $\lim_{x\to\alpha}f(x)=2$, $\lim_{x\to\alpha}g(x)=3$일 때

① $\lim_{x\to\alpha}\{4f(x)+5g(x)\}=4\lim_{x\to\alpha}f(x)+5\lim_{x\to\alpha}g(x)$

$$=4\cdot 2+5\cdot 3=23$$

② $\lim_{x \to \alpha} f(x)g(x) = \lim_{x \to \alpha} f(x) \lim_{x \to \alpha} g(x) = 2 \cdot 3 = 6$

③ $\lim_{x \to \alpha} \frac{f(x)}{g(x)} = \frac{\lim_{x \to \alpha} f(x)}{\lim_{x \to \alpha} g(x)} = \frac{2}{3}$

'$\frac{0}{0}$'형 극한 구하기

이제 실제로 문제를 풀어보자.

$$f(x) = \frac{x^2 - 1}{x - 1}$$

이라는 $x \to 1$일 때 함수 $f(x)$의 극한, 다시 말해

$$\lim_{x \to 1} f(x) = \lim_{x \to 1} \frac{x^2 - 1}{x - 1}$$

을 생각해보자. $f(x)$ 그래프를 사용하면,

$$f(x) = \frac{x^2 - 1}{x - 1} = \frac{(x-1)(x+1)}{x - 1} = x + 1 \qquad [x \neq 1]$$

이므로 〈그림 1-7〉처럼 된다. 단, 이 함수는 $x = 1$일 때 분모가 0이 되므로 $x = 1$에서는 정의되지 않는(그래프가 끊어지는) 점에 주의하자.

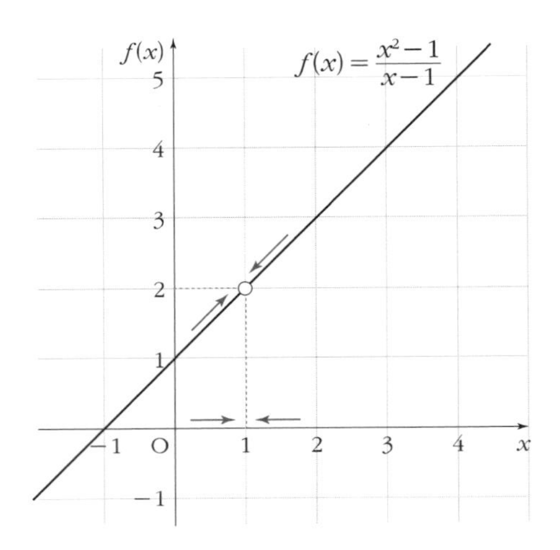

〈그림 1-7〉 $f(x)=\dfrac{x^2-1}{x-1}$은 $x=1$에서 정의할 수 없다.

$f(x)$는 $x=1$에서는 정의되지 않지만, $x \to 1$일 때 $f(x)$가 2에 가까워지는 것은 명백하므로 다음과 같이 풀이된다.

$$\begin{aligned}\lim_{x\to 1} f(x) &= \lim_{x\to 1}\frac{x^2-1}{x-1}\\ &= \lim_{x\to 1}\frac{(x-1)(x+1)}{x-1}\\ &= \lim_{x\to 1}(x+1) = 2\end{aligned}$$

$f(\alpha)=g(\alpha)=0$일 때, 나는 $\displaystyle\lim_{x\to\alpha}\frac{f(x)}{g(x)}$를 마음대로 **'$\frac{0}{0}$'형 극한**이라고 부른다. '$\frac{0}{0}$'형 극한이 수렴할 때 그 극한은 지금의 계산과 마찬가지로 다음과 같은 순서로 구할 수 있다.

'$\frac{0}{0}$'형 극한 구하는 법

$f(\alpha)=g(\alpha)=0$일 때, $\lim_{x \to \alpha}\frac{f(x)}{g(x)}$를 구하는 순서

① **분모 → 0으로 하는 요인을 없앤다**(대부분은 약분).

② **$x \to \alpha$일 때의 극한값을 구한다.**

예시

약분 $x \to 0$

$$\lim_{x \to 0}\frac{x^2+3x}{x}=\lim_{x \to 0}(x+3)=0+3=3$$

유리화

$$\lim_{x \to 1}\frac{\sqrt{x+1}-\sqrt{2}}{x-1}=\lim_{x \to 1}\frac{\sqrt{x+1}-\sqrt{2}}{x-1}\times\frac{\sqrt{x+1}+\sqrt{2}}{\sqrt{x+1}+\sqrt{2}}$$

$$=\lim_{x \to 1}\frac{(\sqrt{x+1})^2-2}{(x-1)(\sqrt{x+1}+\sqrt{2})}$$

$(p-q)(p+q)$
$=p^2-q^2$

$$=\lim_{x \to 1}\frac{x-1}{(x-1)(\sqrt{x+1}+\sqrt{2})}$$

약분 $x \to 1$

$$=\lim_{x \to 1}\frac{1}{\sqrt{x+1}+\sqrt{2}}=\frac{1}{\sqrt{1+1}+\sqrt{2}}$$

$$=\frac{1}{2\sqrt{2}}$$

극한을 이해했으면 이제 미분계수 차례다. 뒤에서 자세히 설명하겠지만 미분계수는 평균변화율의 극한이다. 따라서 먼저 평균변화율부터 알아보자.

평균변화율

'평균변화율'이란 중학교 수학에서 말하는 '변화의 비율'이다. $y=f(x)$일 때 평균변화율은 이렇다.

$$\text{평균변화율(변화의 비율)} = \frac{y\text{의 변화량}}{x\text{의 변화량}}$$

x의 변화량을 Δx, y의 변화량을 Δy라고 쓰면

$$\textbf{평균변화율} = \frac{\Delta y}{\Delta x}$$

예를 들어 $y=x^2$일 때 x가 1에서 3까지 변화한 경우,

x	1	→	3
y	1	→	9

이때 평균변화율은 다음과 같다.

$$\text{평균변화율} = \frac{\Delta y}{\Delta x} = \frac{9-1}{3-1} = \frac{8}{2} = 4$$

평균변화율은 **두 점을 이은 직선의 기울기**다(<그림 1-8>).

이미 깨달았겠지만, 18쪽에 나왔던 '평균속도'는 물체의 위치 x를 시각 t의 함수[$x=f(t)$]로 파악했을 때의 평균변화율이 될 수밖에 없다.

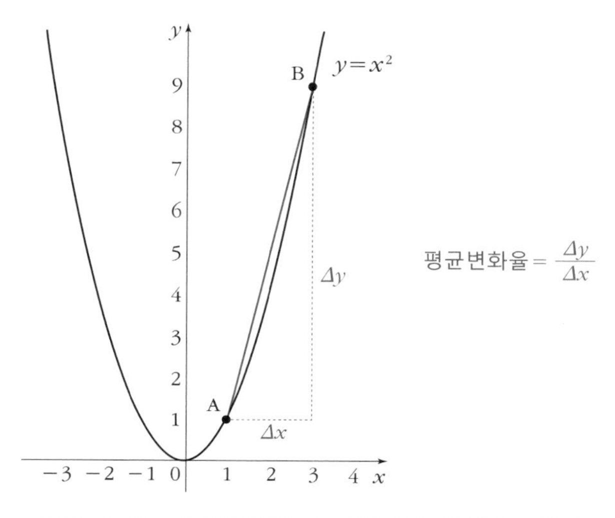

〈그림 1-8〉 평균변화율은 두 점을 이은 직선의 기울기

평균변화율을 일반화시켜보자.

$y=f(x)$일 때 x가 a에서 b까지 변화한 경우는 이렇다.

x	a	→	b
y	$f(a)$	→	$f(b)$

(1-5)에 따라 정리하면 다음과 같다.

$$\text{평균변화율} = \frac{\Delta y}{\Delta x} = \frac{f(b)-f(a)}{b-a} \quad (1\text{-}6)$$

이때 평균변화율은 두 점 $A(a, f(a))$, $B(b, f(b))$를 잇는 직선의 기울기가 된다.

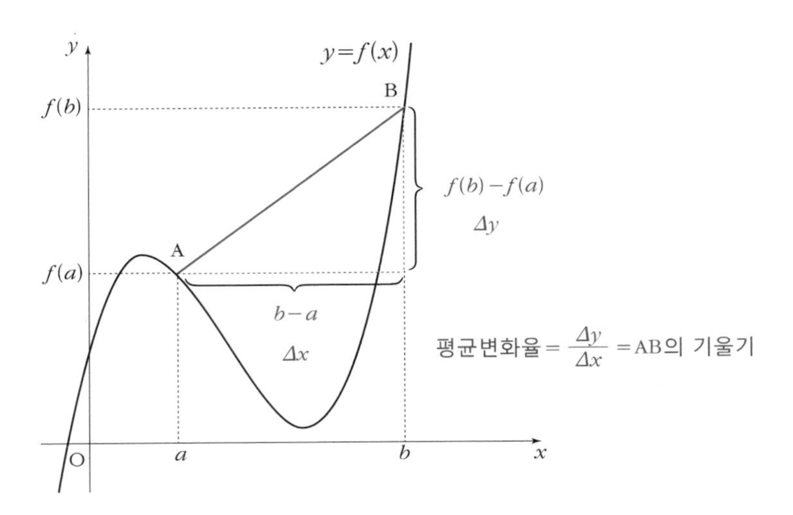

평균변화율의 정의

$y=f(x)$일 때 x가 a에서 b까지 변화한 경우

$$\text{평균변화율} = \frac{\Delta y}{\Delta x} = \frac{f(b)-f(a)}{b-a}$$

물리에 필요한 수학 … 순간속도

미분계수

'거리÷시간'으로 구할 수 있는 평균속도는 위치를 시간의 함수로 취급했을 때의 평균변화율임을 알았을 것이다. 자, 어떤 시각의 순간속도를 구하려면 어떻게 해야 할까?

18쪽 〈그림 1-1〉과 같이 x축을 따라 가속운동을 하는 물체에 대해 시각 t_1과 시각 t_2의 차가 클 때, (1-1)에서 구해지는 평균속도 값은 시각 t_1에서의 순간속도 값과는 상당히 다를 것이다. 하지만 10초~10.1초의 평균속도와 딱 10초 후의 순간속도는 거의 같을 것이다. 일반적으로 시각 t_1과 시각 t_2의 차가 작으면, (1-1)에서 구해지는 평균속도와 시각 t_1에서의 순간속도는 근삿값이 된다. **t_2를 한없이 t_1에 가까이하면 (1-1)에서 구해지는 평균속도는 시각 t_1에서의 순간속도에 한없이 가까워지는 것은 명백하다.**

자, 이미 배운 극한을 사용해 이를 수식으로 나타내보자. $t_2 \to t_1$이라고 했을 때 평균속도가 한없이 가까워지는 값(극한값)이 순간속도이므로 다음과 같이 쓸 수 있다.

$$\lim_{t_2 \to t_1} (\text{평균속도}) = \text{순간속도}$$

평균속도를 $\bar{v}$, 순간속도를 v_1으로 나타내면 이렇다.

$$\Rightarrow \lim_{t_2 \to t_1} \bar{v} = v_1$$

이것을 (1-1) 식에 적용하면 다음과 같다.

$$\Rightarrow \lim_{t_2 \to t_1} \frac{x_2 - x_1}{t_2 - t_1} = v_1 \tag{1-7}$$

또한 평균속도를 (1-2)와 같이 나타내면, $t_2 \to t_1$이라고 했을 때 $\Delta t \to 0$이 되므로 (1-7)은 이렇게 바뀐다.

$$\lim_{\Delta t \to 0} \frac{\Delta x}{\Delta t} = v_1 \tag{1-8}$$

그런데 시각 t_1에서 시각 t_2까지의 평균속도는 $x-t$ 그래프에서는 두 점 $\mathrm{P}_1(t_1, x_1)$, $\mathrm{P}_2(t_2, x_2)$를 지나가는 직선 $\mathrm{P}_1\mathrm{P}_2$의 기울기로 나타냈다(p. 19). 〈그림 1-9〉에서도 알 수 있듯이, t_2가 t_1에 한없이 가까워지면 직선 $\mathrm{P}_1\mathrm{P}_2$는 **t_1에서의 접선에 한없이 가까워진다.** 요약하면 다음과 같다.

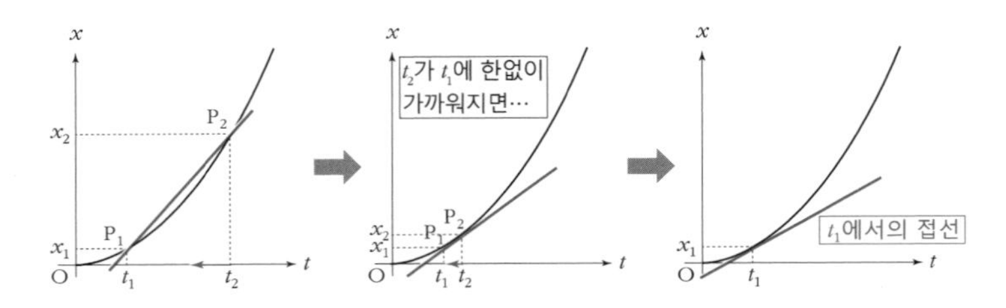

〈그림 1-9〉 t_2가 t_1에 한없이 가까워지면 직선 $\mathrm{P}_1\mathrm{P}_2$는 t_1에서의 접선에 한없이 가까워진다.

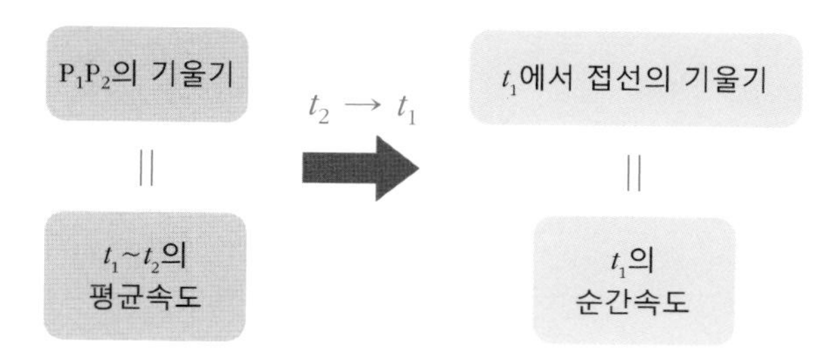

결국 순간속도란 평균속도의 극한값이자, $x-t$ 그래프의 접선의 기울기다.

수학에서는 일반적으로 함수 $y=f(x)$의 평균변화율 (1-6)에서 a의 값을 정하고, b를 a에 한없이 가까이했을 때 (1-6)의 극한값이 어떤 일정한 값 a인 경우, 이 값 a를 $f(x)$의 **$x=a$에서의** 미분계수(differential coefficient)라고 하며, $f'(a)$라고 쓴다. 식으로 나타내면 이렇다.

$$f'(a) = \lim_{b \to a} \frac{f(b)-f(a)}{b-a} \qquad (1\text{-}9)$$

$b=a+h$일 때 $b-a=h$이며, $b \to a$일 때 $h \to 0$이므로 (1-9)는

$$f'(a) = \lim_{h \to 0} \frac{f(a+h)-f(a)}{h} \qquad (1\text{-}10)$$

라고 쓸 수 있다.

$A(a, f(a))$, $B(b, f(b))$일 때 평균변화율은 직선 AB의 기울기를 나타내므로, $b \to a$의 극한값인 **미분계수 $f'(a)$는 $y=f(x)$ 그래프 위에 있는 $x=a$에서의** 접선의 기울기를 나타낸다.

지금까지 살펴본 내용을 정리해보자.

미분계수의 정의

$$f'(a)=\lim_{b\to a}\frac{f(b)-f(a)}{b-a}$$

$$=\lim_{h\to 0}\frac{f(a+h)-f(a)}{h}$$

예시 $f(x)=2x^2+x$의 $x=1$에서의 미분계수 $f'(1)$을 구해보자. 여기서는 (1-10)을 사용하여 풀이한다.

$$f'(1)=\lim_{h\to 0}\frac{f(1+h)-f(1)}{h} \quad \leftarrow \frac{0}{0}\text{형}$$

$$=\lim_{h\to 0}\frac{\{2(1+h)^2+(1+h)\}-(2\cdot 1^2+1)}{h}$$

$(p+q)^2=p^2+2pq+q^2$

$$=\lim_{h\to 0}\frac{\{2(1+2h+h^2)+(1+h)\}-(2+1)}{h}$$

$$=\lim_{h\to 0}\frac{(2h^2+5h+3)-3}{h}$$

$$=\lim_{h\to 0}\frac{2h^2+5h}{h}$$

약분

$$=\lim_{h\to 0}(2h+5)$$

$h\to 0$

$$=5$$

✤

주

(1-9)를 사용하면 다음과 같이 계산할 수 있다.

$$f'(1) = \lim_{b \to 1} \frac{f(b) - f(1)}{b-1} = \lim_{b \to 1} \frac{\{2b^2 + b\} - (2 \cdot 1^2 + 1)}{b-1}$$

$$= \lim_{b \to 1} \frac{2(b^2 - 1^2) + (b-1)}{b-1}$$

$$= \lim_{b \to 1} \frac{2(b+1)(b-1) + (b-1)}{b-1}$$

$$= \lim_{b \to 1} \{2(b+1) + 1\}$$

$$= 5$$

기출문제

문제 1 일본 대학입시센터

직선 도로에서 신호대기 중이던 자동차가 파란 신호에서 출발했다. 그 뒤의 시간과 나아간 거리의 관계를 그림으로 나타냈다.

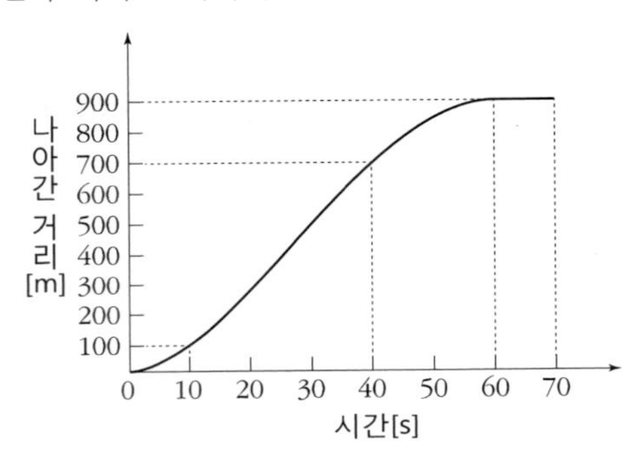

(1) 출발 후 60초 동안 자동차의 평균속도는 얼마인가? 다음 중 옳은 것을 고르시오. [(1)] m/s

① 10 ② 15 ③ 20 ④ 25

(2) 속도의 최댓값은 얼마인가? 다음 중 옳은 것을 고르시오.

[(2)] m/s

① 10 ② 15 ③ 20 ④ 25

해설

문제에서 주어진 그래프는 세로축이 '나아간 거리', 가로축이 '시간'이므로 이른바 '$x-t$ 그래프'다. 평균속도는 그래프 위의 두 점을 이은 직선의 기울기, 순간속도는 그래프의 접선의 기울기다.

해답

(1) 0초(원점)와 60초의 점을 이은 직선의 기울기를 구한다.

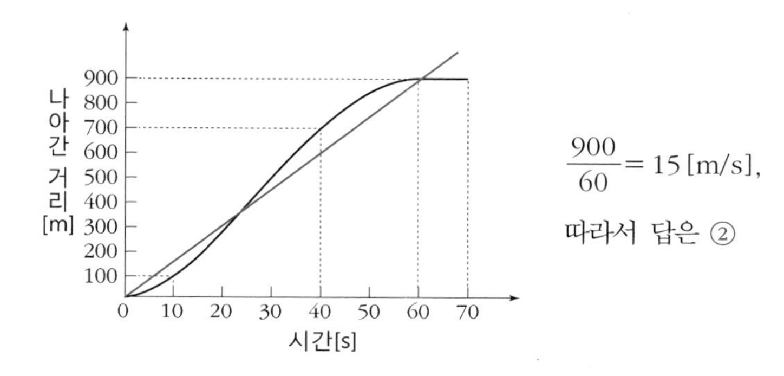

$\frac{900}{60} = 15\,[\text{m/s}]$,

따라서 답은 ②

(2) 접선의 기울기가 최대인 곳을 찾는다.

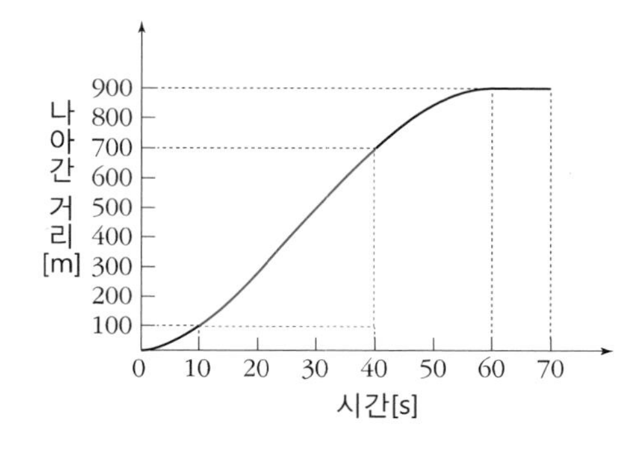

그래프를 보면 10~40초까지의 30초 동안 기울기가 가장 커 이 동안의 속도가 최대다. 10~40초까지는 그래프가 거의 직선이므로, 속도는 거의 일정해 '순간속도=평균속도'다. 따라서 구하는 속도의 최댓값은

$$\frac{700-100}{40-10} = \frac{600}{30} = 20\,[\text{m/s}]$$, 따라서 답은 ③

학생 : '한없이 가까워지는 값'이 극한값이며, 평균변화율에서 b가 a에 한없이 가까워질 때의 극한값을 미분계수라고 부르는 것도 알았어요. 그런데 왜 답답하게 '한없이 가까워진다'고 하죠?

선생 : 그건 평균변화율

$$\frac{f(b)-f(a)}{b-a}$$

의 분모를 0으로 해서는 안 되기 때문이에요.

학생 : 아, '0으로 나눌 수 없다'는 거군요!

선생 : 그렇죠.

학생 : 왜 0으로 나눌 수 없는데요?

선생 : 0으로 나누는 것을 허용해서, 예를 들어

$$3\times 2=6 \quad \Rightarrow \quad 3=6\div 2$$

같은 형태로 만들어보려 하면 이렇게 되겠죠.

$$1\times 0=0 \quad \Rightarrow \quad 1=0\div 0$$

$$2\times 0=0 \quad \Rightarrow \quad 2=0\div 0$$

$$3\times 0=0 \quad \Rightarrow \quad 3=0\div 0$$

$$\cdots \qquad\qquad \cdots$$

그러면 이 같은 얼토당토않은 결과가 얻어집니다.

$$1=2=3=\cdots=0\div0$$

이처럼 0으로 나누는 것을 허용할 경우 수학은 여기저기서 불합리한 결과를 이끌어낸답니다. 마약을 법으로 금지한 이유는 마약에 중독되면 인간이 황폐해진다는 사실을 알기 때문이죠. 마찬가지로 수학에서 0으로 나누는 것을 금지하는 이유는 **0으로 나누는 것을 허용하면 수학이 무너진다**(논리가 파탄난다)는 것을 알기 때문이에요.

학생 : … 아이를 걱정해서 늘 옆에서 지켜주는 부모 마음 같은 거군요. 그래도 '한없이 가까워지는 값'이라는 말은 모호한 느낌이 들어서 기분 나빠요….

선생 : 그 마음 잘 알죠. '한없이 가까워지는 값'을 접했을 때의 기분 나쁨은 극한을 처음 떠올렸을 때 누구나 느끼는 감정이에요. 이를 해결하기 위해 나온 것이 ε-δ(엡실론-델타) 논법입니다. 대학교에서 배울 거니까 기대하세요.

아무튼 '한없이 가까워지는 값'을 수학에 도입함으로써, **미분·적분이라는 수학 역사상 아마도 최강의 도구**를 인류가 얻었다는 것, 그럼으로써 물리학을 비롯해 모든 자연과학이 비약적으로 발전한 것은 틀림없습니다.

물리학에 쓰이는 수학을 배우면서 학생도 이 점을 꼭 느껴보기 바랍니다.

02 _ 도함수
'원인', '원인'의 '원인'까지 파악한다

앞에서 **미분계수 $f'(a)$는 $y=f(x)$ 그래프 위에 있는 $x=a$에서의 접선의 기울기를 나타낸다**고 배웠다.

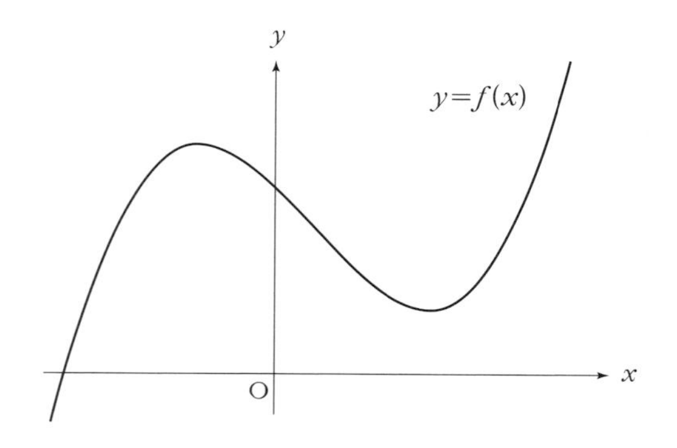

〈그림 1-10〉 $y=f(x)$ 그래프

함수 $y=f(x)$ 그래프가 〈그림 1-10〉과 같을 때, 다양한 점에서 접선의 기울기를 구해보면 〈그림 1-11〉처럼 된다. 이렇게 보면 '접선의 기울기$=f'(a)$의 값'은 a의 값에 호응하여 다양하게 변화함을 알 수 있다(당연한 말이다). 요컨대 **미분계수 $f'(a)$는 a의 함수**

라는 것도 생각해볼 수 있는 셈이다.

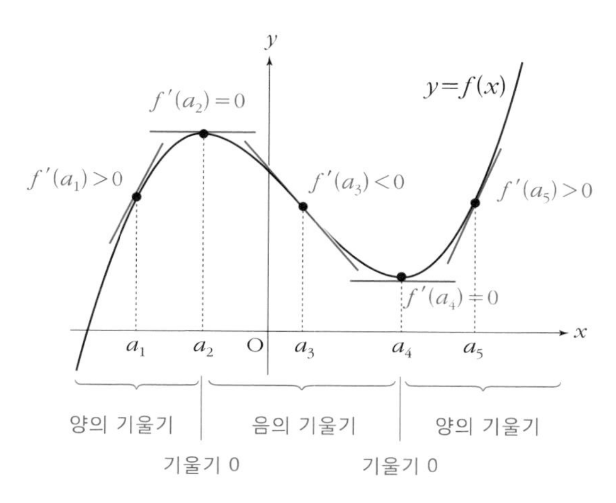

〈그림 1-11〉 각 점에서 접선의 기울기

미분계수를 접점(의 x좌표)의 함수로 본 것을 $f'(x)$라고 표시하고, 이것을 $f(x)$의 **도함수**라고 부른다.

$f'(a)$ 정의식의 a를 x로 바꿔 쓰면 $f'(x)$의 정의식이 얻어진다.

$$f'(a) = \lim_{h \to 0} \frac{f(a+h) - f(a)}{h} \qquad (1\text{-}10)$$

$$\boldsymbol{f'(x) = \lim_{h \to 0} \frac{f(x+h) - f(x)}{h}} \qquad (1\text{-}11)$$

도함수의 정의

함수 $f(x)$에 대하여

$$\boldsymbol{f'(x) = \lim_{h \to 0} \frac{f(x+h) - f(x)}{h}}$$

로 정해지는 함수 $f'(x)$를 $f(x)$의 '**도함수**'라고 한다.

주 또 다른 $f'(a)$ 정의식 (1-9)를 사용하면

$$f'(a) = \lim_{b \to a} \frac{f(b) - f(a)}{b - a} \rightarrow f'(x) = \lim_{b \to x} \frac{f(b) - f(x)}{b - x}$$

가 되므로, $f'(x)$의 정의식은 일반적으로 (1-11)을 사용한다.

증감표와 그래프 그리기

〈그림 1-11〉 그래프를 보면 다음의 사실을 알 수 있다.

접점의 x좌표가 a_2보다 작을 때, 접선의 기울기는 양

접점의 x좌표가 a_2일 때, 접선의 기울기는 0

접점의 x좌표가 a_2와 a_4 사이에 있을 때, 접선의 기울기는 음

접점의 x좌표가 a_4일 때, 접선의 기울기는 0

접점의 x좌표가 a_4보다 클 때, 접선의 기울기는 양

이것을 표로 정리해보자.

〈표 1-1〉 증감표

x	……	a_2	……	a_4	……
$f'(x)$	$+$	0	$-$	0	$+$
$f(x)$	↗	$f(a_2)$	↘	$f(a_4)$	↗

표에서 '↗'는 **접선의 기울기가 양**(+)이라는 것을, '↘'는 **접선의 기울기가 음**(−)이라는 것을 나타낸다.

- 접선의 기울기가 양 ⇒ 그래프가 오른쪽 위로 올라간다 ⇒ 함수는 증가
- 접선의 기울기가 음 ⇒ 그래프가 오른쪽 아래로 내려간다 ⇒ 함수는 감소

따라서 '↗' **구간에서는 함수가 증가**하고, '↘' **구간에서는 함수가 감소**한다.

$f'(x)$의 부호를 조사하여 함수가 어디에서 증가하고 어디에서 감소하는지를 정리한 〈표 1-1〉과 같은 표를 '**증감표**'라고 한다. 또한 〈표 1-1〉에서 a_2나 a_4와 같이 **그 값의 앞뒤에서 $f'(x)$의 부호가 변화할 때**(그래프는 그 점에서 맨 꼭대기가 되거나 맨 밑바닥이 된다)의 **$f(x)$ 값을 극값**(extreme value)이라고 한다. 특히 $f'(x)$ 부호가 +에서 −로 변화할 때의 극값을 **극댓값**, $f'(x)$ 부호가 −에서 +로 변화할 때의 극값을 **극솟값**이라고 한다.

〈표 1-1〉에 나오는 $f(x)$의 경우는 이렇다.

극댓값 : $f(a_2)$　　극솟값 : $f(a_4)$

예시 $f(x) = x^3 - 3x$

이 경우 $f'(x)$의 부호를 조사하여 증감표를 만들어보자.

$$f'(x) = \lim_{h \to 0} \frac{f(x+h) - f(x)}{h}$$

$$= \lim_{h \to 0} \frac{\{(x+h)^3 - 3(x+h)\} - (x^3 - 3x)}{h}$$

$(a+b)^3$
$= a^3 + 3a^2b + 3ab^2 + b^3$

$$= \lim_{h \to 0} \frac{x^3 + 3x^2h + 3xh^2 + h^3 - 3x - 3h - x^3 + 3x}{h}$$

$$= \lim_{h \to 0} \frac{3x^2h + 3xh^2 + h^3 - 3h}{h}$$

$\leftarrow \frac{0}{0}$형

약분

$$= \lim_{h \to 0} (3x^2 + 3xh + h^2 - 3)$$

$h \to 0$

$$= 3x^2 - 3$$

$$f'(x) = 3x^2 - 3 = 3(x^2 - 1) = 3(x+1)(x-1)$$

따라서 $y = f'(x)$ 그래프는 다음과 같다.

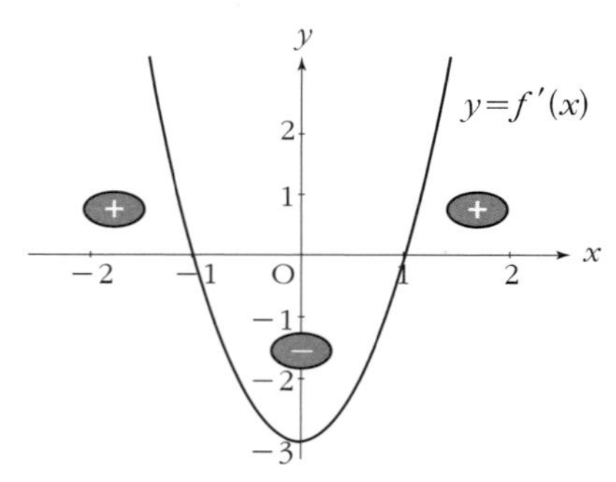

〈그림 1-12〉 $f'(x)$ **그래프와 부호 변화**

〈그림 1-12〉의 $f'(x)$ 그래프를 보면서 증감표를 그린다.

x	……	-1	……	1	……
$f'(x)$	$+$	0	$-$	0	$+$
$f(x)$	↗	2	↘	-2	↗

극댓값 : $f(-1)=(-1)^3-3\cdot(-1)=-1+3=2$ $f(x)=x^3-3x$

극솟값 : $f(1)=1^3-3\cdot 1=1-3=-2$

참고로, 이 증감표를 이용해 그래프를 그리면 다음과 같다.

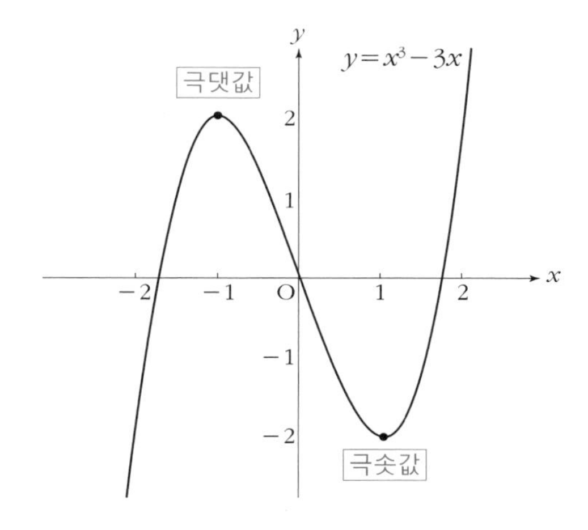

$f(x)=x^n$의 미분 공식

함수 $f(x)$에서 그 도함수 $f'(x)$를 구하는 것을 '$f(x)$를 미분한다'고 표현한다. 그런데 $f(x)$를 미분하려 할 때마다 도함수 정의를 이용해야 한다면 번거롭기 짝이 없을 것이다.

$$f(x) = x^n \ [n = 1,\ 2,\ 3,\ \cdots] \tag{1-12}$$

이럴 때를 위해 미분 공식(도함수를 구하는 공식)이 존재한다. 정의식 (1-11)에 이 공식을 적용해보자.

$$f'(x) = \lim_{h \to 0} \frac{f(x+h) - f(x)}{h} = \lim_{h \to 0} \frac{(x+h)^n - x^n}{h} \tag{1-13}$$

여기서 $(x+h)^n$을 계산하기 위해 '**이항정리**'라고 불리는 다음 정리를 사용한다(이항정리에 대한 자세한 내용은 'Q&A' 참조).

이항정리

$$(a+b)^n = {}_nC_0 a^n + {}_nC_1 a^{n-1} b + {}_nC_2 a^{n-2} b^2 + \cdots\cdots + {}_nC_n b^n$$

주

${}_nC_r$은 서로 다른 n개 중 서로 다른 r개를 뽑는 조합의 총수다.

$${}_nC_r = \frac{n!}{(n-r)!\,r!}$$

$n!$(n의 계승 또는 팩토리얼)은 다음과 같은 의미다.

$$n! = n \times (n-1) \times (n-2) \times \cdots \times 3 \times 2 \times 1$$

$0! = 1$이라고 약속돼 있다. 특히 ${}_nC_n = 1$, ${}_nC_0 = 1$이다.

이항정리에 따르면 다음과 같다.

$$(x+h)^n = {}_nC_0x^n + {}_nC_1x^{n-1}h + {}_nC_2x^{n-2}h^2 + \cdots + {}_nC_nh^n$$

여기서

$${}_nC_0 = 1,\ {}_nC_1 = n,\ {}_nC_2 = \frac{n(n-1)}{2},\ \cdots,\ {}_nC_n = 1$$

이므로

$$(x+h)^n = x^n + nx^{n-1}h + \frac{n(n-1)}{2}x^{n-2}h^2 + \cdots + h^n$$

이것을 (1-13) 공식에 대입하면

$$\begin{aligned}
f'(x) &= \lim_{h \to 0} \frac{(x+h)^n - x^n}{h} \\
&= \lim_{h \to 0} \frac{x^n + nx^{n-1}h + \frac{n(n-1)}{2}x^{n-2}h^2 + \cdots + h^n - x^n}{h} \\
&= \lim_{h \to 0} \frac{nx^{n-1}h + \frac{n(n-1)}{2}x^{n-2}h^2 + \cdots + h^n}{h} \quad \leftarrow \frac{0}{0}\text{형} \\
&= \lim_{h \to 0} \left\{ nx^{n-1} + \frac{n(n-1)}{2}x^{n-2}h + \cdots + h^{n-1} \right\} \quad \text{약분} \\
&= \boldsymbol{nx^{n-1}} \qquad (1\text{-}14) \quad h \to 0
\end{aligned}$$

부분은 h를 포함하므로, $h \to 0$일 때 $\to 0$이다.

또한 c를 상수로 할 때, 상수함수

$$f(x) = c$$

의 도함수는 정의식 (1-11)에서

$$\begin{aligned} f'(x) &= \lim_{h \to 0} \frac{f(x+h) - f(x)}{h} \\ &= \lim_{h \to 0} \frac{c - c}{h} \\ &= \lim_{h \to 0} 0 \\ &= 0 \qquad (1\text{-}15) \end{aligned}$$

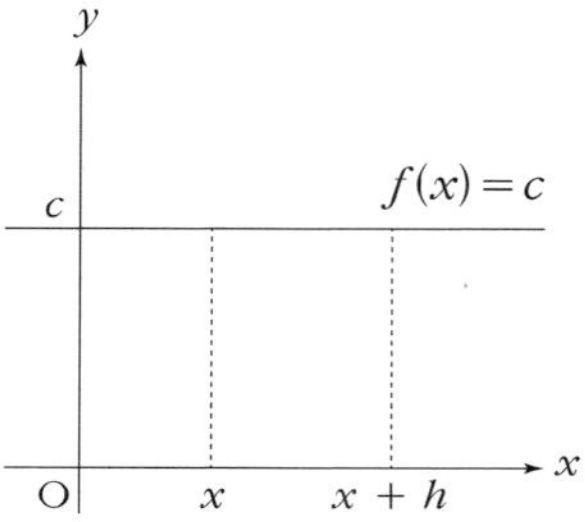

〈그림 1-13〉 상수함수

이 된다(〈그림 1-13〉 참조).

함수 $f(x) = x^n$ 이나 $f(x) = c$의 도함수는 단순히 $(x^n)'$나 $(c)'$로 나타내는 경우가 있으므로 이 기호를 사용하면 (1-14), (1-15)로부터 다음 미분 공식을 얻을 수 있다.

함수 x^n과 상수함수의 미분 공식

n을 양의 정수, c를 상수로 할 때

$$(x^n)' = nx^{n-1}$$

$$(c)' = 0$$

도함수 기호

$y=f(x)$의 도함수를 나타내는 기호에는 $f'(x)$ 이외에 다음 것들을 사용할 수 있다.

$$y',\ \frac{dy}{dx},\ \frac{d}{dx}f(x)$$

여담이지만, $y=f(x)$의 도함수를 $\frac{dy}{dx}$로 나타내는 것을 생각해낸 사람은 뉴턴과 나란히 '미적분학의 아버지'로 불리는 고트프리트 라이프니츠(1646~1716)다. 그는 수학 말고도 법률학, 역사학, 문학, 논리학, 철학 등 다양한 분야에서 굵직한 발자취를 남긴 18세기를 대표하는 지성인이었는데, **도함수 기호를 생각한 천재**이기도 했다.

앞에서 말했듯이 도함수는 미분계수를 함수로 취급하는 것이며, 미분계수는 $\frac{\Delta y}{\Delta x}$(평균변화율)의 $\Delta x \to 0$의 극한이다. 다시 말해

$$\frac{dy}{dx}=\lim_{\Delta x \to 0}\frac{\Delta y}{\Delta x}$$

이므로 Δx가 0에 가까운 값이라면 다음과 같이 생각할 수 있다.

$$\frac{dy}{dx} \fallingdotseq \frac{\Delta y}{\Delta x}$$

미분으로 (도함수로서) 정의되는 물리량은 많으나, **그 물리적인 의미를 고려할 때는 $\frac{\Delta y}{\Delta x}$를 생각하면 더 알기 쉬울** 것이다.

도함수의 성질

k, l을 상수라고 할 때

$$I(x) = kf(x) + lg(x)$$

의 도함수가 어떻게 되는지를 조사해둔다. 정의식 (1-11)에서

$$\begin{aligned}
I'(x) &= \lim_{h \to 0} \frac{I(x+h) - I(x)}{h} \\
&= \lim_{h \to 0} \frac{\{kf(x+h) + lg(x+h)\} - \{kf(x) + lg(x)\}}{h} \\
&= \lim_{h \to 0} \frac{k\{f(x+h) - f(x)\} + l\{g(x+h) - g(x)\}}{h} \\
&= \lim_{h \to 0} \left\{ k\frac{f(x+h) - f(x)}{h} + l\frac{g(x+h) - g(x)}{h} \right\} \\
&= k\lim_{h \to 0} \frac{f(x+h) - f(x)}{h} + l\lim_{h \to 0} \frac{g(x+h) - g(x)}{h} \\
&= \boldsymbol{kf'(x) + lg'(x)}
\end{aligned}$$

극한의 성질(p. 24)
$\lim_{x \to a} \{kf(x) + lg(x)\} = k\lim_{x \to a} f(x) + l\lim_{x \to a} g(x)$

$\lim_{h \to 0} \frac{f(x+h) - f(x)}{h} = f'(x)$, $\lim_{h \to 0} \frac{g(x+h) - g(x)}{h} = g'(x)$

도함수의 성질

k, l이 상수일 때

$$\{kf(x) + lg(x)\}' = kf'(x) + lg'(x)$$

48쪽의 미분 공식과 도함수에 이 성질을 적용할 경우엔 아래 형태를 띤 함수는 모두 미분할 수 있다.

$$y = a_n x^n + a_{n-1}x^{n-1} + a_{n-2}x^{n-2} + \cdots + a_2x^2 + a_1x + a_0$$

예시 $y = x^3 + 3x^2 + 2x + 4$일 때

$$\begin{aligned} y' &= (x^3 + 3x^2 + 2x + 4)' \\ &= (x^3)' + 3(x^2)' + 2(x)' + (4)' \\ &= 3x^{3-1} + 3 \cdot 2x^{2-1} + 2 \cdot 1 \cdot x^{1-1} + 0 \\ &= 3x^2 + 6x + 2 \end{aligned}$$

$\{kf(x) + lg(x)\}' = kf'(x) + lg'(x)$

$(x^n)' = nx^{n-1}$, $(c)' = 0$

$x^0 = 1$

✤

주

일반적으로 다음과 같은 식이 성립한다(pp. 333~334 참조).

$$a^0 = 1$$

물리에 필요한 수학 … 위치 · 속도 · 가속도

미분의 의미

x축 위를 움직이는 물체의 위치가 시각 t에 대한 1차 함수의 경우, 즉

$$x = mt + n \quad [m,\ n \text{은 상수}]$$

일 때,

$$\frac{\Delta x}{\Delta t} = \frac{\{m(t+\Delta t)+n\}-(mt+n)}{\Delta t} = \frac{m\Delta t}{\Delta t} = m \qquad (1\text{-}16)$$

이 되므로, $\frac{\Delta x}{\Delta t}$의 값은 Δt에 상관없이 일정하다. 이것은 $x-t$ 그래프의 기울기가 일정하다는 것을 의미한다(〈그림 1-14〉).

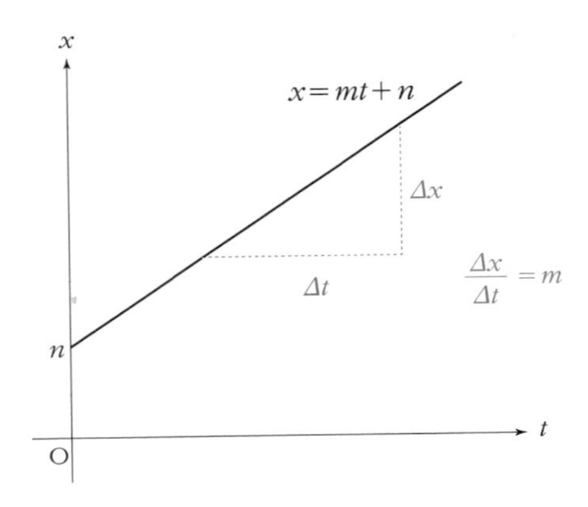

〈그림 1-14〉 $x-t$ 그래프의 기울기가 일정

이럴 때 x의 도함수 $\frac{dx}{dt}$는

$$\frac{dx}{dt}=\frac{d}{dt}(mt+n)=m$$

$$\frac{d}{dt}(mt+n)=(mt)'+(n)'$$
$$=m\cdot 1\cdot t^{1-1}+0$$
$$=mt^0=m$$

이 되며, 언제나

$$\frac{dx}{dt}=\frac{\Delta x}{\Delta t}$$

가 성립한다.

앞 장에서 $\frac{\Delta x}{\Delta t}$는 평균속도($\overline{v}$)를 나타낸다고 배웠다(p. 18). 즉 (1-16)은 평균속도가 Δt에 상관없이 일정하다는 것을 나타낸다. **평균속도가 일정하다는 것은 속도가 일정한 등속운동을 하고 있다는 의미**이므로 초등학교 때부터 사용하는 '거리÷시간=속도'로 충분할 것이다. 다시 말하면 이 경우에는 굳이 미분을 사용할 필요가 없다.

꼭 **미분을 사용해야 할 때는 x가 t의 1차 함수가 아닐 때, 즉 $x-t$ 그래프가 곡선이 될 때다!** 이 경우 $\frac{\Delta x}{\Delta t}$의 값은 Δt 값에 따라 변하므로, 어떤 순간의 $\frac{\Delta x}{\Delta t}$ 값을 알기 위해서 는 $\Delta t\to 0$에서의 극한을 생각할 필요가 있다.

예를 들면, x축 위를 운동하는 물체의 위치 x가 시각 t의 2차 함수로서

$$x = \frac{1}{2}t^2 \tag{1-17}$$

으로 주어질 때, 이것을 미분하여 얻어지는 도함수

$$\frac{dx}{dt} = \frac{1}{2} \cdot 2t = t \tag{1-18}$$

는 $x-t$ 그래프의 접선의 기울기(미분계수)를 함수로 취급한 것이며, $x-t$ 그래프의 접선의 기울기는 순간속도를 나타내므로(p. 33) 도함수 $\frac{dx}{dt}$는 순간속도를 시각 t의 함수로 나타낸 것이라고 생각할 수 있다. (1-18)은 (1-17)에 따라 운동하는 물체의 속도를 나타낸다.

(시시각각 변화하는 순간의) 속도가 v일 경우

$$v = \frac{dx}{dt} \tag{1-19}$$

가속도와 이계도함수

속도가 없는, 즉 정지한 물체는 위치를 바꿀 수 없다. **속도는 위치를 변화시키는 원인**이라고도 말할 수 있다. 도함수란 함수에 '변화를 초래하는 것'의 정체다. (1-15)에서도 계산했듯이, 원래의 함수가 상수함수로서 값이 변하지 않을 때 도함수는 0이다.

미분이란 '작게 나눈다'는 뜻이다. 어떤 함수를 미분한다는 것은 결국 함수를 세세하게 나누고, 그래프에 있는 각 점에서의 접선의 기울기를 조사하여 함수의 값에 변화를 불러오는 것의 정체를 알아내려 하는 계산이라고 말할 수 있다. 우리는 변화의 원인을 알고 싶을 때 미분하여 그 도함수를 구한다.

위치나 속도에 한하지 않고, 많은 물리량은 시각 t의 함수가 되어 있다.

시시각각으로 변화하는 현상에 대해 그 원인을 알아내려 하는 것은 물리의 기본적인 자세이므로 **어떤 물리량 P의 도함수 $\frac{dP}{dt}$도 중요한 물리량**이라는 것은 드문 일이 아니다.

속도 v가 시각 t의 함수일 때, 이것을 미분하여 얻어지는 도함수

$$a = \frac{dv}{dt} \tag{1-20}$$

를 가속도라고 한다.

가속도는 속도를 변화시키는 '원인'이며, 속도는 위치를 변화시키는 '원인'이므로 가속도는 위치를 변화시키는 '원인의 원인'이다.

(1-19)를 (1-20)의 v에 대입하여

$$a = \frac{dv}{dt} = \frac{d\left(\frac{dx}{dt}\right)}{dt} = \frac{d}{dt}\left(\frac{dx}{dt}\right) = \left(\frac{d}{dt}\right)\left(\frac{d}{dt}\right)x$$
$$= \left(\frac{d}{dt}\right)^2 x = \frac{d^2x}{dt^2} \tag{1-21}$$

라고 쓸 수도 있다.

위치가 시각 t의 함수일 때 위치를 미분한 것이 속도이며, 속도를 미분한 것이 가속도이므로 **위치를 두 번 미분한 것이 가속도**다.

$$a = \left(\frac{d}{dt}\right)^2 x$$

라고 쓰면 이것(x를 두 번 미분)을 잘 알 수 있다. 하지만 이렇게 표기하면 좀 번잡스러우므로 $\left(\frac{d}{dt}\right)^2 x$를 간략화하여 $\frac{d^2x}{dt^2}$라고 쓴다.

일반적으로 함수 $y=f(x)$의 도함수 $f'(x)$를 다시 미분하여 얻어지는 도함수를 함수 $y=f(x)$의 **이계도함수** 또는 **제2차 도함수**라고 한다. 기호로 표기하면 다음과 같다.

$$f''(x),\ \ y'',\ \ \frac{d^2y}{dx^2},\ \ \frac{d^2}{dx^2}f(x)$$

(1-21)의 $\frac{d^2x}{dt^2}$는 함수 $x=f(t)$의 이계도함수(제2차 도함수)다.

위치 · 속도 · 가속도

x축 위를 움직이는 어떤 물체의 위치 x가 t의 함수로 주어질 때, 속도 v와 가속도 a는 각각 다음 식으로 주어진다.

$$v=\frac{dx}{dt},\ \ a=\frac{dv}{dt}=\frac{d^2x}{dt^2}$$

(1-17)에서 주어진 운동의 가속도를 계산해보자. $\frac{dx}{dt}$에는 (1-18)을 대입한다.

$$a = \frac{d^2x}{dt^2} = \frac{d}{dt}\left(\frac{dx}{dt}\right) = \frac{d}{dt}t = 1$$

$\frac{d}{dt}t = (t^1)' = 1 \cdot t^{1-1} = t^0 = 1$

(1-17)에서 주어진 운동의 위치, 속도, 가속도를 그래프로 나타내면 다음과 같다.

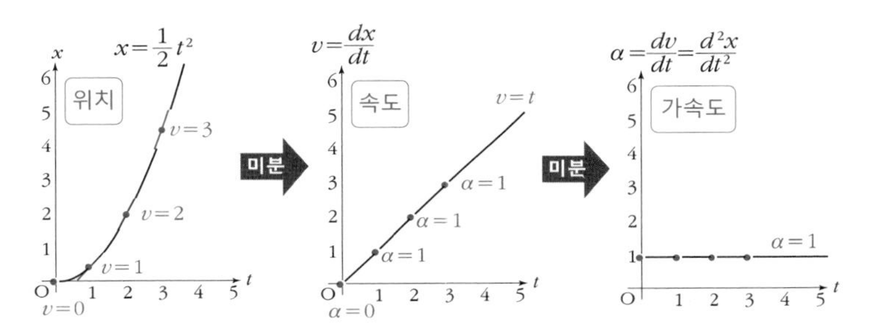

〈그림 1-15〉 위치·속도·가속도의 그래프

기출문제

문제 2 **일본 대학입시센터**

버스에 탄 K는 운전석의 속도계에 주목하였다. 버스가 A 지점을 출발하여 B 지점에 도착하기까지, 속도 v [m/s]는 시간 t [s]와 함께 그림과 같이 변화했다. 이 사이의 도로는 직선이고, 수평이었다.

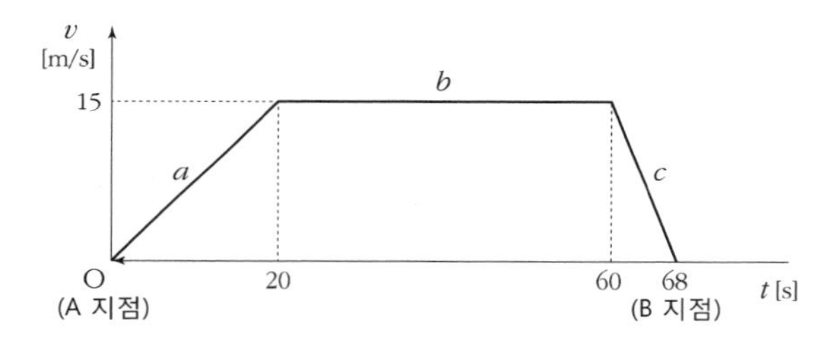

A 지점부터 버스가 달린 거리 x [m]는 시간과 함께 어떻게 변화했는가? 가장 적당한 답을 다음 ①~⑥ 중에서 하나 고르시오.

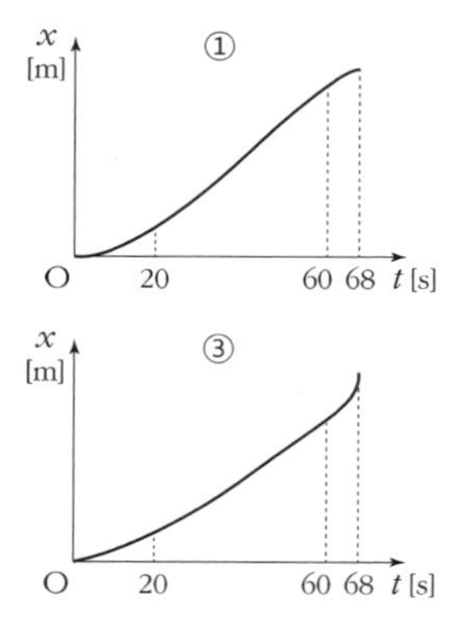

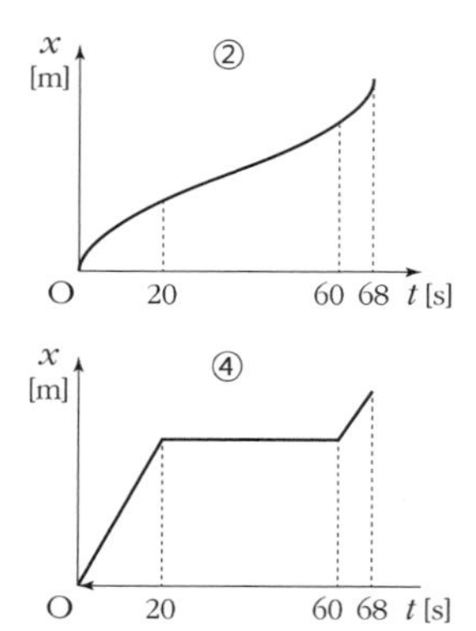

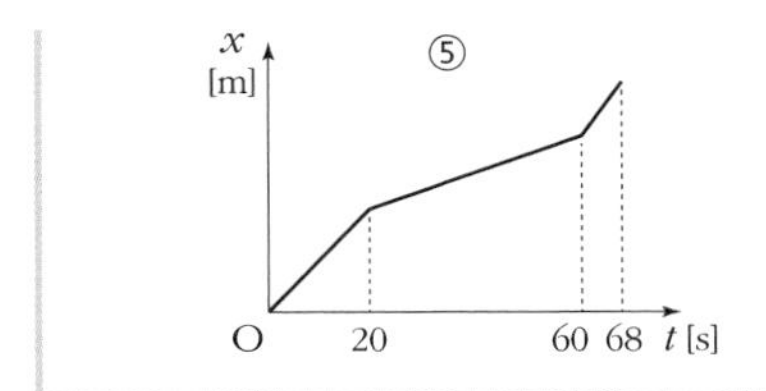

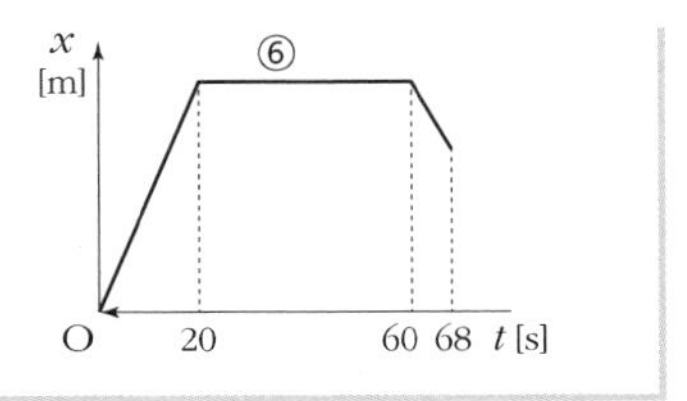

해설 • 해답

$v=\frac{dx}{dt}$에서 속도 v는 위치(이동거리) x의 도함수이므로 $v-t$ 그래프는 '$x-t$ 그래프의 접선의 기울기의 변화'를 다룬 것이다. 문제에서 주어진 $v-t$ 그래프는 다음과 같다.

a구간(0~20초) : v값이 증가
b구간(20~60초) : v값이 일정
c구간(60~68초) : v값이 감소

이것은 말하자면 다음의 의미를 지닌다.

a구간(0~20초) : $x-t$ 그래프의 접선의 기울기가 증가
b구간(20~60초) : $x-t$ 그래프의 접선의 기울기가 일정
c구간(60~68초) : $x-t$ 그래프의 접선의 기울기가 감소

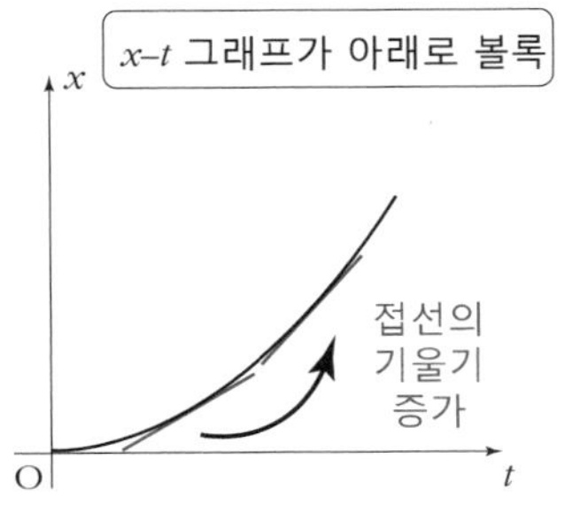

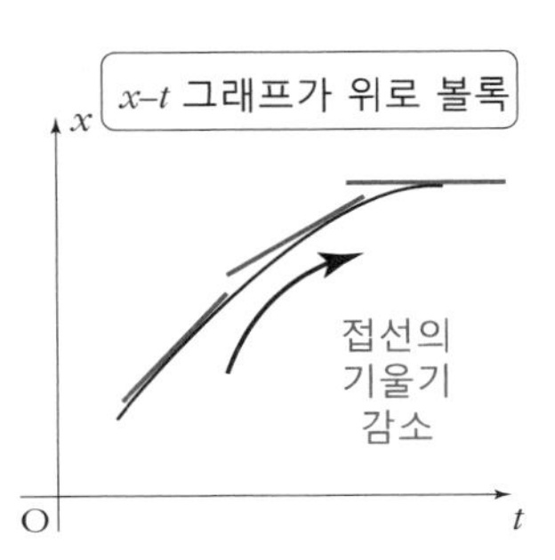

〈그림 1-16〉 그래프가 '아래로 볼록'일 때와 '위로 볼록'일 때

〈그림 1-16〉과 같이

'접선의 기울기가 증가'하는 것은 '그래프가 아래로 볼록'일 때
'접선의 기울기가 감소'하는 것은 '그래프가 위로 볼록'일 때

또한

'접선의 기울기가 일정'한 것은 '그래프가 직선'일 때

따라서 다음과 같은 그래프를 고르면 된다. 정답은 ①이다.

a구간(0~20초) : $x-t$ 그래프가 아래로 볼록
b구간(20~60초) : $x-t$ 그래프가 직선
c구간(60~68초) : $x-t$ 그래프가 위로 볼록

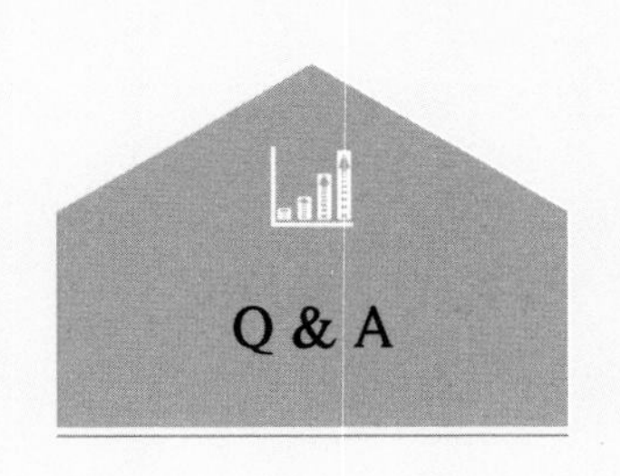

학생 : '**이항정리**'가 뭐예요? 가르쳐주세요.

선생 : 그러죠. 그런데 $(a+b)^3$의 전개식은 알고 있나요?

학생 : 수학 I 에서 배웠어요. $(a+b)^3 = a^3 + 3a^2b + 3ab^2 + b^3$이 잖아요.

선생 : 맞아요. $(a+b)^4$의 전개식은 어떤가요?

학생 : 그건… 모르겠어요.
$(a+b)^4 = (a+b)^3(a+b)$라고 생각하면 계산할 수는 있을 것 같은데….

선생 : 그렇군요. 하지만 $(a+b)^{10}$을 계산하라고 하면 엄두가 안 나겠죠?

학생 : 그럼요.

선생 : $(a+b)^n$의 전개식을 곧이곧대로 나타내면 힘들 수 있어요. n이 커질수록 골치가 아프답니다. 또한 n에 구체적인 숫자를 넣어서 계산한 답에서 계수에 대해서 일반화할 수 있는 법칙을 이끌어내는 것도 간단하지 않죠. 그래서 시점을 바꿔서, 경우의 수를 생각하는 방식을 사용하여 각 항의 계수를 구하는 것이죠.

학생 : '경우의 수'라니, 순열이나 조합에서 몇 가지가 있는지를 알

려주는 그 '경우의 수' 말인가요?

선생 : 맞습니다. 수학 A에서 배운 내용이죠.

그럼, 학생이 아까 답한 $(a+b)^3$의 전개식

$$(a+b)^3 = a^3 + 3a^2b + 3ab^2 + b^3$$

에서, a^2b의 계수가 '3'인 이유를 경우의 수처럼 생각해보죠. 말할 것도 없이 $(a+b)^3$은 $(a+b)$를 세 번 곱한 것이죠?

$$(a+b)^3 = (a+b) \times (a+b) \times (a+b)$$

학생 : 예.

선생 : 이때 'a^2b'의 항이 만들어지는 것은 다음 세 가지 경우뿐입니다(〈그림 1-17〉).

맨 오른쪽 ( )의 b와 나머지 두 개 ( )의 a를 곱한다.
한가운데 ( )의 b와 나머지 두 개 ( )의 a를 곱한다.
맨 왼쪽 ( )의 b와 나머지 두 개 ( )의 a를 곱한다.

$(a+b) \times (a+b) \times (a+b)$

세 가지	a	a	b
	a	b	a
	b	a	a

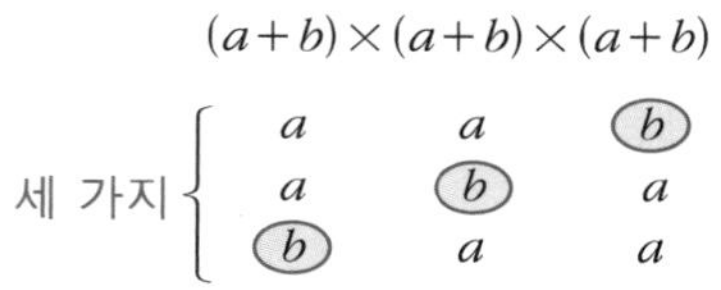

〈그림 1-17〉 a^2b 만드는 법

학생 : 아, 그렇네요….

선생 : 따라서 'a^2b'의 계수가 '3'인 이유는 **세 개의 ( )에서 *b*를 끄집어내는 ( )를 하나 선택하는 경우의 수가 '3'이기 때문**이라고 생각할 수 있습니다.

학생 : 그렇군요! 참고로 '세 개의 ( )에서 a를 끄집어내는 ( )를 두 개 선택한다'라고 생각해도 되죠?

선생 : 예, 그래요. 단, 이항정리에서는 보통 b에 주목합니다. 그런데 '세 개 중에서 하나를 선택한다'라는 경우의 수는 순열일까요, 아니면 조합일까요?

학생 : 선택하기만 한다면 순서를 생각하지 않아도 되니까 '조합'이죠!

선생 : 맞습니다. 기호로는 어떻게 썼지요?

학생 : '세 개 중에서 하나를 선택하는' 조합이니까 ${}_3C_1$이죠.

선생 : 아주 열심히 공부했군요.

학생 : 히히.

선생 : 결국 'a^2b'의 계수가 '3'이라는 것은

$(a+b)^3$의 a^2b의 계수는 ${}_3C_1$

이라고 쓸 수 있습니다. 그러면 $(a+b)^5$의 a^3b^2의 계수는 몇일까요?

학생 : 다섯 개의 ( ) 중에서 b를 끄집어내는 ( )를 두 개 선택하면 되니까…, 이렇겠죠? (pp. 64~65 〈주〉 참조)

$$_5C_2 = \frac{_5P_2}{2!} = \frac{5!}{2!(5-2)!} = \frac{5!}{2!\cdot 3!} = \frac{5\times 4\times 3\times 2\times 1}{2\times 1\times 3\times 2\times 1} = 10$$

선생 : 정답! 그럼, 이것을 일반화해보죠.

학생 : 일반화요?

선생 : 여기까지 왔으면 별로 어렵지 않아요. $(a+b)^{100}$의 $a^{90}b^{10}$의 계수는 $_{100}C_{10}$이죠? 즉

$(a+b)^n$에서 $a^{n-k}b^k$의 계수는 $_nC_k$

입니다!

학생 : 알았어요! 이게 이항정리인가요?

선생 : 아뇨, $(a+b)^n$의 $a^{n-k}b^k$의 계수는 '**이항계수**'라고 합니다. 이항계수를 사용하여 $(a+b)^n$의 전개식을 나타낸 식이 이항정리입니다.

이항정리

$$(a+b)^n = {}_nC_0a^n + {}_nC_1a^{n-1}b + {}_nC_2a^{n-2}b^2 + \cdots + {}_nC_ka^{n-k}b^k + \cdots + {}_nC_nb^n$$

주

수학 A 복습

일반적으로 서로 다른 n개에서 r개를 선택하는 순열(Permutation: 선택하는 순서도 고려하는 경우의 수)은 $_nP_r$이라고 쓰고, 서로 다른 n

개에서 r 개를 선택하는 조합(Combination: 선택하는 순서를 고려하지 않는 경우의 수)은 ${}_nC_r$로 표시한다.

계승 또는 **팩토리얼**($n! = n\times(n-1)\times(n-2)\times\cdots\times3\times2\times1$)을 사용하면 다음과 같이 쓸 수 있다.

$${}_nP_r = \frac{n!}{(n-r)!} \qquad {}_nC_r = \frac{{}_nP_r}{r!} = \frac{n!}{r!(n-r)!}$$

예시 ${}_4P_2 = \frac{4!}{(4-2)!} = \frac{4!}{2!} = \frac{4\times3\times2\times1}{2\times1} = 12$

$${}_3C_1 = \frac{{}_3P_1}{1!} = \frac{3!}{1!(3-1)!} = \frac{3!}{1!\cdot2!} = \frac{3\times2\times1}{1\times2\times1}$$
$$= 3$$

주

일본 고등학생들은 보통 1학년 때 수학 I과 수학 A를 공부한다.

03 _ 삼각함수의 극한

어떤 극한을 위한 새로운 각도 표시법

미분과 적분을 사용하면, (초등학교 때 배운) 한 바퀴 360° 를 기준으로 하는 육십분법을 사용하는 일은 거의 없다. 대신 **호도법**(라디안)이라고 불리는 방법으로 각도를 표시한다. 육십분법이 아닌, 다른 방법으로 각도를 표시하는 가장 큰 이유는

$$\lim_{\theta \to 0} \frac{\sin \theta}{\theta} = 1 \qquad (1\text{-}22)$$

이라는 극한을 성립시켜 간단하게 계산하기 위해서다.

"단 하나의 식을 성립시킨다는 이유만으로 새로운 각도 표시법을 고안하다니, 너무 호들갑스러운 것 아냐?"

이렇게 생각하는 사람도 있을 것이다.

하지만 삼각함수(삼각비)와 관련된 모든 극한은 (1-22) 식으로 구할 수 있다. 뒤에서 삼각함수의 미분 공식(p. 150)을 이끌어낼 때도 이 극한을 사용한다. (1-22)는 그만큼 중요한 극한이다.

(1-22)를 성립시키려면 각도를 어떻게 정의하면 좋을지 함께

생각해보자.

(1-22)의 극한을 계산하기 위해서는 다음의 세 가지가 필요하다. 하나씩 살펴보자.

① 부채꼴의 넓이 공식

② 삼각비와 삼각비의 확장

③ 샌드위치 정리(압착 정리 또는 조임 정리)

부채꼴의 넓이 공식

먼저 부채꼴의 중심각과 반지름, 그리고 호의 길이의 관계를 확인해보자.

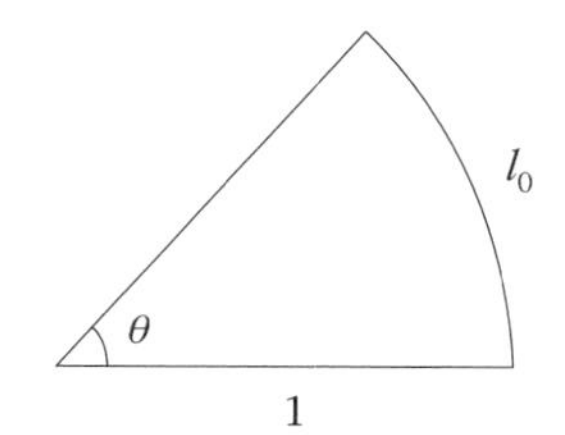

〈그림 1-18〉 반지름이 1인 부채꼴

반지름이 1인 부채꼴의 호의 길이 l_0는 중심각 θ(세타)의 크기에 비례한다(중심각이 2배, 3배…가 되면 호의 길이도 2배, 3배…가 된다). 즉 비례상수를 k(l_0도, θ도 플러스 값이므로 k는 양수)라고 하면 이렇다.

$$l_0 = k\theta \quad [k > 0] \tag{1-23}$$

여기서 (1-23)**은 각도 표시법과 상관없이 성립한다**는 점에 주의하자. 또한 중심각이 같다면, 반지름이 1인 부채꼴과 반지름이 r인 부채꼴은 닮음이므로(〈그림 1-19〉) 다음과 같은 식이 성립한다.

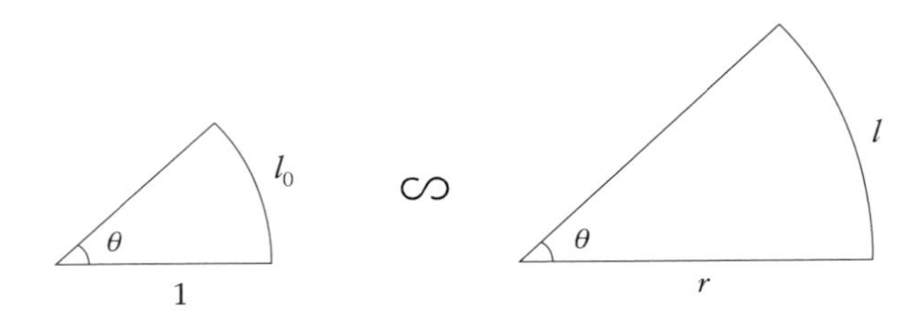

〈그림 1-19〉 중심각이 같은 두 개의 부채꼴은 '닮음'

$$1 : r = l_0 : l$$

$$\Rightarrow l = rl_0 \qquad (1\text{-}24)$$

(1-24)에 (1-23)을 대입하면,

$$l = rl_0 = r \cdot k\theta$$

$$\Rightarrow l = kr\theta \qquad (1\text{-}25)$$

(1-23)과 (1-25)에 나오는 **비례상수 k의 값은 각도 표시법에 따라 달라진다.**

이제 부채꼴의 반지름 및 호의 길이, 그리고 넓이의 관계식을 계산해보자.

한 바퀴를 360°로 정해놓은 육십분법(초등학교 이후에 사용하는 각도 표시법)으로 중심각을 나타내면 〈그림 1-20〉에서 부채꼴의 호의 길이 l과 넓이 S는 다음과 같다(π : 원주율).

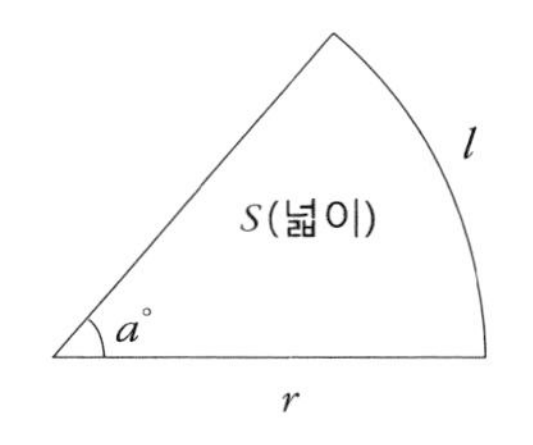

〈그림 1-20〉 부채꼴의 넓이

$$l = 2\pi r \times \frac{a°}{360°} \tag{1-26}$$

$$S = \pi r^2 \times \frac{a°}{360°} \tag{1-27}$$

(1-26)을 변형하면 다음과 같다.

$$\frac{a°}{360°} = \frac{l}{2\pi r}$$

이것을 (1-27)에 대입하면,

$$S = \pi r^2 \times \frac{l}{2\pi r} \quad \Rightarrow \quad S = \frac{1}{2} r l \tag{1-28}$$

이라는 관계식을 얻을 수 있다.

부채꼴의 넓이 S와 반지름 r, 호의 길이 l 사이에는 각도 표시법에 상관없이 언제나 (1-28)이 성립한다.

(1-28)에 (1-25)를 대입하면 이렇다.

$$S = \frac{1}{2} r \cdot kr\theta \quad \Rightarrow \quad S = \frac{k}{2} r^2 \theta \tag{1-29}$$

반지름과 중심각으로 부채꼴의 넓이를 구하는 공식을 얻을 수 있다. (1-29)는 뒤쪽에서도 사용되므로 기억해두자.

삼각비와 삼각비의 확장

직각 하나와 또 다른 각도 하나가 같은 직각삼각형은 모두 닮은꼴이므로 〈그림 1-21〉에서 직각삼각형의 각 비율은 θ만으로 정해진다.

$$\frac{x}{r}=\frac{x'}{r'}=\frac{x''}{r''},\quad \frac{y}{r}=\frac{y'}{r'}=\frac{y''}{r''},\quad \frac{y}{x}=\frac{y'}{x'}=\frac{y''}{x''}$$

이 같은 비(분수의 값)는 직각 이외의 하나의 각도 세타(θ)만으로 정해진다. 그러므로 각각에 cos(코사인) θ, sin(사인) θ, tan(탄젠트) θ라는 이름을 붙이게 된 것이 삼각비의 시초다.

$$\frac{x}{r}=\frac{x'}{r'}=\frac{x''}{r''}=\cos\theta$$

$$\frac{y}{r}=\frac{y'}{r'}=\frac{y''}{r''}=\sin\theta$$

$$\frac{y}{x}=\frac{y'}{x'}=\frac{y''}{x''}=\tan\theta$$

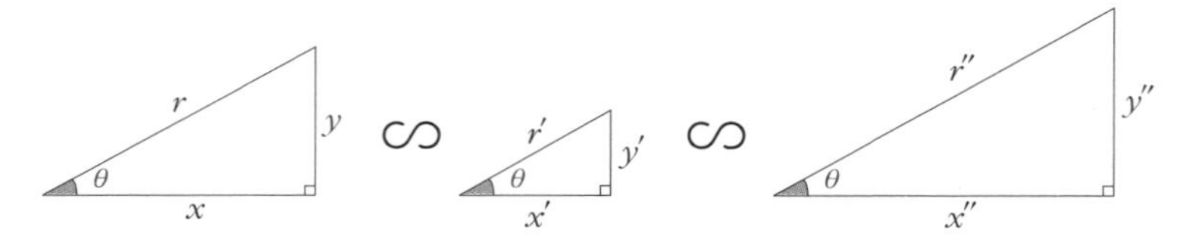

〈그림 1-21〉 직각삼각형의 각 비율은 θ만으로 정해진다.

$\frac{x}{r}=\cos\theta$, $\frac{y}{r}=\sin\theta$, $\frac{y}{x}=\tan\theta$이므로 (분모를 제거하면) 다음과 같다.

$$x=r\cos\theta,\ y=r\sin\theta,\ y=x\tan\theta$$

그림으로 표현해보자.

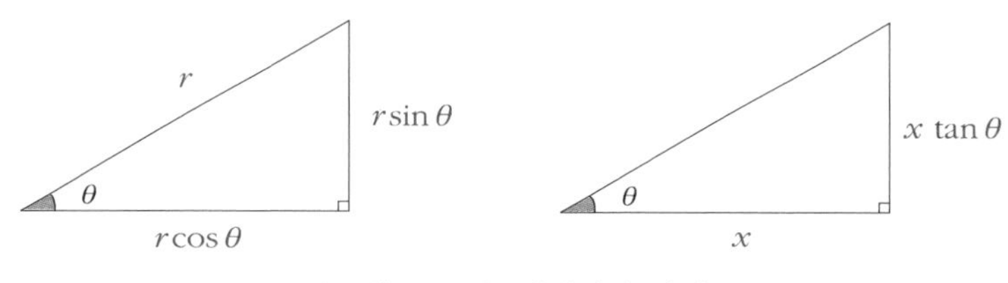

〈그림 1-22〉 삼각비의 관계

단, 직각삼각형에 너무 구애되면 삼각비는 직각 미만의 양의 각도로밖에 정의할 수 없게 되므로, 기껏 삼각비라는 것을 생각했는데 응용 범위가 한정돼 버린다. 이런 이유로 각도가 0이거나 직각(90°) 이상이어도 삼각비를 사용할 수 있도록 정의를 확장하게 되었다.

삼각비의 확장

중심이 원점(0, 0)이고 반지름의 길이가 1인 원(단위원)에서, x축의 양의 방향에서 반시계 방향으로 각도 θ를 취한 점의 좌표를 $(\cos\theta, \sin\theta)$라고 한다.

또한 $\tan\theta=\frac{\sin\theta}{\cos\theta}$라고 정한다.

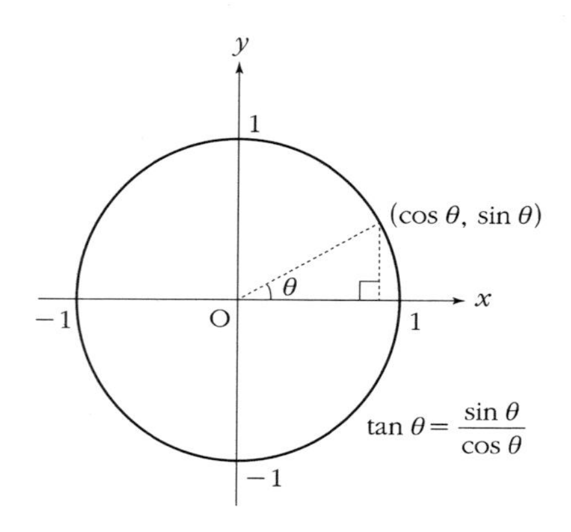

〈그림 1-23〉 단위원으로 삼각비를 정의한다.

이렇게 정의해두면 $\theta=0$일 때 다음의 식이 성립한다.

$$\cos 0=1,\ \sin 0=0 \tag{1-30}$$

또한 θ가 직각보다 큰 경우에도 삼각비 값을 구할 수 있다.

샌드위치 정리

이야기를 돌려서, 일반적으로 함수 $f(x)$, $g(x)$, $h(x)$가 a에 가까운 값인 x에 대하여 언제나 다음과 같은 관계인 경우

$$g(x) \le f(x) \le h(x)$$

$x \to a$의 극한에서도 이 대소관계는 변함없이

$$\lim_{x\to a} g(x) \le \lim_{x\to a} f(x) \le \lim_{x\to a} h(x) \tag{1-31}$$

의 부등식이 성립한다. 이때 함수 $g(x)$와 $h(x)$가 같은 극한값 p에

수렴한다면, 즉

$$\lim_{x \to a} g(x) = \lim_{x \to a} h(x) = p$$

라면 (1-31)에 의해 다음과 같은 식이 나온다.

$$p \leq \lim_{x \to a} f(x) \leq p$$

$\lim_{x \to a} f(x)$는 p보다 크거나 같고, 또한 p보다 작거나 같으므로

$$\lim_{x \to a} f(x) = p$$

라고 자연스레 생각된다. 이것을 '샌드위치 정리'라고 한다.

샌드위치 정리

$\lim_{x \to a} g(x) = p$, $\lim_{x \to a} h(x) = p$일 때 a에 가까운 x값에 대해 늘 $g(x) \leq f(x) \leq h(x)$라고 하면,

$$\lim_{x \to a} g(x) \leq \lim_{x \to a} f(x) \leq \lim_{x \to a} h(x) \Rightarrow p \leq \lim_{x \to a} f(x) \leq p$$

따라서 $\lim_{x \to a} f(x) = p$

예시 샌드위치 정리를 이용하여

$$f(x) = x^2 \sin \frac{1}{x}$$

의 $x \to 0$에서의 극한을 구해보자. $x \neq 0$일 때

$$-1 \leq \sin\frac{1}{x} \leq 1$$

이므로($\sin\theta$는 단위원의 y좌표이므로),

$$-x^2 \leq x^2\sin\frac{1}{x} \leq x^2$$

이다(〈그림 1-24〉).

따라서

$$\lim_{x\to 0}(-x^2) \leq \lim_{x\to 0}x^2\sin\frac{1}{x} \leq \lim_{x\to 0}x^2$$

여기서

$$\lim_{x\to 0}(-x^2) = \lim_{x\to 0}x^2 = 0$$

이므로 '샌드위치 정리'에 의해 값이 구해진다.

$$\lim_{x\to 0}x^2\sin\frac{1}{x} = 0$$

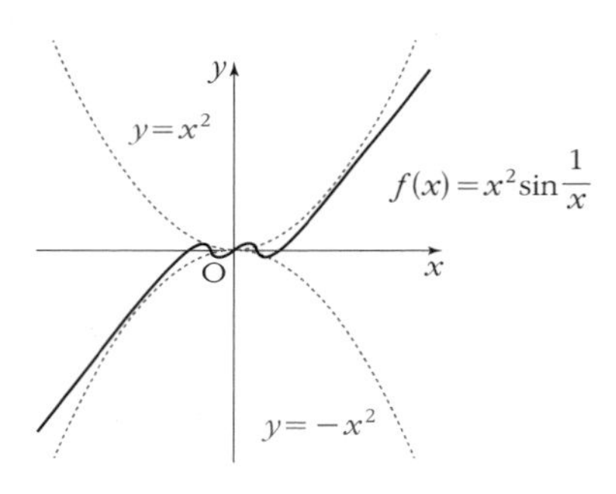

〈그림 1-24〉 $f(x) = x^2\sin\frac{1}{x}$ 그래프

✤

$\theta \to 0$일 때 $\frac{\sin\theta}{\theta}$의 극한

자, 67쪽의 ①~③을 이용하여 (1-22)의 극한을 계산해보자. 먼저 반지름 1인 부채꼴 OAB에 내접하는 직각삼각형 OPB와 외접하

는 직각삼각형 OAQ를 떠올려본다(〈그림 1-25〉).

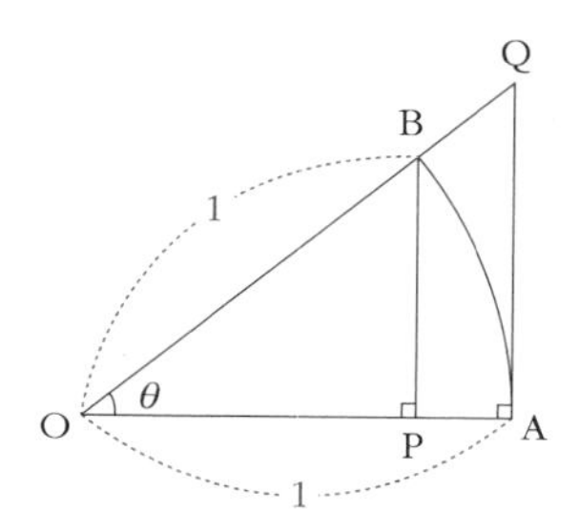

〈그림 1-25〉 부채꼴의 안과 밖에 놓인 직각삼각형

이들 도형의 넓이는 분명 다음과 같다.

△OPB ≤ 부채꼴 OAB ≤ △OAQ

〈그림 1-22〉나 (1-29) 식을 사용하면

$$S = \frac{k}{2} r^2 \theta \qquad (1\text{-}29)$$

$\frac{1}{2}\cos\theta\sin\theta$ $\qquad$ $\frac{k}{2}\cdot 1^2 \cdot \theta$ $\qquad$ $\frac{1}{2}\cdot 1 \cdot \tan\theta$

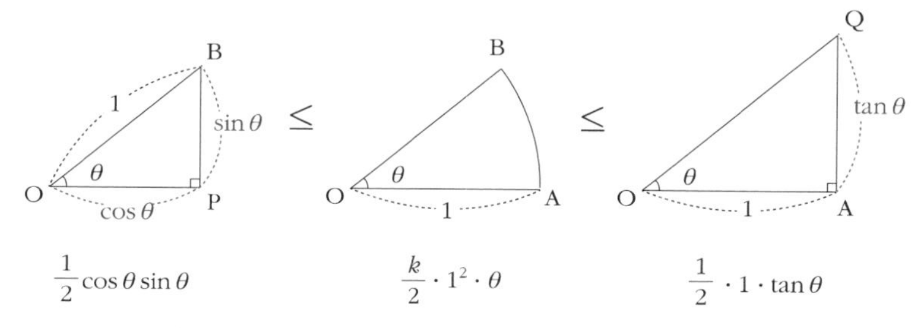

〈그림 1-26〉 넓이 관계에서 부등식을 이끌어낸다.

따라서

$$\frac{1}{2}\cos\theta\sin\theta \le \frac{k}{2}\cdot 1^2\cdot\theta \le \frac{1}{2}\cdot 1\cdot\tan\theta$$

$$\Rightarrow \cos\theta\sin\theta \le k\theta \le \tan\theta$$

$$\Rightarrow \cos\theta\sin\theta \le k\theta \le \frac{\sin\theta}{\cos\theta}$$

$$\Rightarrow \cos\theta \le \frac{k\theta}{\sin\theta} \le \frac{1}{\cos\theta}$$

$$\Rightarrow \frac{\cos\theta}{k} \le \frac{\theta}{\sin\theta} \le \frac{1}{k\cos\theta}$$

$\tan\theta = \frac{\sin\theta}{\cos\theta}$

$\div \sin\theta$

$\theta > 0$이므로 $\sin\theta > 0$

$\div k$

(1-23)에 따라 $k > 0$

이라는 부등식을 얻을 수 있다.

자, 여기서 θ를 한없이 0에 가까워지게 만들자.

(1-30)에 의해

$$\lim_{\theta\to 0}\cos\theta = 1$$

$$\lim_{\theta\to 0}\frac{1}{\cos\theta} = \frac{1}{1} = 1$$

$\cos 0 = 1$

이므로

$$\frac{\cos\theta}{k} \le \frac{\theta}{\sin\theta} \le \frac{1}{k\cos\theta}$$

$$\Rightarrow \lim_{\theta\to 0}\frac{\cos\theta}{k} \le \lim_{\theta\to 0}\frac{\theta}{\sin\theta} \le \lim_{\theta\to 0}\frac{1}{k\cos\theta}$$

$$\Rightarrow \frac{1}{k} \le \lim_{\theta\to 0}\frac{\theta}{\sin\theta} \le \frac{1}{k}$$

샌드위치 정리에 따르면 이렇다.

$$\lim_{\theta\to 0}\frac{\theta}{\sin\theta} = \frac{1}{k}$$

여기서 역수를 취하면 이런 식이 나온다.

$$\lim_{\theta \to 0} \frac{\sin \theta}{\theta} = k \qquad (1\text{-}32)$$

$$\lim_{\theta \to 0} \frac{\sin \theta}{\theta} = 1 \qquad (1\text{-}22)$$

우리의 목표가 무엇이었는지 기억하는가? 그렇다. 앞에서 소개했던 (1-22)의 극한을 성립시키는 거였다. (1-32)와 (1-22)를 비교했을 때 $k = 1$이면 된다는 사실을 알 수 있다!

호도법(라디안)

$$\lim_{\theta \to 0} \frac{\sin \theta}{\theta} = 1$$

(1-22)의 극한을 성립시키기 위해서는 (1-23)에서 비례상수 k를 1로 하면 된다는 것을 알았다. 이것이 무엇을 의미하는지 한번 생각해보자.

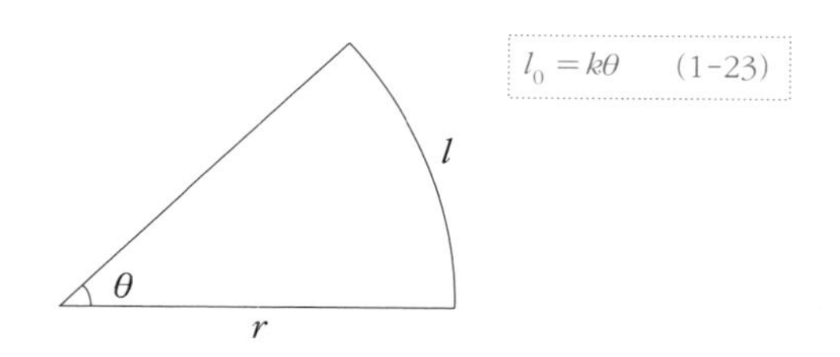

〈그림 1-27〉 새로운 각도 표시법

(1-23)에서 이끌어낸 (1-25)의 k에 1을 대입하면 이렇다.

$$\boldsymbol{l = r\theta \quad \Rightarrow \quad \theta = \frac{l}{r}} \qquad (1\text{-}33)$$

$l = kr\theta \qquad (1\text{-}25)$

(1-33)이야말로 (1-22)의 극한을 성립시키기 위한 **새로운 각도 표시법**이다!

(1-33)은 **반지름에 대한 호의 길이의 비율로 각도를 나타낸다.** 이 같은 각도 표시법을 '**호도법**'이라고 하며, 단위는 '**라디안**(rad)'을 사용한다. 1라디안은 (1-33)에서 $\theta = 1$일 때, 즉 $l = r$일 때의 각도다. 1라디안이 육십분법에서는 몇 도가 되는지 계산해둔다.

$l = r$일 때 $a_0°$라고 하면 (1-26)에서

$$r = 2\pi r \times \frac{a_0°}{360°}$$

$l = 2\pi r \times \dfrac{a°}{360°} \qquad (1\text{-}26)$

$$\Rightarrow 1 = \frac{a_0°}{180°}\pi \quad \Rightarrow \quad a_0° = \frac{180°}{\pi} \fallingdotseq 57.3°$$

이므로 1라디안은 약 57.3° 다(〈그림 1-28〉).

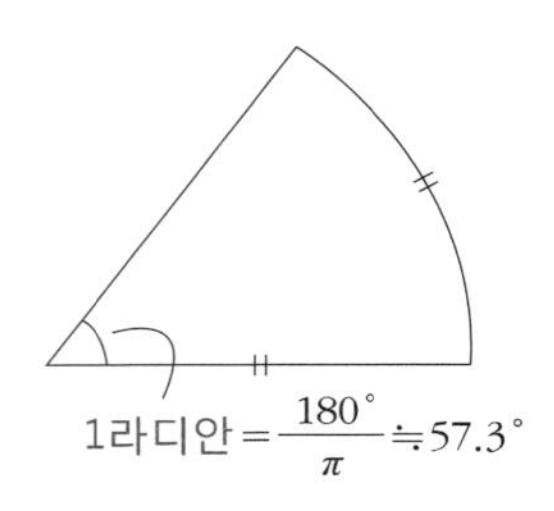

〈그림 1-28〉 1라디안의 크기

호도법과 육십분법의 환산식을 구해보자. 위와 같이 1라디안은

$\frac{180°}{\pi}$ 이므로 θ 라디안일 때 $a°$ 라고 하면

$$1 : \theta = \frac{180}{\pi} : a$$

$$\Rightarrow \quad a = \frac{180}{\pi}\theta \quad \Rightarrow \quad \theta = \frac{a\pi}{180} \tag{1-34}$$

호도법(라디안) 환산 공식

육십분법(360도법)에서 $a°$ 의 각도는 호도법에서는

$$\theta = \frac{a\pi}{180} \quad \text{[라디안(rad)]}$$

(1-34)의 변환 공식을 그림으로 나타내면 다음과 같다.

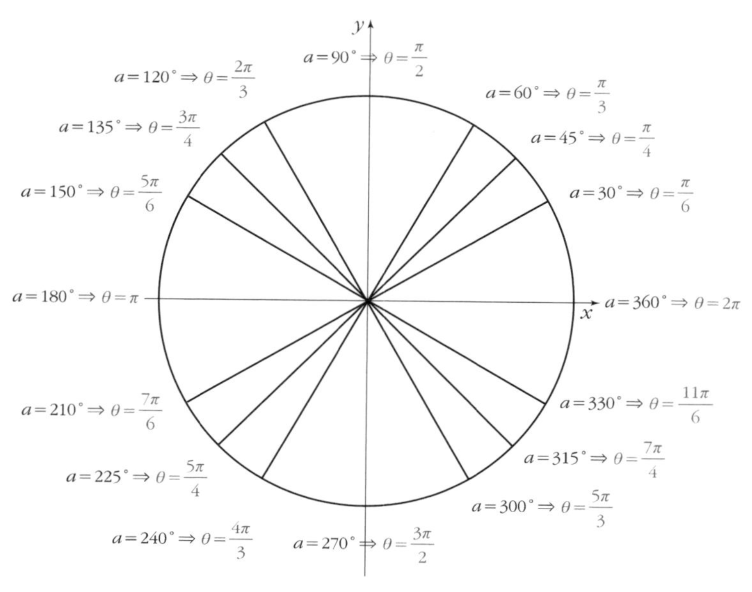

〈그림 1-29〉 육십분법 ⇒ 호도법

호도법은 각도를 (1-33)과 같이 $\frac{\text{길이}}{\text{길이}}$로 나타내는 점에 주목하자. 길이끼리의 비이므로 호도법으로 표시된 각도는 '무차원 수'다. 이렇게 쓰면 '라디안이라는 단위가 무차원이라고? 뭔 말인지 모르겠네' 할지도 모르겠다.

'1라디안'이란 호도법으로 각도를 표시할 경우 기준의 크기를 나타내는 것에 불과하다. 실제로 수학에서는 호도법으로 각도를 나타낼 때, 뒤에 '라디안'을 덧붙이는 일은 거의 없다.

지금까지 상당한 지면을 할애하여 호도법이라는 새로운 각도 표시법을 토대로 성립하는 (1-22)의 극한에 대해 설명했는데, 그것은 이 극한이 **등속원운동의 가속도**를 계산할 때 필요하기 때문이다.

앞 장의 (1-20)에서 가속도는 속도 v를 시간 t로 미분하면 구해진다고 말했다. 또한 49쪽에서 Δx가 0에 가까운 값이라면

$$\frac{dy}{dx} \fallingdotseq \frac{\Delta y}{\Delta x}$$

라고 생각할 수 있다는 것도 배웠다. 마찬가지로 Δt가 0에 가까운 값이라면 다음의 식이 성립한다.

$$a = \frac{dv}{dt} \fallingdotseq \frac{\Delta v}{\Delta t} \qquad \boxed{a = \frac{dv}{dt} \quad (1\text{-}20)} \qquad (1\text{-}35)$$

여기서 '등속원운동이므로 Δv(속도의 차)는 0이죠?'라고 생각했다면, 훌륭하다. 하지만 등속이라 해도 물체가 원운동을 하기 위해서는 시시각각으로 방향을 바꿀 필요가 있다. 그 '방향의 변화'가 Δv다! 이제 **'방향의 변화'를 수학적으로 다루기 위해 벡터**(vector)

를 가져올 것이다.

일본 고등학교 수학에서 '벡터'는 수학 B의 절반가량을 차지하는 큰 단원인데(우리나라의 경우 2015년 수학 교육 과정 개정에 따라 고등학교 1학년은 '기하학'만 배운다. '벡터'는 제외), 여기서는 등속원운동의 가속도를 계산하는 데 필요한 내용만 살짝 소개한다. 이미 벡터의 기본을 알고 있는 사람은 10여 쪽 뒤의 '물리에 필요한 수학'으로 건너뛰자.

벡터의 ABC

방향과 크기(길이)**로 정해지는 양**을 수학에서는 '벡터'라고 한다. 벡터를 '화살표'라고 생각해도 된다(대학교 수학에서는 벡터를 다차원량으로 이해하기도 한다).

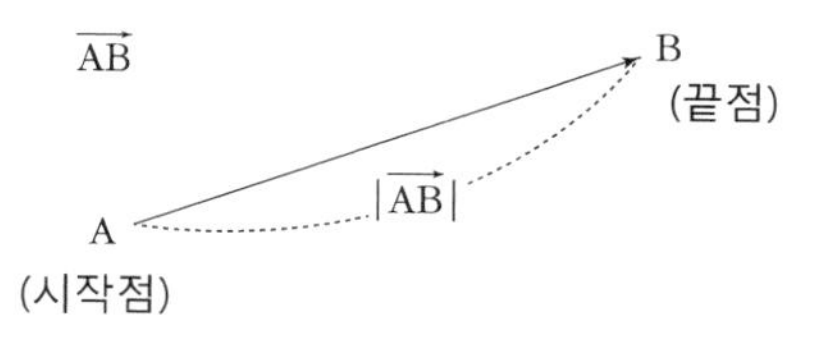

〈그림 1-30〉 벡터와 벡터의 크기

〈그림 1-30〉과 같이 **점 A를 시작점, 점 B를 끝점으로 하는 화살표로 표시된 벡터**를 $\overrightarrow{AB}$로 표시한다. 벡터는 하나의 문자와 화살표를 사용하여 $\vec{a}$와 같이 나타내는 경우도 있다.

또한 $\overrightarrow{AB}$, $\vec{a}$의 크기(길이)를 각각 $|\overrightarrow{AB}|$, $|\vec{a}|$라고 쓴다.

■ 벡터의 상등

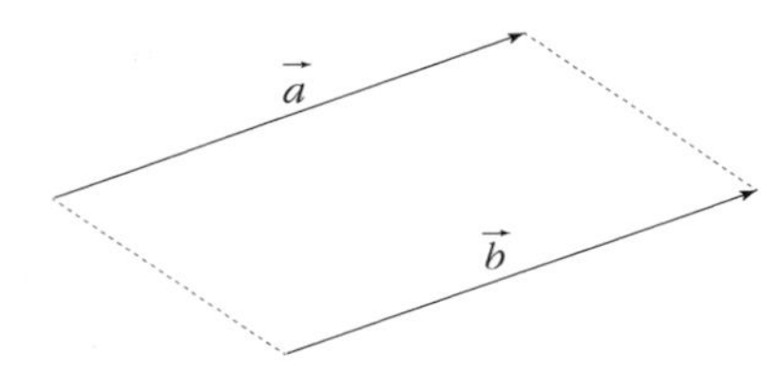

〈그림 1-31〉 벡터의 상등

〈그림 1-31〉과 같이 $\vec{a}$와 $\vec{b}$의 방향과 크기가 같을 때, 바꿔 말해서 $\vec{a}$와 $\vec{b}$가 평행이동하여 정확히 겹칠 때 두 벡터는 **동일하다**고 말하고 '$\vec{a}=\vec{b}$'로 표시한다.

■ 벡터의 실수배

$\vec{0}$가 아닌 벡터 $\vec{a}$와 실수 k에 대하여, $\vec{a}$의 k배 $k\vec{a}$를 다음과 같이 정한다.

① $k>0$인 경우

$\vec{a}$와 방향이 같고, 크기가 $|\vec{a}|$의 k배인 벡터

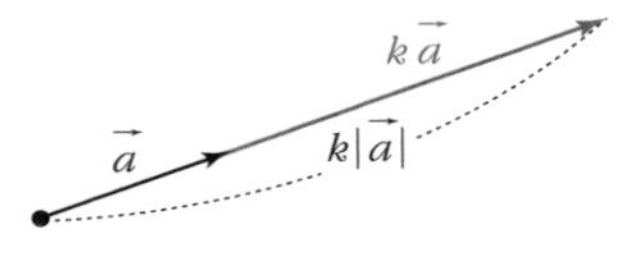

〈그림 1-32〉 벡터의 k배($k>0$)

② $k<0$인 경우

$\vec{a}$와 방향이 반대이고, 크기가 $|\vec{a}|$의 k배인 벡터

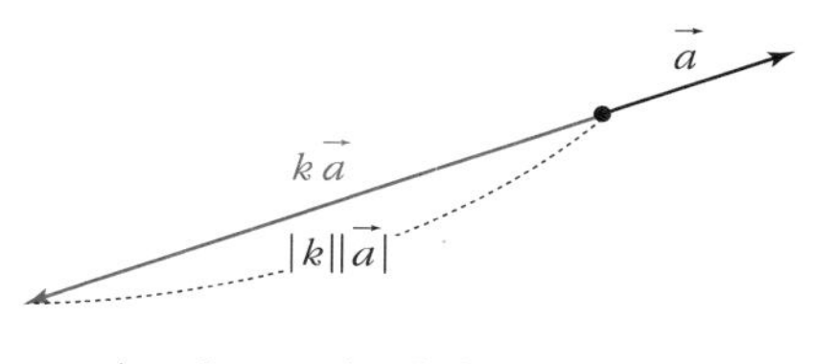

〈그림 1-33〉 벡터의 k배($k<0$)

③ $k=0$인 경우

영벡터 : $0\vec{a}=\vec{0}$

■ **벡터의 평행조건**

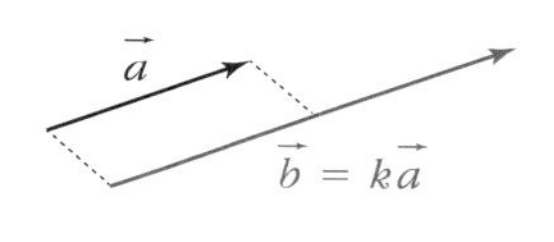

〈그림 1-34〉 벡터의 평행

$\vec{0}$가 아닌 벡터 $\vec{a}$와 벡터 $\vec{b}$ 사이에

$$\vec{b}=k\vec{a} \qquad [k\neq 0]$$

가 성립할 때 $\vec{a}$와 $\vec{b}$는 같은 방향 또는 반대 방향, 둘 중 하나가 된다. 이때 $\vec{a}$와 $\vec{b}$는 평행하다고 하고, 다음과 같이 쓴다.

$$\vec{a}\ //\ \vec{b}$$

■ 역벡터

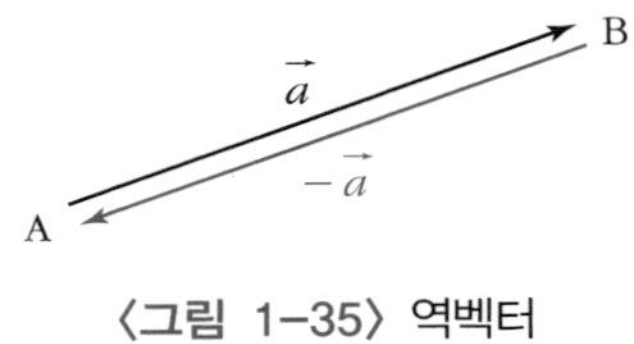

〈그림 1-35〉 역벡터

벡터 $\vec{a}$ 와 크기가 같고 **방향이 반대인 벡터**를 '역벡터'라고 하고, $-\vec{a}$로 표시한다. $\vec{a}=\overrightarrow{AB}$라면 $-\vec{a}=\overrightarrow{BA}$다.

■ 벡터의 덧셈

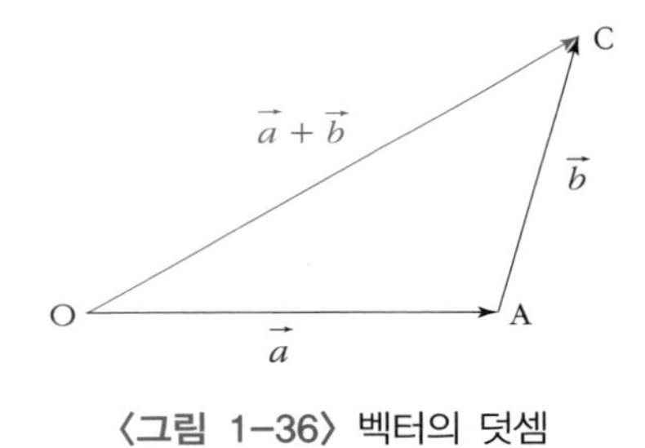

〈그림 1-36〉 벡터의 덧셈

〈그림 1-36〉과 같이 $\vec{a}=\overrightarrow{OA}$, $\vec{b}=\overrightarrow{AC}$일 때 **$\vec{a}$와 $\vec{b}$의 합은 $\vec{a}+\vec{b}$** $=\overrightarrow{OC}$로 정의한다.

$$\overrightarrow{OA}+\overrightarrow{AC}=\overrightarrow{OC} \qquad (1\text{-}36)$$

$\overrightarrow{OA}+\overrightarrow{AC}=\overrightarrow{OC}$

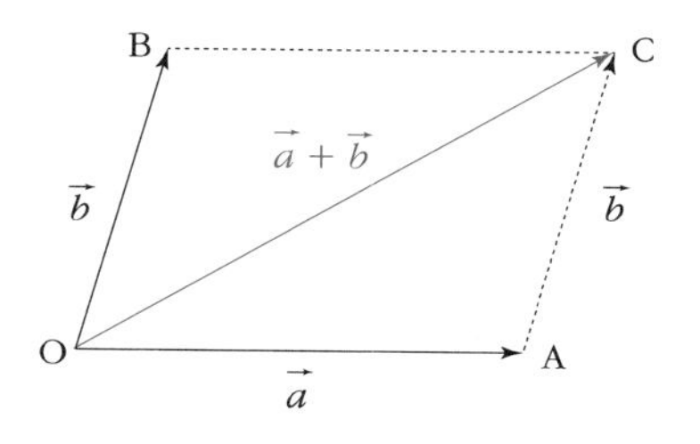

〈그림 1-37〉 평행사변형의 법칙

또한 〈그림 1-37〉의 평행사변형 $\overrightarrow{OA}$와 $\overrightarrow{OB}$에서, $\overrightarrow{AC}$와 $\overrightarrow{OB}$는 평행이동에 의해 정확히 겹쳐지므로(평행사변형의 대변은 평행하고 길이가 같다) $\overrightarrow{AC}=\overrightarrow{OB}$다. 즉 **사각형 AOBC가 평행사변형일 경우** (1-36)에 따라 다음과 같은 식이 만들어진다.

$$\overrightarrow{OA}+\overrightarrow{OB}=\overrightarrow{OC}$$

이와 같이 $\vec{a}$와 $\vec{b}$의 합은 $\vec{a}$와 $\vec{b}$의 시작점을 맞춰서 만든 평행사변형의 대각선으로 파악할 수도 있다.

■ 벡터의 뺄셈

〈그림 1-38〉과 같이 $\vec{a}=\overrightarrow{OA}$, $\vec{b}=\overrightarrow{OB}$일 경우 벡터의 덧셈 정의 (1-36)에 따라 다음과 같이 쓸 수 있다.

$$\overrightarrow{OB}+\overrightarrow{BA}=\overrightarrow{OA} \quad \Rightarrow \quad \vec{b}+\overrightarrow{BA}=\vec{a}$$

$\overrightarrow{OB}+\overrightarrow{BA}=\overrightarrow{OA}$

그러므로 (자연스러운 흐름으로서) **$\vec{a}$와 $\vec{b}$의 차는 $\vec{a}-\vec{b}=\overrightarrow{BA}$**라고 정의한다.

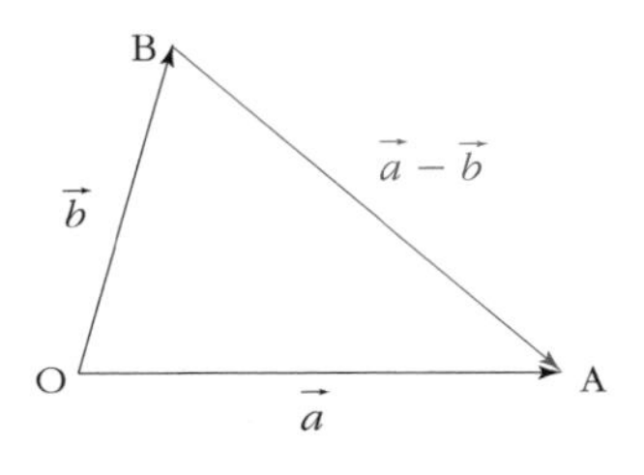

〈그림 1-38〉 벡터의 뺄셈

$$\overrightarrow{OA} - \overrightarrow{OB} = \overrightarrow{BA} \tag{1-37}$$

또한 O를 중심으로 점 B의 대칭점을 B′라고 했을 때, 역벡터의 정의에 따르면 $-\vec{b}=\overrightarrow{OB'}$이다. 따라서 〈그림 1-39〉에서

$$\vec{a}+(-\vec{b})=\vec{a}-\vec{b}$$

가 성립하는 '$\vec{a}+(-\vec{b})$와 $\vec{a}-\vec{b}$는 평행이동하면 정확히 겹친다'는 것을 알 수 있다.

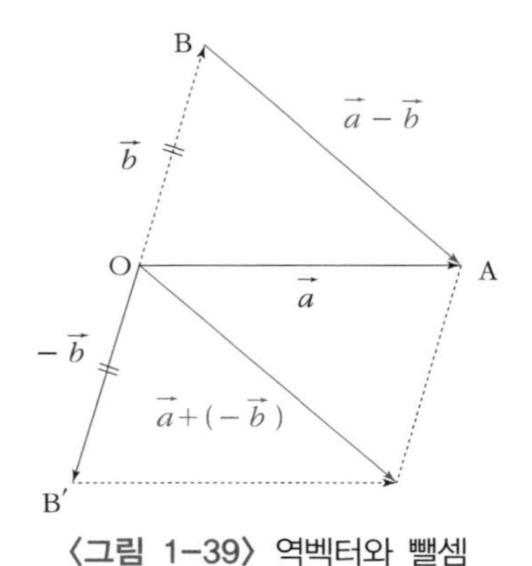

〈그림 1-39〉 역벡터와 뺄셈

■ 벡터의 성분 표시

좌표평면 위에서 $\vec{a}$를 원점 O에 시작점이 겹치도록 평행이동했을 때, 그 끝점의 좌표를 $\vec{a}$의 성분(x좌표가 x성분, y좌표가 y성분)이라고 하며 다음과 같이 표현한다.

$$\vec{a} = (x_a, y_a)$$

이것을 벡터의 성분 표시라고 한다.

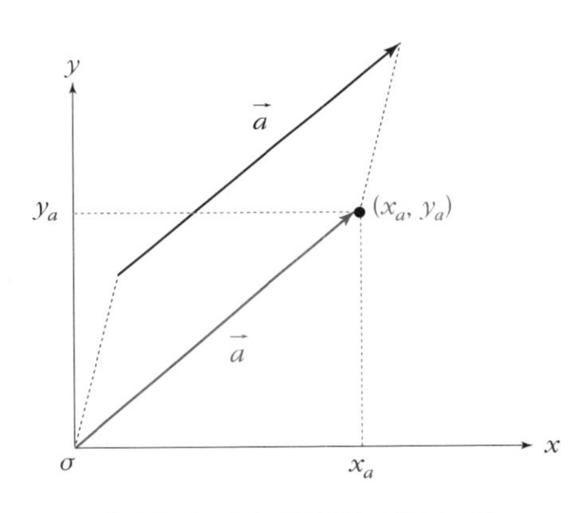

〈그림 1-40〉 벡터의 성분 표시

■ 성분에 의한 벡터의 연산

성분을 이용해 벡터의 덧셈과 뺄셈, 실수배 등의 연산을 해보자.

$$\vec{a} = (x_a, y_a) \qquad \vec{b} = (x_b, y_b)$$

라고 하면, 〈그림 1-41〉에서

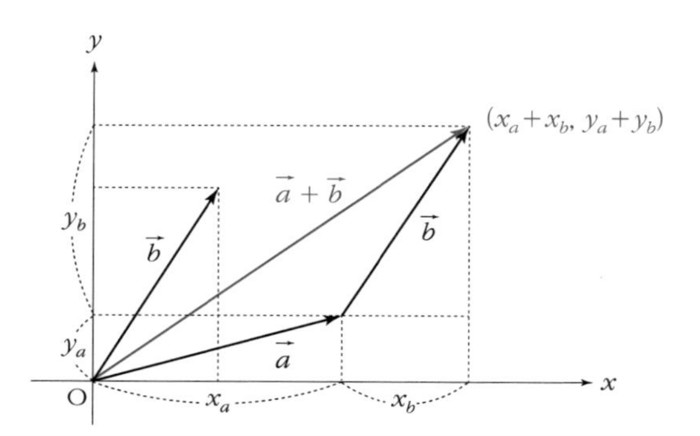

〈그림 1-41〉 성분에 의한 벡터의 덧셈

$$\vec{a}+\vec{b}=(x_a+x_b,\ y_a+y_b)$$

임은 명백하다. 따라서 다음과 같은 식이 성립한다.

$$\vec{\boldsymbol{a}}+\vec{\boldsymbol{b}}=(\boldsymbol{x}_a,\ \boldsymbol{y}_a)+(\boldsymbol{x}_b,\ \boldsymbol{y}_b)=(\boldsymbol{x}_a+\boldsymbol{x}_b,\ \boldsymbol{y}_a+\boldsymbol{y}_b) \qquad (1\text{-}38)$$

또한 다음과 같을 때

$$\vec{a}=(x_a,\ y_a)$$

실수 k에 대하여 〈그림 1 - 42〉에서

$$k\vec{a}=(kx_a,\ ky_a)$$

가 된다는 것은 명백하므로 다음의 식이 성립한다.

$$\boldsymbol{k}\vec{\boldsymbol{a}}=\boldsymbol{k}(\boldsymbol{x}_a,\ \boldsymbol{y}_a)=(\boldsymbol{k}\boldsymbol{x}_a,\ \boldsymbol{k}\boldsymbol{y}_a) \qquad (1\text{-}39)$$

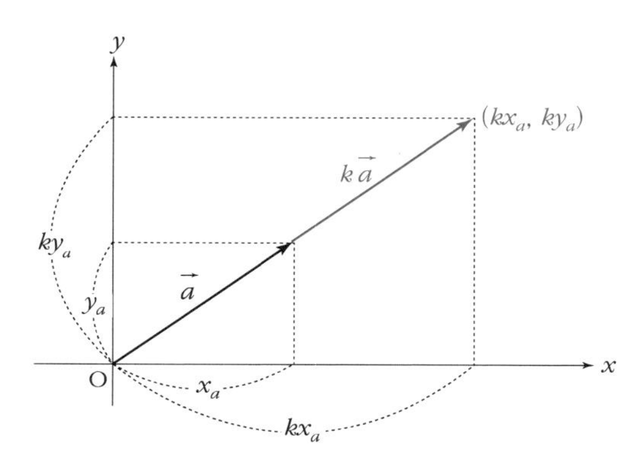

〈그림 1-42〉 성분에 의한 벡터의 실수배

(1-38)과 (1-39)를 정리하면 $\vec{a}=(x_a, y_a)$, $\vec{b}=(x_b, y_b)$일 때 실수 k, l에 대하여

$$
\begin{aligned}
k\vec{a}+l\vec{b} &= k(x_a, y_a)+l(x_b, y_b) \\
&= (kx_a+lx_b, ky_a+ly_b) \qquad (1\text{-}40)
\end{aligned}
$$

(1-40)에서 $k=1$, $l=-1$이라고 하면

$$\vec{a}-\vec{b}=(x_a, y_a)-(x_b, y_b)=(x_a-x_b, y_a-y_b) \qquad (1\text{-}41)$$

가 성립한다는 것도 바로 확인할 수 있다.

■ 벡터의 성분과 크기

$\vec{a}=(x_a, y_a)$일 때, 〈그림 1-43〉에서 삼각형 OAH는 직각삼각형이므로 피타고라스의 정리에 의해 이런 풀이가 가능하다.

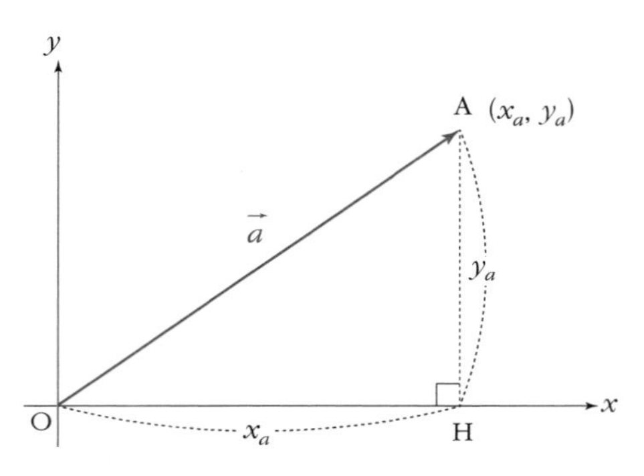

〈그림 1-43〉 벡터의 성분과 크기

$$\mathrm{OA}^2 = \mathrm{OH}^2 + \mathrm{AH}^2 \;\Rightarrow\; |\vec{a}|^2 = x_a^{\,2} + y_a^{\,2}$$

$$\Rightarrow\; |\vec{a}| = \sqrt{x_a^{\,2} + y_a^{\,2}} \qquad (1\text{-}42)$$

물리에 필요한 수학 … 등속원운동의 가속도

"드디어 등속원운동의 가속도를 계산한다!" 이렇게 말하고 싶지만 그전에 xy 평면 위를 운동하는 물체의 위치와 속도를 벡터를 사용하여 나타내보자.

먼저 어떤 좌표계가 기준일 때, 시각 t에서 물체가 점$(x(t), y(t))$에 있을 경우

$$\vec{r}(t) = (x(t),\ y(t)) \tag{1-43}$$

를 이 **물체의** 위치 벡터라고 부르자.

여기서 x나 y나 $\vec{r}$에 (t)를 붙인 것은 물체의 위치가 시각 t의 함수가 되어 있다(시각 t에 의해 정해진다)는 의미다.

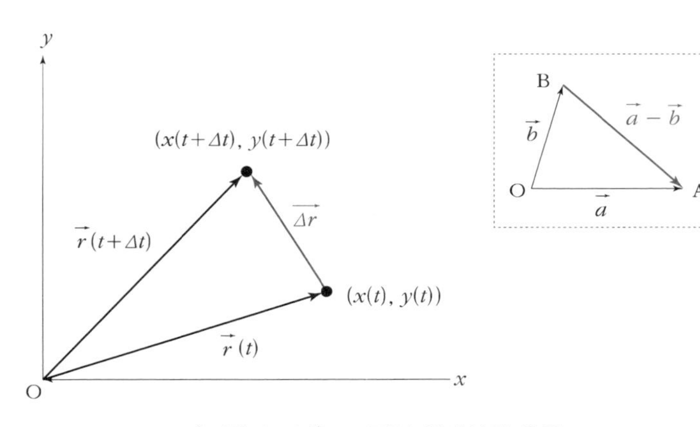

〈그림 1-44〉 xy평면 위에서의 운동

물체가 Δt 동안 $\vec{r}(t)$에서 $\vec{r}(t+\Delta t)$로 이동한 경우를 $\Delta\vec{r}=\vec{r}(t+\Delta t)-\vec{r}(t)$라고 했을 때

$$\overline{(\vec{v})}=\frac{\overrightarrow{\Delta r}}{\Delta t}=\frac{\vec{r}(t+\Delta t)-\vec{r}(t)}{\Delta t} \qquad (1\text{-}44)$$

로 표시되는 $\overline{(\vec{v})}$는 Δt 동안의 **평균속도**를 나타낸다.

평균속도 (1-44)를 성분을 사용해 나타내면 이렇다.

$$\overline{(\vec{v})}=\frac{\overrightarrow{\Delta r}}{\Delta t}$$

$\vec{r}(t)=(x(t),\ y(t))$
$\vec{r}(t+\Delta t)=(x(t+\Delta t),\ y(t+\Delta t))$

$$=\frac{\vec{r}(t+\Delta t)-\vec{r}(t)}{\Delta t}$$

(1-40)에 따라
$k(x_a,\ y_a)+l(x_b,\ y_b)$
$=(kx_a+lx_b,\ ky_a+ky_b)$

$$=\frac{(x(t+\Delta t),\ y(t+\Delta t))-(x(t),\ y(t))}{\Delta t}$$

$$=\left(\frac{x(t+\Delta t)-x(t)}{\Delta t},\ \frac{y(t+\Delta t)-y(t)}{\Delta t}\right)$$

평균속도에서 $\Delta t\to 0$의 극한을 생각하면 순간속도를 얻을 수 있었다(p. 33).

$$\lim_{\Delta t\to 0}\frac{x(t+\Delta t)-x(t)}{\Delta t}=\lim_{\Delta t\to 0}\frac{\Delta x}{\Delta t}=\frac{dx}{dt}$$

$$\lim_{\Delta t\to 0}\frac{y(t+\Delta t)-y(t)}{\Delta t}=\lim_{\Delta t\to 0}\frac{\Delta y}{\Delta t}=\frac{dy}{dt}$$

이렇게도 생각해보면 (1-43)에서 $\vec{r}(t)$를 시각 t로 미분함으로써 얻어지는 (1-45)의 벡터는 시각 t에 대해 이 물체의 (순간)속도

를 나타낸다.

$$\vec{v}(t) = \lim_{\Delta t \to 0} \frac{\Delta \vec{r}}{\Delta t}$$

$$= \frac{d\vec{r}}{dt}$$

$$= \left(\frac{dx}{dt}, \frac{dy}{dt}\right) \quad (1-45)$$

x축 위를 운동하는 물체의 속도

$v = \frac{dx}{dt} \quad (1-19)$

똑같이 생각하면 물체의 가속도는 다음과 같다.

$$\vec{a}(t) = \lim_{\Delta t \to 0} \frac{\Delta \vec{v}}{\Delta t}$$

$$= \frac{d\vec{v}}{dt}$$

$$= \frac{d}{dt}\left(\frac{d\vec{r}}{dt}\right)$$

$$= \left(\frac{d^2x}{dt^2}, \frac{d^2y}{dt^2}\right) \quad (1-46)$$

$\overrightarrow{\Delta v} = \vec{v}(t+\Delta t) - \vec{v}(t)$

x축 위를 이동하는 물체의 가속도

$a = \frac{dv}{dt} = \frac{d^2x}{dt^2} \quad (1-21)$

등속원운동의 가속도

마침내 모든 준비가 끝났다. 이번에야말로 등속원운동하는 물체의 가속도를 구해보자.

반지름 r인 원 위에 있고, 시각 t에 〈그림 1-45〉의 OP_0에서 각도 θ만큼 이동한 $\vec{r}(t)$에 위치한 물체가 Δt 동안 각도 $\Delta\theta$만큼 나아가서 $\vec{r}(t+\Delta t)$의 위치가 되었다고 하자.

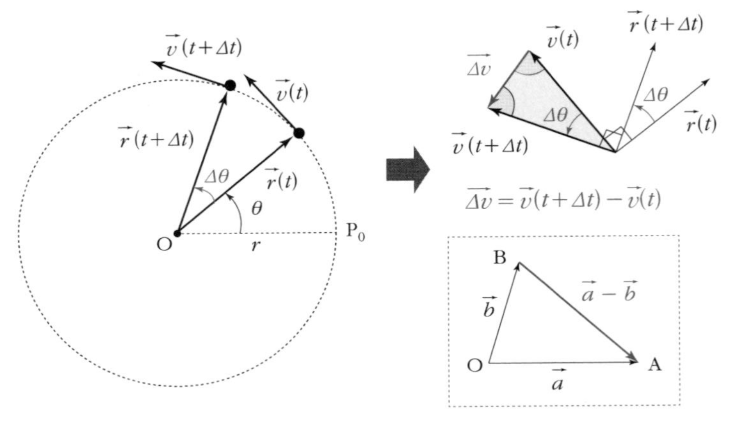

〈그림 1-45〉 등속원운동

속도 벡터의 방향은 언제나 원의 접선 방향이다. 등속원운동이므로

$$|\vec{v}(t)| = |\vec{v}(t+\Delta t)| = v \qquad [v\text{는 상수}] \qquad (1\text{-}47)$$

라고 한다.

$|\vec{a}|$: $\vec{a}$의 크기

(1-46)에서

$$\vec{a}(t) = \lim_{\Delta t \to 0} \frac{\overrightarrow{\Delta v}}{\Delta t}$$

인데 〈그림 1-45〉의 왼쪽 그림에서는 $\overrightarrow{\Delta v}$의 방향을 알기 힘들다. 그러므로 〈그림 1-45〉의 오른쪽 그림과 같이 $\vec{v}(t)$, $\vec{v}(t+\Delta t)$를 평행이동하여 시작점을 $\vec{r}(t)$, $\vec{r}(t+\Delta t)$로 맞춘다.

> **주**
> 그렇게 마음대로 옮겨도 되냐고 화를 내는 사람도 있을 테지만, 벡터에서는 평행이동하여 정확히 겹치는 것은 서로 같다고 생각하므로 괜찮다(p. 82).

이 경우 $\vec{v}(t)$가 $\vec{r}(t)$에 대해 수직이고, $\vec{v}(t+\Delta t)$도 $\vec{r}(t+\Delta t)$에 대해 수직이므로 $\vec{v}(t)$와 $\vec{v}(t+\Delta t)$가 이루는 각(두 벡터로 만들어지는 각)은 $\vec{r}(t)$와 $\vec{r}(t+\Delta t)$가 이루는 각 $\Delta\theta$와 같음을 알 수 있다. 〈그림 1-45〉의 오른쪽 파란색 삼각형은 (1-47)에 의해 두 변의 길이가 v로 같고, 꼭지각이 $\Delta\theta$인 이등변삼각형이다. 여기서

$$|\overrightarrow{\Delta v}| = \Delta v$$

라고 하면, Δv는 이 파란색 삼각형의 밑변의 길이가 된다. 좀 확대해보자.

〈그림 1-46〉에 의해 삼각비를 사용하면,

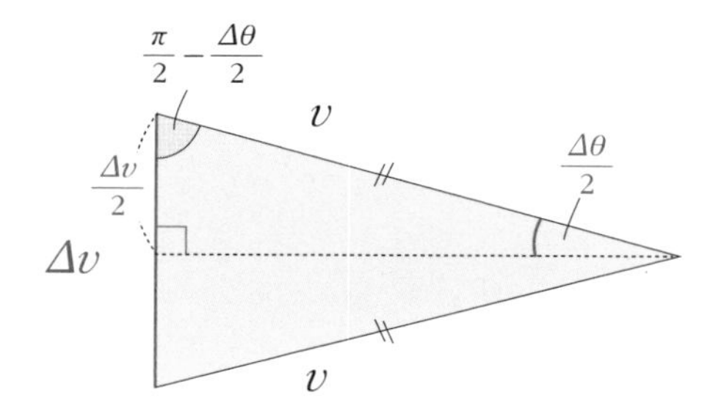

〈그림 1-46〉 Δv를 나타내는 식을 만든다.

$$\frac{\Delta v}{2} = v \sin\frac{\Delta\theta}{2}$$

$$\Rightarrow \quad \Delta v = 2v \sin\frac{\Delta\theta}{2} \tag{1-48}$$

r
$r\sin\theta$
θ
$r\cos\theta$

이다. (1-46)에서

$$\vec{a}(t) = \lim_{\Delta t \to 0} \frac{\overrightarrow{\Delta v}}{\Delta t}$$

이므로

$$\begin{aligned} |\vec{a}(t)| &= \lim_{\Delta t \to 0} \frac{|\overrightarrow{\Delta v}|}{\Delta t} \\ &= \lim_{\Delta t \to 0} \frac{\Delta v}{\Delta t} \\ &= \lim_{\Delta t \to 0} \frac{2v\sin\frac{\Delta\theta}{2}}{\Delta t} \end{aligned} \tag{1-49}$$

(1-48)

등속원운동인 경우, $\Delta\theta$는 **단위시간 동안 회전한 각도** ω (오메가)를 사용하여 이렇게 쓴다. 이 ω를 **각속도**라고 한다.

$$\Delta\theta = \omega\Delta t \tag{1-50}$$

(1-50)을 (1-49)에 대입하자.

$$|\vec{a}(t)| = \lim_{\Delta t \to 0} \frac{2v\sin\frac{\Delta\theta}{2}}{\Delta t} = \lim_{\Delta t \to 0} \frac{2v\sin\frac{\omega\Delta t}{2}}{\Delta t} \tag{1-51}$$

자, 드디어 (1-22)가 등장할 때다. 단, (1-22)의 극한에서는 다음과 같이 색깔로 표시한 세 곳의 문자가 같아야 한다.

$$\lim_{\theta \to 0} \frac{\sin\ \theta}{\theta} = 1$$

이제 $\Delta t \to 0$일 때 $\frac{\omega \Delta t}{2} \to 0$이라는 것을 사용해 (1-51)을 다음과 같이 변형해보자.

$$|\vec{a}(t)| = \lim_{\Delta t \to 0} \frac{2v \sin \frac{\omega \Delta t}{2}}{\Delta t}$$

$$= \lim_{\frac{\omega \Delta t}{2} \to 0} \frac{2v \sin \frac{\omega \Delta t}{2}}{\frac{\omega \Delta t}{2} \cdot \frac{2}{\omega}}$$

$$\frac{1}{\frac{2}{\omega}} = 1 \div \frac{2}{\omega} = 1 \times \frac{\omega}{2} = \frac{\omega}{2}$$

$$= \lim_{\frac{\omega \Delta t}{2} \to 0} \frac{2v \sin \frac{\omega \Delta t}{2}}{\frac{\omega \Delta t}{2}} \cdot \frac{\omega}{2}$$

$$= \lim_{\frac{\omega \Delta t}{2} \to 0} v \cdot \frac{\sin \frac{\omega \Delta t}{2}}{\frac{\omega \Delta t}{2}} \cdot \omega$$

$$= v\omega \lim_{\frac{\omega \Delta t}{2} \to 0} \frac{\sin \frac{\omega \Delta t}{2}}{\frac{\omega \Delta t}{2}}$$

$$\lim_{\theta \to 0} \frac{\sin\theta}{\theta} = 1$$

$$= v\omega \cdot 1$$

등속원운동인 경우, v와 ω 모두 상수이므로 $|\vec{a}(t)|$ **도 상수**가 된다. 따라서 $|\vec{a}(t)| = a$ [a는 상수]라고 쓰면

$$a = v\omega \tag{1-52}$$

또한 $\Delta t \to 0$일 때 $\Delta\theta \to 0$이므로 〈그림 1-46〉에 있는 이등변삼각형의 밑각(회색 부분 각도: $\frac{\pi}{2} - \frac{\Delta\theta}{2}$)은 $\frac{\pi}{2}$(90°)에 한없이 가까워진다. 이때 〈그림 1-45〉를 보면, $\overrightarrow{\Delta v}$와 $\vec{v}(t)$가 이루는 각도 한없이 $\frac{\pi}{2}$에 가까워지는 것을 알 수 있다. 또한 (1-46)에서 $\Delta t \to 0$일 때 $\overrightarrow{\Delta v}$와 $\vec{a}(t)$는 한없이 평행에 가까워지므로 결국 $\vec{a}(t)$의 방향은 $\vec{v}(t)$에 수직인 방향이 된다. 요컨대 **등속원운동에서 가속도 방향은 원의 중심 방향**이다.

$\vec{b} = k\vec{a}$일 때 $\vec{a} // \vec{b}$	$\vec{a}(t) = \lim_{\Delta t \to 0} \frac{\overrightarrow{\Delta v}}{\Delta t}$ (1-46)

보통 고등학교 물리에서 다루는 원운동은 등속원운동이다. 물론 모든 원운동이 일정한 속력으로 도는 것은 아니다. 하지만 (1-22)식을 이용하면,

$$\lim_{\theta \to 0} \frac{\sin\theta}{\theta} = 1$$

즉 미분을 사용하면 지금까지의 계산과 완전히 똑같이 원운동(등속에 한정되지는 않는다)하는 물체의 속도 $\vec{v}$를 구할 수 있다.

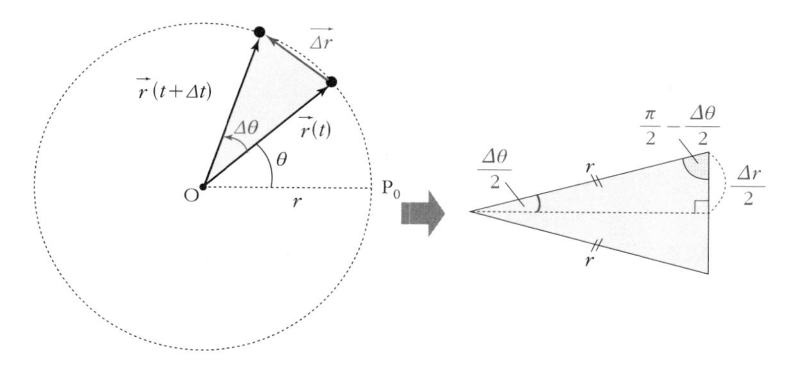

〈그림 1-47〉 (비등속)원운동

〈그림 1-47〉의 왼쪽 그림과 같이 반지름 r인 원 위에 있고, 시각 t에 OP_0에서 각도 θ만큼 이동한 $\vec{r}(t)$에 위치한 물체가 Δt 동안 각도 $\Delta\theta$만큼 나아가서 $\vec{r}(t+\Delta t)$의 위치가 되었다고 하자.

원운동이므로

$$|\vec{r}(t)| = |\vec{r}(t+\Delta t)| = r \quad [r\text{은 상수}]$$

이다. 또한

$$\bar{\omega} = \frac{\Delta\theta}{\Delta t} \tag{1-53}$$

로 표시되는 $\bar{\omega}$는 (등속이 아니므로) Δt 동안의 **평균 각속도**다. (1-53)에서 $\Delta t \to 0$의 극한, 즉

$$\omega = \lim_{\Delta t \to 0} \frac{\Delta\theta}{\Delta t} = \frac{d\theta}{dt} \tag{1-54}$$

는 순간 가속도를 나타낸다.

여기서 $\overrightarrow{\Delta r} = \vec{r}(t+\Delta t) - \vec{r}(t)$로서

$$|\overrightarrow{\Delta r}| = \Delta r$$

이라고 쓰면 〈그림 1-47〉의 파란색 이등변삼각형에 대하여 앞쪽 (pp. 95~96)과 마찬가지로

$$\frac{\Delta r}{2} = r\sin\frac{\Delta\theta}{2} \quad \Rightarrow \quad \Delta r = 2r\sin\frac{\Delta\theta}{2}$$

라고 쓸 수 있다. (1-45)에서, 가속도를 계산했을 때와 완전히 마찬가지로

$$|\vec{v}(t)| = \lim_{\Delta t \to 0}\frac{|\overrightarrow{\Delta r}|}{\Delta t}$$

$$\vec{v}(t) = \lim_{\Delta t \to 0}\frac{\overrightarrow{\Delta r}}{\Delta t} \qquad (1\text{-}45)$$

$$= \lim_{\Delta t \to 0}\frac{\Delta r}{\Delta t}$$

$$\Delta r = 2r\sin\frac{\Delta\theta}{2}$$

$$= \lim_{\Delta t \to 0}\frac{2r\sin\frac{\Delta\theta}{2}}{\Delta t}$$

$$\bar{\omega} = \frac{\Delta\theta}{\Delta t} \quad \Rightarrow \quad \Delta\theta = \bar{\omega}\Delta t$$

$$= \lim_{\Delta t \to 0}\frac{2r\sin\frac{\bar{\omega}\Delta t}{2}}{\Delta t}$$

$\Delta t \to 0$일 때 $\frac{\bar{\omega}\Delta t}{2} \to 0$

$$= \lim_{\frac{\bar{\omega}\Delta t}{2} \to 0}\frac{2r\sin\frac{\bar{\omega}\Delta t}{2}}{\frac{\bar{\omega}\Delta t}{2}\cdot\frac{2}{\bar{\omega}}}$$

$$\frac{1}{\frac{2}{\omega}} = 1 \div \frac{2}{\omega} = 1 \times \frac{\omega}{2} = \frac{\omega}{2}$$

$$= \lim_{\frac{\overline{\omega}\Delta t}{2} \to 0} \frac{2r \sin \frac{\overline{\omega}\Delta t}{2}}{\frac{\overline{\omega}\Delta t}{2}} \cdot \frac{\overline{\omega}}{2}$$

$$= \lim_{\frac{\overline{\omega}\Delta t}{2} \to 0} r \cdot \frac{\sin \frac{\overline{\omega}\Delta t}{2}}{\frac{\overline{\omega}\Delta t}{2}} \cdot \overline{\omega}$$

$$= r \lim_{\frac{\overline{\omega}\Delta t}{2} \to 0} \frac{\sin \frac{\overline{\omega}\Delta t}{2}}{\frac{\overline{\omega}\Delta t}{2}} \cdot \overline{\omega}$$

$\lim_{\theta \to 0} \frac{\sin \theta}{\theta} = 1$

$\Delta t \to 0$일 때 $\overline{\omega} \to \omega$

$$= r \cdot 1 \cdot \omega$$

$$= r\omega$$

따라서 다음과 같은 식이 성립한다.

$$|\vec{v}(t)| = r\omega \tag{1-55}$$

(1-54)에서, $\Delta t \to 0 (\frac{\overline{\omega}\Delta t}{2} \to 0)$일 때 $\overline{\omega} \to \omega$ 임을 깨달았을 것이다. 남은 것은 등속원운동에서 가속도를 구했을 때와 똑같은 계산뿐이다. 또한 $\vec{v}(t)$의 방향에 대해서도 등속원운동에서 가속도의 방향을 생각했을 때와 똑같이 생각하면, $\Delta t \to 0$일 때 $\Delta\theta \to 0$이므로 〈그림 1-47〉에서 이등변삼각형의 밑각(회색 부분의 각도: $\frac{\pi}{2} - \frac{\Delta\theta}{2}$)은 $\frac{\pi}{2}$(90°)에 한없이 가까워진다. 여기서 $\overrightarrow{\Delta r}$의 방향, 즉 $\vec{v}(t)$의 방향은 $\vec{r}(t)$에 수직인 방향임을 알 수 있다. 즉 원운동에서 속도의 방향은 회전하는 방향의 접선 방향이다.

또한 (1-55)는 원운동 전반에서 성립하므로, 등속원운동에 대해서도 물론 성립한다. 단, 등속인 경우는

$$|\vec{v}(t)| = v \quad [v\text{는 상수}]$$

라고 쓸 수 있다. 이때 (1-55)에 따르면

$$v = r\omega \tag{1-56}$$

(1-56)을 (1-52)에 대입하면 이렇다.

$$a = v\omega = r\omega \cdot \omega = r\omega^2 = r\left(\frac{v}{r}\right)^2 = \frac{v^2}{r}$$

$v = r\omega \Rightarrow \omega = \frac{v}{r}$

등속원운동의 가속도

반지름 r, 속도 v인 등속원운동하는 물체의 가속도 크기를 a라고 하면

$$\boldsymbol{a = v\omega = r\omega^2 = \frac{v^2}{r}} \quad [\omega\text{: 각속도}]$$

또한 '**가속도의 방향은 원의 중심 방향**'이다.

지금까지 배운 내용을 이해했다면 반드시 교과서나 고등학생용 참고서에는 '등속원운동의 가속도'가 극한이나 미분을 사용하지 않고 어떻게 설명되어 있는지 찾아보기 바란다. 아마도 '근삿값(≒)'을 사용하여 교묘하게 (어감은 좋지 않지만) 얼버무리고 있을 것이다.

이것은 '고등학교 물리에서는 미적분을 사용하지 않는다'라는 일본 문부과학성의 방침에 따른 집필진의 창의적인 아이디어의 결정체이기도 하므로 그 사실을 비웃을 생각은 전혀 없다. 하지만 거기에 적힌 내용과 이 책에 소개된 내용을 비교해본다면 물리의 본질을 이해하기 위해서는 극한이나 미적분이 없어서는 안 된다는 사실을 알 수 있을 것이다.

기출문제

문제 3 **규슈산업대학**

세탁기 탈수기는 구멍이 여러 개 뚫린 원통형 바구니가 고속으로 회전하며 옷의 물기를 빼는 구조다.

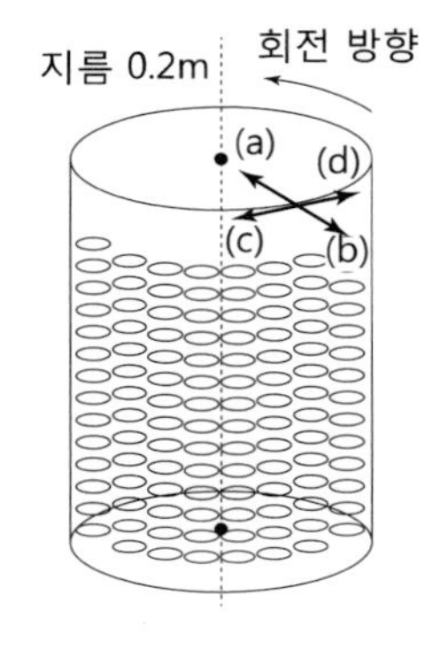

지름 0.2m인 탈수기 바구니에 물기를 충분히 머금은 세탁물을 넣었다. 지금 이 바구니는 1분 동안 1,800회의 일정한 회전을 유지하면서 옷의 물기를 물방울로 방출하고 있다.

다음 네모칸을 채우시오. 단, (4)와 (6)의 방향에 대해서는 그림 안의 (a), (b), (c), (d) 기호로 답하고, 원주율은 3.14를 사용한다.

바구니의 회전수는 [(1)] Hz이며, 회전의 각속도는 [(2)] rad/s다. 이때 바구니에서 나오는 순간의 물방울 속도의 크기는 [(3)] m/s이며, 그 방향은 [(4)] 이다. 시간이 좀 흐른 뒤 물기가 빠진 채 계속 회전하는 바구니 안쪽에는 달라붙은 상태의 질량 0.1Kg인 세탁물이 있을 경우 그 세탁물의 가속도 크기는 [(5)] m/s^2이며, 그 방향은 [(6)] 이다.

해설 • 해답

(1) 물체가 **1초 동안 원주 위를 회전하는 횟수를** 회전수라고 하며, 단위는 Hz(헤르츠)를 사용한다. 바구니는 1분 동안(60초) 1,800회를 회전하므로, 회전수를 n 이라고 했을 때

$$n = \frac{1800}{60} = 30 \quad [\text{Hz}]$$

(2) 각속도 ω 는 단위시간 동안 회전한 각도를 말한다. 물리에서 단위시간은 보통 1초 동안이다. 또한 각도는 이 절의 전반에서 자세히 보았듯이 호도법, 즉 라디안(rad)으로 생각한다.

(1)에서 바구니는 1초 동안 30회전하고 있으며, (1-34)에서 1회전(360°)은 2π (rad)이므로 각속도는

$$\begin{aligned}\omega &= 30 \times 2\pi \\ &= 60\pi \\ &\fallingdotseq 60 \times 3.14 \\ &= 188.4 \fallingdotseq 1.9 \times 10^2 \quad [\text{rad/s}]\end{aligned}$$

$\theta = \frac{a\pi}{180}$ [rad] (p. 79, 1-34)

(3) (4) 바구니에서 나오는 물방울은 반지름 0.1[m], (2)에 따르면 각속도 188.4[rad/s]의 원운동을 하고 있으므로 물방울의 속도 v 는 다음과 같다.

$$\begin{aligned}v &= r\omega \\ &= 0.1 \times 188.4 \\ &= 18.84 \fallingdotseq 19 \quad [\text{m/s}]\end{aligned}$$

$v = r\omega$ (1-56)

또한 물방울의 방향은 회전하는 방향의 접선 방향이므로 답은 (d)

(5) (6) 각속도 ω의 회전을 계속하는 바구니 안쪽에 달라붙은 세탁물 역시 반지름 0.1[m], 각속도 188.4[rad/s]의 원운동을 하고 있으므로 세탁물의 가속도 a는 다음과 같이 계산된다.

$$\begin{aligned} a &= v\omega \\ &= 18.84 \times 188.4 \\ &= 3549.456 \fallingdotseq 3.5 \times 10^3 \quad [\mathrm{m/s^2}] \end{aligned}$$

$a = v\omega$ (1-52)

등속원운동의 가속도 방향은 중심 방향이므로 답은 (a)

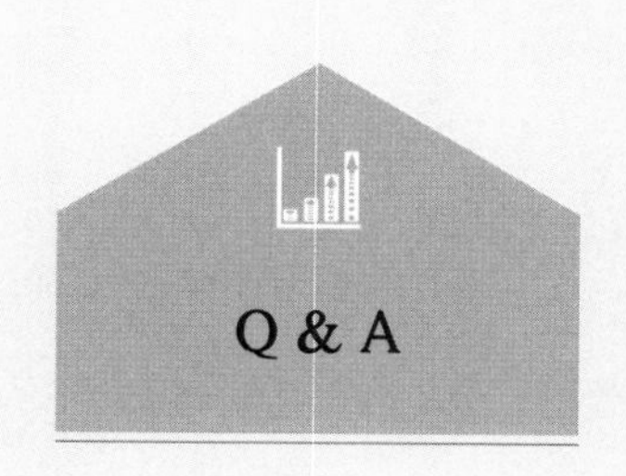

학생 : 수학 I에서 '삼각비'는 배웠는데, 삼각비와 삼각함수는 뭐가 다른가요?

선생 : '함수'가 뭔지는 아나요?

학생 : 예? 1차 함수 그래프는 직선, 2차 함수 그래프는 포물선이라는 건 아는데…. '함수란 무엇인가?'라고 물으시니 난감하네요.

선생 : 솔직해서 좋네요. 교과서에는 **'어떤 변화량 x의 값에 대해서 변화량 y의 값이 정해질 때 y는 x의 함수라고 하며 x를 독립변수, y를 종속변수라고 한다'**라고 적혀 있죠.

학생 : 들어본 적은 있어요.

선생 : '함수(函數)'의 '함'에는 '상자'라는 의미가 있어요. 한자를 알고 'y는 x의 함수다'라는 말을 이해해보세요. '어떤 상자에 x라는 값을 입력했을 때 출력값이 y다'라고 생각되나요?

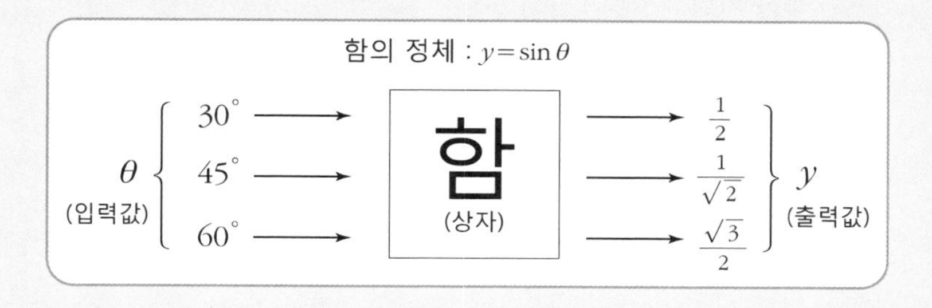

예를 들어 $y = \sin\theta$일 때, θ를 '상자'에 넣었을 때 나오는 y의 값이 정해지므로 삼각비는 함수라고 말할 수 있겠죠?

학생 : 뭐, 그렇네요(아직 무슨 소린지 잘 모르겠지만…).

선생 : 하지만 전혀 문제가 없는 건 아니에요.

학생 : 어디가요?

선생 : 수학 I에서 삼각비를 배울 때는 보통 한 바퀴가 360° 인 육십분법으로 각도를 나타내는데, 이 경우 입력값인 θ에는 '도(°)'라는 단위가 있는 반면 출력값인 y는 변의 비(무차원수)이므로 단위가 없습니다. 입력값과 출력값의 단위가 다른 것은 함수가 되는 데 치명적인 결함은 아니지만, 가능하면 입력값과 출력값의 단위가 같은 게 번거롭지 않겠죠. 그런 점에서 각도를 호도법으로 표현하는 게 좋아요. 호도법은 각도를 길이의 비로 나타내므로(p. 80) 입력값과 출력값 모두 무차원수가 되어, 아주 좋지요. 그리고….

학생 : 아직도 있나요?

선생 : 삼각비는 단위원을 사용하여 〈그림 1-23〉(p. 72)과 같이 확장한다 해도 이대로 사용할 수 있는 각도는 $0 \sim 2\pi$ (0° ~360°)에 한정되고 말지요. 기왕이면 음수나 2π (360°)가 넘는 각도도 생각할 수 있게 해주면 모든 실수를 입력값으로 할 수 있으므로 응용범위가 더 넓어져요. 그러므로 '일반각'이라는 것을 도입합니다.

학생 : 일반각이 뭔데요?

선생 : xy 평면 위에서 원점 O를 끝점으로 하는 반직선 OP를 O

주위로 회전시킵니다. 여기서 최초의 OP는 x축에 겹쳐져 있다고 합시다. 이때 회전하는 반직선 OP를 **동경**(점의 위치를 표시할 때, 기준이 되는 점으로부터 그 점까지 그은 직선을 벡터로 하는 선분), 반직선이 처음에 있었던 위치를 나타내는 x축을 **시초선**이라고 합니다.

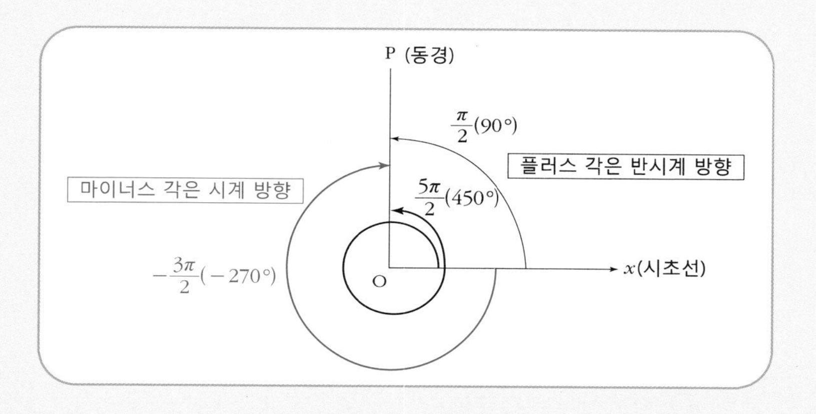

주의할 점은 OP가 회전하는 방향이 두 종류라는 것이죠.

$$\begin{cases} \textbf{반시계 방향은 플러스}(+)\textbf{ 방향} \\ \textbf{시계 방향은 마이너스}(-)\textbf{ 방향} \end{cases}$$

일반적으로 동경 OP는 2π 또는 -2π만큼 회전하면 원래 위치로 돌아옵니다.

동경 OP와 시초선 x축이 이루는 각 하나를 θ로 했을 때,

$$\theta + 2n\pi \quad (n = 0,\ \pm 1,\ \pm 2 \cdots)$$

로 표현되는 각도는 모두 일치합니다. 이와 같이 각도의 크기를 플러스, 마이너스 모든 실수값으로까지 확장해서 생각한 것을 **일반각**이라고 합니다.

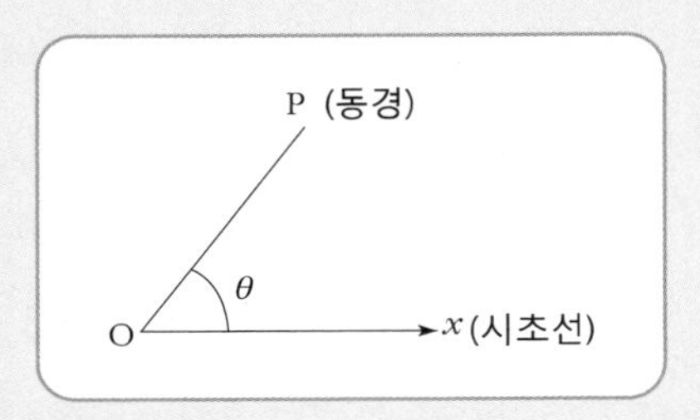

학생 : 일반각이 뭔지 대충 알겠어요. 그래서 결국 삼각비와 삼각함수는 무엇이 다른데요?

선생 : 빙빙 돌려 말했죠? 미안해요. 결국 삼각함수란 단위원을 사용하여 〈그림 1-23〉처럼 확장시킨 삼각비의 각도를 호도법으로 나타내고, 그 범위를 일반각으로까지 확장한 것을 말합니다. 즉 **호도법과 일반각을 도입하여 삼각비의 편의성과 범용성을 높인 것이 삼각함수라고 말할 수 있죠.**

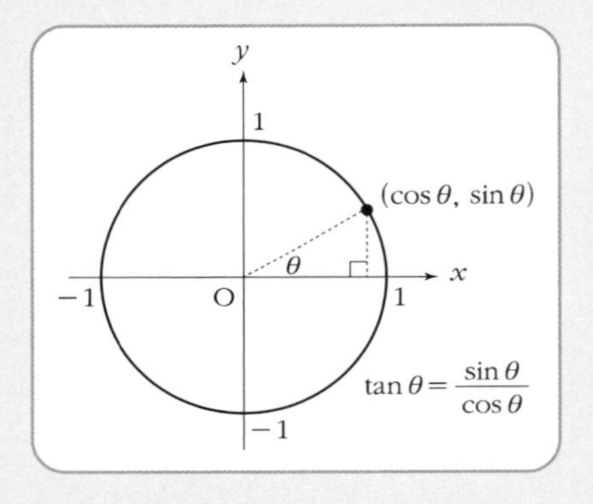

04 _ 곱의 미분

'작은 것' × '작은 것'은 무시할 수 있다

$f(x)$와 $g(x)$가 각각 x의 함수일 때, 다음과 같은 '도함수의 성질'이 성립하는 것을 앞에서 배웠다(p. 50).

$$\{kf(x)+lg(x)\}'=kf'(x)+lg'(x) \quad [k,\ l\text{은 상수}]$$

이런 식이면 $f(x)$와 $g(x)$의 **곱의 도함수**는 $\{f(x)g(x)\}'=f'(x)g'(x)$가 되지 않을까 생각하는 사람도 있을지 모르겠다. **하지만 그렇게는 되지 않는다.**

도형에서 끌어낸 곱의 도함수

도함수란 평균변화율의 극한(미분계수)을 함수로 취급한 것이다.

$$p(x)=f(x)g(x)$$

여기에서 $y=p(x)$의 평균변화율을 조사해보자. (1-5)에서

$$\frac{\Delta y}{\Delta x}=\frac{p(x+\Delta x)-p(x)}{\Delta x}$$

평균변화율 (p. 30)
$\frac{\Delta y}{\Delta x}$

$$= \frac{f(x+\Delta x)g(x+\Delta x)-f(x)g(x)}{\Delta x} \qquad (1\text{-}57)$$

이다. 여기서 (1-57)의 분자를 직사각형의 넓이로 나타내보자.

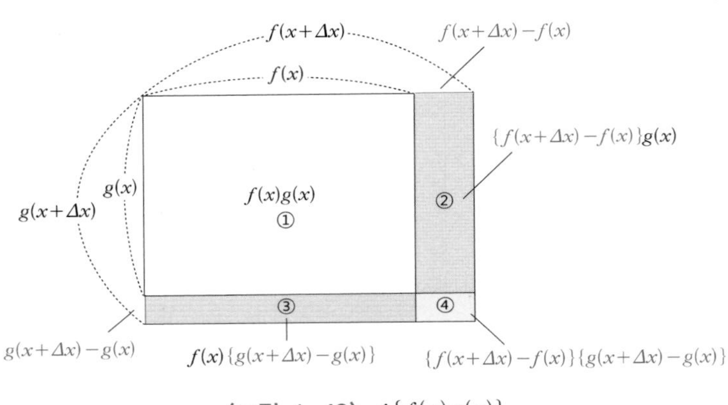

〈그림 1-48〉 $\Delta\{f(x)g(x)\}$

(1-57)의 분자 $f(x+\Delta x)g(x+\Delta x)-f(x)g(x)$는 〈그림 1-48〉에서 ①~④를 더한 커다란 직사각형 넓이에서 ①의 직사각형 넓이를 뺀 것이다.

$$\begin{aligned} &f(x+\Delta x)g(x+\Delta x)-f(x)g(x) \\ &= \underset{②}{\{f(x+\Delta x)-f(x)\}g(x)} + \underset{③}{f(x)\{g(x+\Delta x)-g(x)\}} \\ &\quad + \underset{④}{\{f(x+\Delta x)-f(x)\}\{g(x+\Delta x)-g(x)\}} \end{aligned}$$

Δx가 작아지면 작아질수록 $f(x+\Delta x)-f(x)$나 $g(x+\Delta x)-g(x)$도 작아진다(〈그림 1-49〉). 그러므로 〈그림 1-48〉에서 ④(파란색

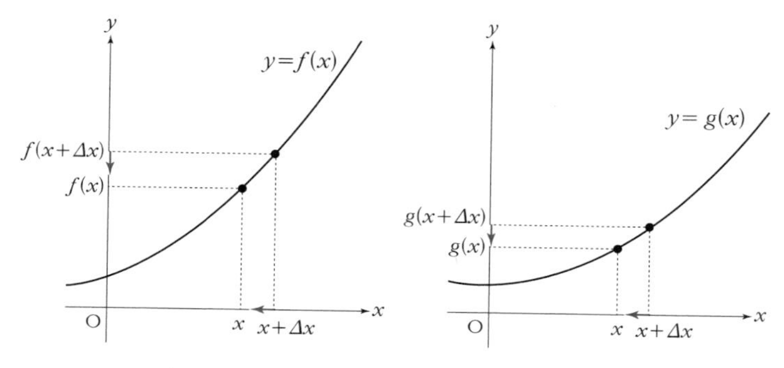

〈그림 1-49〉 $\Delta x \to 0$에서 Δy도 작아진다.

직사각형)의 넓이는

작은 것×작은 것

이 되어, **무시할 수 있을 정도로 작은 값이 된다**는 생각을 자연스레 하게 될 것이다. 즉 (1-57)에서 분자는

$$f(x+\Delta x)g(x+\Delta x)-f(x)g(x)$$
$$\fallingdotseq \{f(x+\Delta x)-f(x)\}g(x)+f(x)\{g(x+\Delta x)-g(x)\} \quad (1\text{-}58)$$

이다. (1-58)에서 양변을 Δx로 나누면

$$\frac{f(x+\Delta x)g(x+\Delta x)-f(x)g(x)}{\Delta x}$$
$$\fallingdotseq \frac{\{f(x+\Delta x)-f(x)\}g(x)+f(x)\{g(x+\Delta x)-g(x)\}}{\Delta x}$$
$$=\frac{f(x+\Delta x)-f(x)}{\Delta x}g(x)+f(x)\frac{g(x+\Delta x)-g(x)}{\Delta x} \quad (1\text{-}59)$$

$f(x+\Delta x)g(x+\Delta x)-f(x)g(x)=p(x+\Delta x)-p(x)$다. (1-59)

식을 다음과 같이 바꿔쓸 수 있다.

$$\frac{p(x+\Delta x)-p(x)}{\Delta x}$$
$$\fallingdotseq \frac{f(x+\Delta x)-f(x)}{\Delta x}g(x)+f(x)\frac{g(x+\Delta x)-g(x)}{\Delta x} \quad (1\text{-}60)$$

$\Delta x \to 0$일 때, (1-58)~(1-60)에서 좌변과 우변의 오차도 한없이 0에 가까워지는 것은 명백하므로 '≒' → ' = '가 된다. 극한(pp. 22~23)을 사용하면 이렇다.

$$\lim_{\Delta x \to 0}\frac{p(x+\Delta x)-p(x)}{\Delta x}$$
$$=\lim_{\Delta x \to 0}\left\{\frac{f(x+\Delta x)-f(x)}{\Delta x}g(x)+f(x)\frac{g(x+\Delta x)-g(x)}{\Delta x}\right\}$$

여기서 앞에서 배운 **극한의 성질**을 사용하면

> 극한의 성질(p. 24)
> $\lim_{x \to a}\{kf(x)+lg(x)\}$
> $=k\lim_{x \to a}f(x)+l\lim_{x \to a}g(x)$

$$\lim_{\Delta x \to 0}\frac{p(x+\Delta x)-p(x)}{\Delta x}$$
$$=\lim_{\Delta x \to 0}\left\{\frac{f(x+\Delta x)-f(x)}{\Delta x}\right\}\cdot g(x)+f(x)$$
$$\cdot\lim_{\Delta x \to 0}\left\{\frac{g(x+\Delta x)-g(x)}{\Delta x}\right\} \quad (1\text{-}61)$$

도함수의 정의에 따르면 (1-61)은

> 도함수의 정의(p. 42)
> $f'(x)=\lim_{h \to 0}\frac{f(x+h)-f(x)}{h}$

$$\boldsymbol{p'(x)=f'(x)g(x)+f(x)g'(x)} \quad (1\text{-}62)$$

가 된다.

미분 정의에서 끌어낸 곱의 도함수

'작은 것×작은 것'을 무시하는 것에서 얻어진 (1-62)를 미분 정의식에서 끌어내보자. 도중에

$$\lim_{h \to 0}\frac{f(x+h)-f(x)}{h}=f'(x) \quad \lim_{h \to 0}\frac{g(x+h)-g(x)}{h}=g'(x)$$

등을 사용하기 위해 식을 부자연스럽게 변형하고 있으니, 잘 따라오기 바란다.

$$p'(x)=\lim_{h\to 0}\frac{p(x+h)-p(x)}{h}$$

$$=\lim_{h\to 0}\frac{f(x+h)g(x+h)-f(x)g(x)}{h}$$

A−B=A−C+C−B
와 같은 변형

$$=\lim_{h\to 0}\frac{f(x+h)g(x+h)-f(x)g(x+h)+f(x)g(x+h)-f(x)g(x)}{h}$$

$$\frac{ab+cd}{r}=\frac{a}{r}\cdot b+c\cdot\frac{d}{r}$$

$$=\lim_{h\to 0}\frac{\{f(x+h)-f(x)\}g(x+h)+f(x)g\{(x+h)-g(x)\}}{h}$$

$$=\lim_{h\to 0}\left\{\frac{f(x+h)-f(x)}{h}\cdot g(x+h)+f(x)\cdot\frac{g(x+h)-g(x)}{h}\right\}$$

→ $f'(x)$ → $g(x)$ → $g'(x)$

$$=f'(x)g(x)+f(x)g'(x)$$

마지막에는 $h \to 0$일 때 $g(x+h) \to g(x)$가 되는 것에도 주의하자. 결과는 (1-62)와 같아졌다.

$p(x)=f(x)g(x)$에 따라

$$p'(x)=\{f(x)g(x)\}'$$

가 되므로 다음과 같은 곱의 도함수 공식을 얻을 수 있다.

곱의 도함수 공식

$$\{f(x)g(x)\}'=f'(x)g(x)+f(x)g'(x)$$

예시 $y=(x-1)(x^2+x+1)$인 경우

$(x^n)'=nx^{n-1}$ [n은 양의 정수]
$(c)'=0$ [c는 상수]

$$\begin{aligned} y' &= \{(x-1)(x^2+x+1)\}' \\ &= (x-1)'(x^2+x+1)+(x-1)(x^2+x+1)' \\ &= (1-0)(x^2+x+1)+(x-1)(2x+1+0) \\ &= 1\cdot(x^2+x+1)+(x-1)\cdot(2x+1) \\ &= x^2+x+1+2x^2-x-1 \\ &= 3x^2 \end{aligned}$$

✣

주 위 예시의 결과는

$$y=(x-1)(x^2+x+1)=x^3-1$$

로 미분하기 전에 곱을 계산한 다음

$$y' = \{x^3 - 1\}' = 3x^2 - 0 = 3x^2$$

으로 미분한 것과 (물론) 일치한다. 솔직히 말해 이 예시는 '곱의 도함수' 공식을 사용하는 것보다 미분하기 전에 곱을 계산해버리는 것이 훨씬 편하다. 하지만 수학 문제를 풀다보면 이 공식을 사용할 기회가 많다.

물리에 필요한 수학 … 운동방정식과 각운동량

이 책의 목적은 **미적분을 사용하여 뉴턴역학의 본질을 이해**하는 것이다. 그럼, 뉴턴역학이란 무엇일까?

(좀 다른 얘기지만) 기원전 5세기에 고대 그리스의 철학자 제논이 결론은 명백하게 이상하지만 그것을 이끌어내는 논증 과정 자체는 올바른 것처럼 보이는, 이른바 '제논의 패러독스(역설)'를 발표했다. 그중 가장 유명한 것이 '아킬레스와 거북'이다.

아킬레스와 거북

영웅 아킬레스는 대단히 발이 빠르다. 그 아킬레스와 거북이 달리기 시합을 하기로 했다. 거북은 핸디캡을 받아 아킬레스보다 조금 앞에서 출발한다. 그러나 아킬레스는 거북을 따라잡을 수 없다. 왜냐하면 아킬레스는 거북을 따라잡기 이전에 거북이 출발한 지점에 도착할 필요가 있으며, 그 시점에서 거북은 출발 지점보다 어느 정도 앞으로 나아가 있기 때문이다. 이것은 몇 번이고 반복할 수 있으므로, 결국 아킬레스는 영원히 거북을 따라잡을 수 없다.

아킬레스가 거북을 따라잡을 수 없다는 이야기는 명백하게 이상한 결론이지만, 반론을 제기하는 일은 간단치 않다. 당시 그리스에서도 대혼란이 일어났다. 그런 와중에 유명한 철학자 플라톤은 '생각할 가치도 없는 이야기'라고 결론을 지었다고 한다.

플라톤은 제논의 패러독스를 논하려면 '운동'이나 '한없이 작은 것(무한소의 극한)' 등의 개념이 필요하며, 그런 것은 당시의 사고 범위를 넘어선다고 꿰뚫어보았다. 고대 그리스 시대에는 정지한 물체의 역학은 있었지만, 움직이는 물체의 역학을 기술하는 방법은 없었다(그 사실을 알아차린 플라톤은 역시 대단하다).

인류가 '운동'을 파악하기까지는 긴 시간이 걸렸다. 제논의 패러독스로부터 무려 2천 년이 넘는 시간을 기다린 뒤에야 가능했으니까. 1687년 출판된 뉴턴의 명저 《**자연철학의 수학적 원리**(프린키피아)》에 의해 '뉴턴역학'이 확립되어 비로소 인류는 '운동'을 수학적으로 기술하는 방법을 얻는다. 뉴턴역학의 근간은 다음에 소개할 **'운동 3법칙'**과 **만유인력**(pp. 123~124)이다.

뉴턴의 '운동 3법칙'

제1법칙 : 관성의 법칙
제2법칙 : 가속도의 법칙(운동방정식)
제3법칙 : 작용·반작용의 법칙

제1법칙 : 관성의 법칙

관성이란 물체가 (정지를 포함한) **운동 상태를 유지하려는 성질**로, 교과서에서는 '관성의 법칙'을 다음과 같이 정리한다.

관성의 법칙
외부에서 힘을 받지 않거나 또는 외부에서 받는 힘이 있더라도 그것들이 균형을 이루는 경우 정지한 물체는 언제까지나 계속 정지해 있고, 운동하는 물체는 계속 등속직선운동을 한다.

예를 들어 정지한 차에 탔을 때, 차가 갑자기 출발하면 등 뒤에서 뭔가가 미는 느낌을 받는다. 그것은 그 장소에 멈춰 있으려는 몸을 앞으로 움직인 차의 시트가 밀기 때문이다. 결코 뒤로 잡아당겨지는 일은 없다. 또한 스톤을 빙판 위에서 미끄러뜨리는 컬링 경기에서는 스톤을 앞으로 나아가게 하려고 브러시로 빙판을 문지른다. 그 이유는 스톤과 빙면의 마찰을 적게 하려는 것이다.

만약 이상적으로 마찰도, 공기 저항도 전혀 없는 상태가 실현된다면 관성의 법칙에 따라 스톤은 최초에 던져진 속도 그대로 등속직선운동을 할 것이다.

제2법칙 : 가속도의 법칙(운동방정식)

물체에 힘이 작용하지 않을 때는 관성의 법칙이 성립하여 물체는 정지해 있거나 등속직선운동을 하거나 둘 중 하나다. 반대로 **물체에 힘이 작용하면** 속도가 변화하므로, 물체는 반드시 **가속도** (p. 55)**를 가진다.**

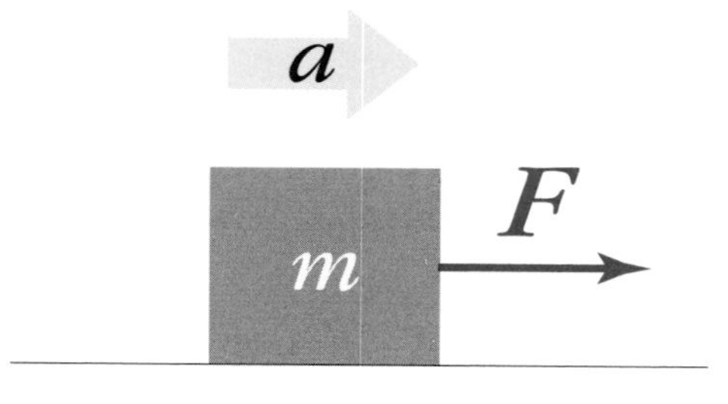

〈그림 1-50〉 물체에 작용하는 힘과 가속도

이때 물체의 **가속도는 힘에 비례하고, 질량에 반비례하는** 것이 실험으로 확인되었다(예상했던 그대로의 결과다). 물체의 가속도를 a, 질량을 m, 물체에 작용하는 힘을 F라고 하면,

$$a \propto \frac{F}{m} \quad \Leftrightarrow \quad a = k\frac{F}{m} \quad [k\text{는 비례상수}] \tag{1-63}$$

주

$\propto$는 비례 관계를 나타내는 기호다.

일반적으로 y가 x에 비례할 때

$$y \propto x \quad \Leftrightarrow \quad y = kx \quad [k\text{는 상수}]$$

이며, y가 x에 반비례할 때는

$$y \propto \frac{1}{x} \quad \Leftrightarrow \quad y = \frac{l}{x} \quad [l\text{은 상수}]$$

이다. 여기서 상수 k나 l을 '비례상수'라고 한다.

(1-63)에 따르면 다음의 식이 성립한다.

$$ma = kF \tag{1-64}$$

힘의 단위 뉴턴(기호: N)은 비례상수 k의 값이 **$k=1$이 되도록 정해져 있다.** 즉 질량 $m=1$ [kg]인 물체가 가속도 $a=1$ [m/s^2]을 가질 때 힘의 크기는 $F=1$ [N]이다.

이때 (1-64)는 다음과 같이 바꿀 수 있다. 이것을 운동방정식이라고 한다.

$$\boldsymbol{ma = F} \tag{1-65}$$

가속도와 힘은 벡터(방향과 크기로 정해지는 양: p. 81)이므로 운동방정식은 일반적으로 벡터를 사용하여 다음과 같이 나타낸다.

$$m\vec{a} = \vec{F} \tag{1-66}$$

주

단위란?

물리(역학)에서는 일반적으로 길이의 단위로 **미터**[m], 질량의 단위로 **킬로그램**[kg], 시간의 단위로 **초**[s]를 사용한다. 이것들을 정리하여 **MKS 단위계**라고 한다. 이 MKS 단위계에 전류의 단위 **암페어**[A]와 온도의 단위(절대온도) **캘빈**[K] 등을 더한 것이 **국제단위계(SI 단위계)의 기본 단위**다.

한편, 기본 단위를 조합해 만든 단위는 **유도 단위**라고 한다. 가속도의 단위[m/s^2]나 힘의 단위[N=kg·m/s^2] 등은 유도 단위다.

운동방정식

질량 m[kg]인 물체에 힘 $\vec{F}$[N]가 작용하여 가속도가 $\vec{a}$[m/s^2]일 때 다음 식이 성립한다.

$$m\vec{a} = \vec{F}$$

이것을 **운동방정식**이라고 한다.

제3법칙 : 작용 · 반작용의 법칙

물체 A에서 물체 B에 힘 $\vec{F}$가 작용할 때 반드시 물체 A도 B로부터 힘 $-\vec{F}$($\vec{F}$와 크기가 같고 방향이 반대인 힘: $\vec{F}$의 역벡터. p. 84)를 받는다. 두 힘 중에서 한쪽을 **작용**, 다른 한쪽을 **반작용**이라고 하며 $\vec{F}$의 방향으로 그은 직선을 **작용선**이라고 한다.

'작용· 반작용의 법칙'을 정리하면 다음과 같다.

작용 · 반작용의 법칙

물체 A가 물체 B에 힘을 가했을 때, 같은 작용선 위에서 물체 B도 물체 A에 크기는 같고 방향은 반대인 힘을 작용한다.

만유인력의 법칙

운동의 3법칙과 나란히 뉴턴역학의 근간을 이루는 만유인력(또는 보편중력)에 대해 설명한다. 만유인력은 이름 그대로 질량을 갖는

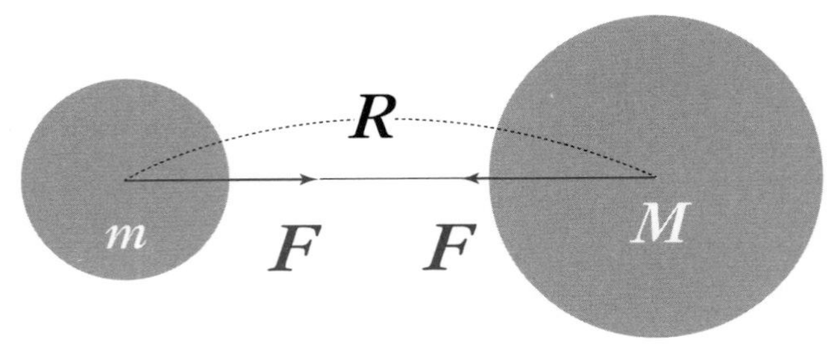

〈그림 1-51〉 만유인력의 법칙

두 물체 사이에 반드시 작용하는 힘이다.

만유인력의 크기는 **두 물체의 질량의 곱에 비례하고, 거리의 제곱에 반비례**한다. 두 물체의 질량을 각각 m, M이라고 하고 두 물체의 거리를 R이라고 하면, 만유인력 F는

$$F = G\frac{mM}{R^2} \tag{1-67}$$

이라고 쓸 수 있다. 작용·반작용의 법칙은 만유인력이라도 성립하므로, 질량 m인 물체에 작용하는 만유인력과 질량 M인 물체에 작용하는 힘의 크기는 같고 방향은 반대(서로 마주보는 방향)다.

(1-67)에서 G는 만유인력 상수라고 불리는 상수(비례상수)이며, 그 값은 다음과 같다.

$$G = 6.67 \times 10^{-11} \quad [\mathrm{N \cdot m^2/kg^2}]$$

지구가 지구상의 물체에 미치는 인력은 지구 각 부분이 미치는 만유인력이 합해진 힘인데, 이것은 지구의 모든 질량이 지구의 중

심으로 모일 때 미치는 만유인력과 같아진다.

또한 지구상의 물체는 지구의 자전에 의한 원심력(p. 170, 172)을 받으므로, 물체에 작용하는 중력은 엄밀히 말해 이 원심력과 만유인력이 합해진 힘이다. 원심력의 크기는 질량이 약 6.0×10^{24}[kg]이나 되는 지구와의 만유인력과 비교했을 때 1/300 정도이므로 통상적으로

지구상의 중력=지구와의 사이에 작용하는 만유인력

이라고 생각해도 상관없다.

이제, 지구상의 물체에 작용하는 중력의 크기를 계산해보자.

물체의 1층과 10층은 지구의 중심으로부터의 거리가 다르지만, 지구의 반지름은 단위가 미터에서 킬로미터로 달라질 만큼 커서 약 6400km나 되므로 지상의 높낮이는 무시한다.

지구상의 질량 m [kg]인 물체에 작용하는 중력을 F[N]라고 하면, (1-67)에

$$G = 6.67 \times 10^{-11}\,[\mathrm{N \cdot m^2/kg^2}]$$

$$R = 6400\,[\mathrm{km}] = 6.4 \times 10^{6}\,[\mathrm{m}]$$

MKS 단위계로 통일

$$M = 6.0 \times 10^{24}\,[\mathrm{kg}]$$

을 대입하여

$$F = G\frac{mM}{R^2}$$

$$= 6.67 \times 10^{-11} \times \frac{m \times 6.0 \times 10^{24}}{(6.4 \times 10^{6})^{2}} \fallingdotseq m \times 9.8\,[\mathrm{N}]$$

이라고 계산할 수 있다.

물체가 지구상에 있는 한, 상수로 취급할 수 있는 $\frac{GM}{R^2}$은

$$\frac{GM}{R^2} \fallingdotseq 9.8\,[\mathrm{m/s^2}]$$

이다. 이것을 **중력가속도**(gravitational acceleration)라고 하며, 머리글자를 따서 g로 표시한다. 즉 지구상의 질량 m[kg]인 물체에 작용하는 중력은 mg[N]이며, $\boldsymbol{g \fallingdotseq 9.8}$[m/s^2]이다.

만유인력과 지구상의 중력

질량 m[kg], M[kg]인 물체의 거리가 R[m]일 때, **만유인력** F는

$$\boldsymbol{F = G\frac{mM}{R^2}} \quad (G = 6.67 \times 10^{-11}\,[\mathrm{N \cdot m^2/kg^2}])$$

지구상의 질량 m[kg]인 물체에 작용하는 중력은

$$\boldsymbol{mg} \quad (g \fallingdotseq 9.8\,[\mathrm{m/s^2}])$$

기출문제

문제 4 **도쿄도시대학**

그림과 같이 매끄러운 수평대 위에 질량 m[kg]인 가느다란 로프를 둔다. 한쪽 끝인 A에 질량 M[kg]인 물체 P를 묶어 두고, 다른 한쪽 끝인 B를 M'[kg]인 물체에 작용하는 중력과 같은 힘으로 수평으로 끌었다.

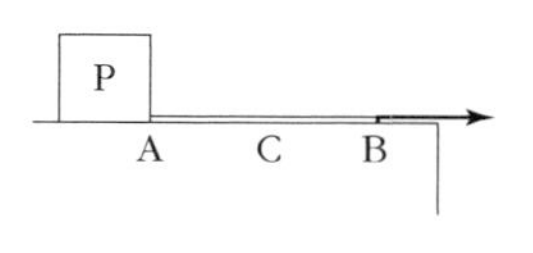

중력가속도의 크기가 g[m/s^2]일 때 M, M', m, g를 이용하여 다음 물음에 답하시오.

(1) 물체 P의 가속도 a는 얼마인가?

(2) 로프의 중앙 C에서 장력 T는 얼마인가?

해설

로프를 AC 부분과 BC 부분으로 나눠서 생각하는 것이 요령이다. AC 부분과 BC 부분을 두 물체라고 생각하면, **작용·반작용의 법칙**에 따라 C에서 BC 부분이 끌리는 힘과 AC 부분이 끌리는 힘의 크기는 같고 방향은 반대가 된다. 마찬가지로 A에서도, AC 부분이 끌리는 힘과 P가 끌리는 힘의 크기는 같고 방향은 반대다. 또한 'M'[kg]인 물체에 작용하는 중력'은 $M'g$이다.

해답

A, C, B에 작용하는 수평 방향의 힘을 써넣으면 아래 그림과 같다. 로프 AB를 AC 부분과 BC 부분으로 나누면 각각의 질량은 $\frac{m}{2}$ 이므로 물체 P, AC 부분, BC 부분의 수평 방향의 운동방정식은

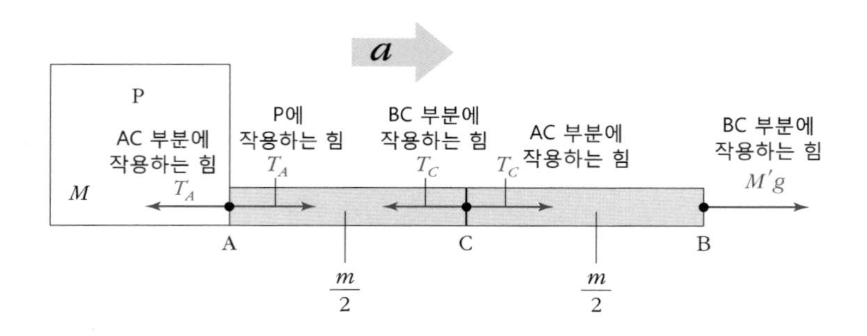

물체 P : $Ma = T_A$ ··· ①

AC 부분 : $\frac{m}{2}a = -T_A + T_C$ ··· ②

BC 부분 : $\frac{m}{2}a = -T_c + M'g$ ··· ③

> 운동방정식
> $ma = F$

(1) ①+②+③일 경우

$$\left(M + \frac{m}{2} + \frac{m}{2}\right)a = T_A - T_A + T_C - T_C + M'g$$

$$\Rightarrow (M + m)a = M'g \quad \cdots ④$$

$$\Rightarrow \boldsymbol{a} = \frac{M'g}{M + m}$$

(2) ④를 ③에 대입하면

$$\frac{m}{2}a = -T_C + (M+m)a$$

$$\Rightarrow T_C = (M+m)a - \frac{m}{2}a = \left(M + \frac{m}{2}\right)a$$

(1)의 결과를 대입한다.

$$\Rightarrow T_C = \left(M + \frac{m}{2}\right)\frac{M'g}{M+m} = \frac{(2M+m)M'g}{2(M+m)}$$

각운동량이란?

지금까지 이 책을 읽은 독자 여러분 중에는 "어? '곱의 도함수 공식'은 아무 데도 안 나오잖아" 하고 불만을 품을 수도 있을 것이다. 죄송하다. 사실은 전반부에서 곱의 도함수 공식을 알려준 이유는 운동방정식을 사용하여 '각운동량'이라는 새로운 물리량을 정의하기 위해서였다. 그러려면 '운동방정식'에 대해서도 알 필요가 있으므로 지금까지는 운동방정식을 포함한 '뉴턴의 운동 3법칙'과 만유인력에 대해서 이야기했다.

앞쪽의 '문제 4'는 운동 방향이 수평 방향에 한정돼 있으므로, 수평 방향에 한해서 운동방정식을 풀이하였다. 앞서 설명한 대로 운동방정식은 일반적으로 벡터로 표기된다. 즉 (평면 운동에서는) x성분과 y성분을 가진다.

자, 〈그림 1-52〉와 같이 물체의 위치와 물체가 받는 힘과 물체의 속도가 각각

$$\vec{r} = (x,\ y) \qquad \vec{F} = (F_x,\ F_y) \qquad \vec{v} = (v_x,\ v_y)$$

인 경우를 생각해보자.

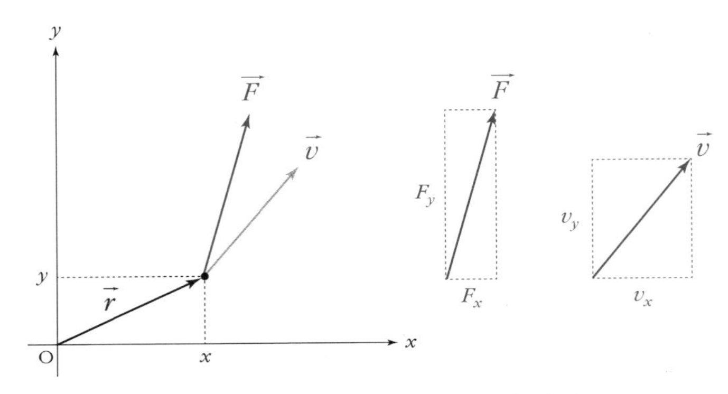

〈그림 1-52〉 물체의 위치와 받는 힘과 속도

앞에서 보았듯이 가속도는 속도를 미분한 것이다.

$$\vec{a}(t) = \frac{d\vec{v}}{dt}$$

따라서 운동방정식은

$$m\vec{a} = \vec{F} \Rightarrow m\frac{d\vec{v}}{dt} = \vec{F} \qquad (1\text{-}68)$$

라고 쓸 수 있다. 성분을 사용해 전개하면 (1-68)은

$$m\frac{d\vec{v}}{dt} = \vec{F}$$

$$\Rightarrow m\frac{d}{dt}(v_x,\ v_y) = (F_x,\ F_y)$$

$$\Rightarrow \left(m\frac{d}{dt}v_x,\ m\frac{d}{dt}v_y\right) = (F_x,\ F_y)$$

$k\vec{a}+l\vec{b} = k(x_a,\ y_a)+l(x_b,\ y_b)$

이다. x성분과 y성분을 나눠서 써보자.

$$\begin{cases} m\dfrac{d}{dt}v_x = F_x & \cdots ① \\ m\dfrac{d}{dt}v_y = F_y & \cdots ② \end{cases}$$

여기서 ②$\times x -$①$\times y$를 만들면

$$mx\frac{d}{dt}v_y - my\frac{d}{dt}v_x = xF_y - yF_x \qquad (1\text{-}69)$$

자, 이제 '곱의 미분 공식'이 등장한다. 사실 (1-69)의 좌변은

$$mx\frac{d}{dt}v_y - my\frac{d}{dt}v_x = m\frac{d}{dt}(xv_y - yv_x) \qquad (1\text{-}70)$$

로 변형할 수 있다. 확인해보자.

$$\begin{aligned}
&\frac{d}{dt}(xv_y - yv_x) \\
&= \frac{d}{dt}(x \cdot v_y) - \frac{d}{dt}(y \cdot v_x) \\
&= \frac{dx}{dt} \cdot v_y + x \cdot \frac{d}{dt}v_y - \left(\frac{dy}{dt} \cdot v_x + y \cdot \frac{d}{dt}v_x\right) \\
&= v_x \cdot v_y + x \cdot \frac{d}{dt}v_y - \left(v_y \cdot v_x + y \cdot \frac{d}{dt}v_x\right) \\
&= x \cdot \frac{d}{dt}v_y - y \cdot \frac{d}{dt}v_x \\
&\therefore \frac{d}{dt}(xv_y - yv_x) = x \cdot \frac{d}{dt}v_y - y \cdot \frac{d}{dt}v_x
\end{aligned}$$

$\{f(x)g(x)\}' = f'(x)g(x) + f(x)g'(x)$

$\dfrac{d\vec{r}}{dt} = \vec{v}$

$\Rightarrow \dfrac{dx}{dt} = v_x,\ \dfrac{dy}{dt} = v_y$

양변에 m을 곱해서 좌변과 우변을 바꾸면 (1-70)을 얻는다.

(1-70)을 (1-69)에 대입하면

$$m\frac{d}{dt}(xv_y - yv_x) = xF_y - yF_x$$

$$\Rightarrow \quad \frac{d}{dt}\{ m(xv_y - yv_x)\} = xF_y - yF_x \tag{1-71}$$

여기서 $l = m(xv_y - yv_x)$로 두면 (1-71)은

$$\frac{dl}{dt} = xF_y - yF_x \tag{1-72}$$

라고 쓸 수 있다. 이 l을 **원점 O 주위의** 각운동량이라고 한다.

(1-72)의 우변이 무엇을 의미하는지 명확히 알고 싶다면 다음 장에서 배울 삼각함수의 덧셈정리에 주목하기 바란다. 또한 각운동량에 대해서도 뒤에서 자세히 설명할 계획이다. 기대해도 좋다.

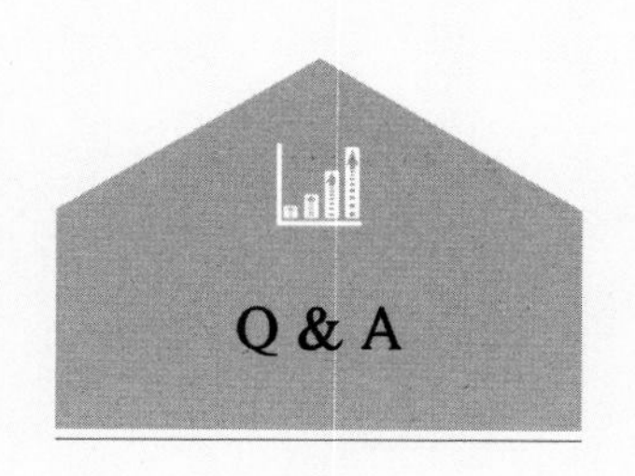

학생 : '곱의 미분 공식'이 있으니 **'몫의 미분 공식'도 있겠죠?**

선생 : (이렇게 적절한 질문을 던진 학생에게 감사하면서) 물론 있죠!

학생 : (왜 이렇게 흥분하실까?)

선생 : $r(x) = \dfrac{f(x)}{g(x)}$

라고 합시다. 여기서 $g(x) \neq 0$ 입니다. 분모를 제거하면

$$f(x) = r(x)g(x)$$

이것을 '곱의 미분 공식'을 사용해 미분하면…

$$f'(x) = r'(x)g(x) + r(x)g'(x)$$

가 됩니다. 이제 $r'(x)$를 구해보죠. $g(x) \neq 0$ 이므로 안심하고 나눠주세요.

$$r'(x) = \frac{f'(x) - r(x)g'(x)}{g(x)}$$

자, 이 식에 처음의 $r(x)$를 대입해주세요.

학생 : (끝까지 풀어주시지…) 예.

$$
\begin{aligned}
r'(x) &= \left\{\frac{f(x)}{g(x)}\right\}' \\
&= \frac{f'(x) - \dfrac{f(x)}{g(x)}g'(x)}{g(x)} \\
&= \frac{1}{g(x)}\left\{f'(x) - \frac{f(x)}{g(x)}g'(x)\right\} \\
&= \frac{1}{g(x)}\left\{\frac{f'(x)g(x) - f(x)g'(x)}{g(x)}\right\} \\
&= \frac{f'(x)g(x) - f(x)g'(x)}{\{g(x)\}^2}
\end{aligned}
$$

다 풀었어요! 좀 복잡하네요.

선생 : 그렇긴 해도 이 '몫의 미분 공식'은 아주 많이 쓰이니 스스로 이끌어낼 수 있도록 연습하고, 머릿속에 확실하게 담아두세요.

몫의 미분 공식

$$\left\{\frac{f(x)}{g(x)}\right\}' = \frac{f'(x)g(x) - f(x)g'(x)}{\{g(x)\}^2}$$

05 _ 삼각함수 미분과 합성함수 미분

'어림하는 힘'의 정체

자동차가 커브를 돌 때 사람들은 커브를 도는 방향과 반대로 원심력을 느낀다.

또한 북반구에서 태풍이 반시계 방향으로 소용돌이치는 것은 지구 자전에 의해 태풍의 눈(저기압의 중심)에 흘러드는 바람이 **코리올리 힘**(coriolis force)이라고 불리는 진행 방향의 오른쪽으로 힘을 받기 때문이다.

사실, 원심력과 코리올리 힘은 이른바 **겉보기 힘**(fictitious force)

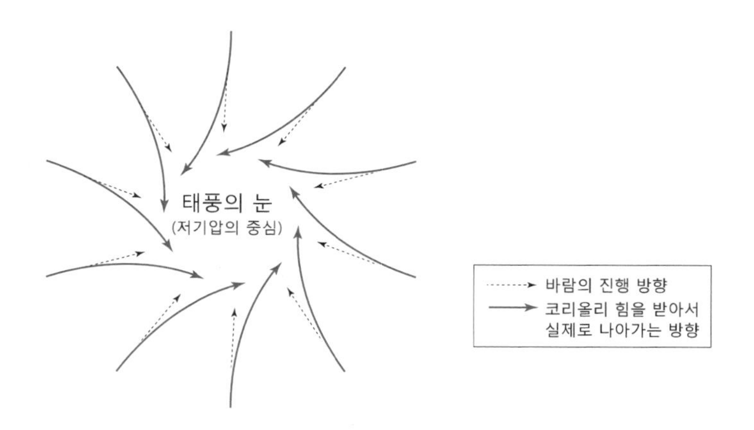

으로 실체가 없는 가상의 힘이다. 고등학교 물리에서는 원심력과 코리올리 힘을 관성의 법칙(pp. 119~120)을 성립시키기 위한 힘(**관성력**)이라고 설명하는데, 이 내용만으로 '실제로는 존재하지 않는 힘'이 생기는 이유를 납득할 수 있는 고등학생은 결코 많지 않을 것이다. 하지만 이번에 배우는 삼각함수의 미분과 합성함수의 미분을 이해하면 **회전하는 좌표계 위에서의 운동방정식**을 생각함으로써 원심력이나 코리올리 힘의 정체를 확실하게 ('간단하게'라고는 말할 수 없지만…) 이해할 수 있다. 좀 길지만 기대해도 좋다.

먼저 삼각함수의 미분을 이해하기 위해서는 덧셈정리라는, 아마도 고등학교 수학에서 가장 증명하기 어려운 정리를 이해할 필요가 있다(덧셈정리의 증명은 예전에 도쿄대 입시에도 나왔다).

덧셈정리를 증명하려면 다음 세 가지가 필요하다.

- **두 점 사이의 거리 공식**
- **삼각함수의 상호관계**
- **삼각함수의 부호**

두 점 사이의 거리 공식

좌표평면 위에 두 점 $A(x_a, y_a)$, $B(x_b, y_b)$가 있을 때 〈그림 1-53〉과 같이 AB를 빗변으로 하는 직각삼각형을 만들어 두 점 사이의 거리를 구할 수 있다. 피타고라스의 정리에 따르면

$$AB^2 = (x_b - x_a)^2 + (y_b - y_a)^2$$

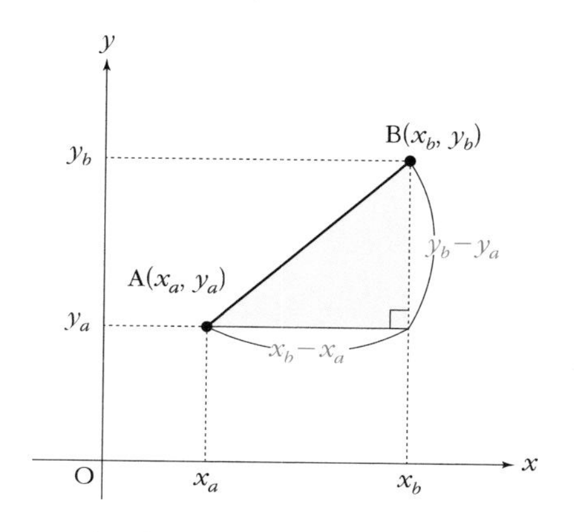

〈그림 1-53〉 두 점 AB의 거리

$$\Rightarrow \quad AB = \sqrt{(x_b - x_a)^2 + (y_b - y_a)^2} \qquad (1\text{-}73)$$

원점 O와 A(x_a, y_a) 사이의 거리 역시 피타고라스의 정리를 활용하면

$$OA^2 = x_a^2 + y_a^2$$

$$\Rightarrow \quad OA = \sqrt{x_a^2 + y_a^2} \qquad (1\text{-}74)$$

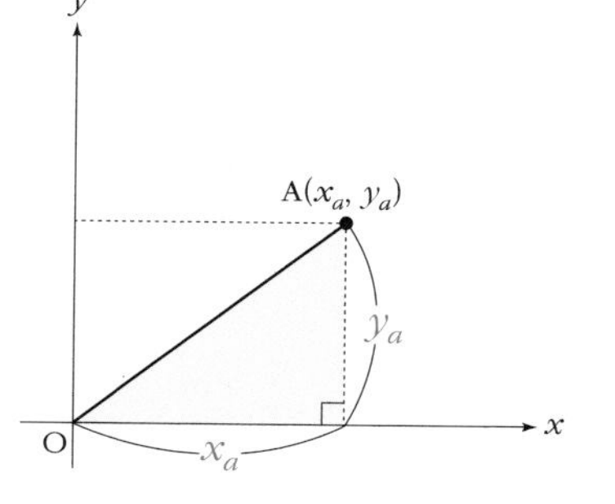

두 점 사이의 거리 공식

두 점 A(x_a, y_a), B(x_b, y_b) 사이의 거리 AB는

$$\mathbf{AB = \sqrt{(x_b - x_a)^2 + (y_b - y_a)^2}}$$

특히 원점 O와 A(x_a, y_a) 사이의 거리는

$$OA = \sqrt{x_a^2 + y_a^2}$$

삼각함수의 상호관계

앞에서 이야기했듯이(p. 110), 삼각함수는 삼각비의 확장에서 사용했던 다음의 그림으로 정의된다.

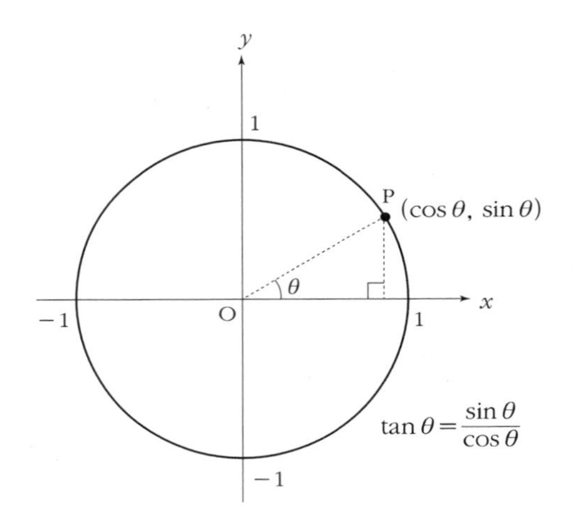

θ값에 상관없이 OP= 1이다. 앞의 두 점 사이의 거리 공식을 사용하면

$$OP = 1 \Rightarrow \sqrt{(\cos\ \theta)^2 + (\sin\ \theta)^2} = 1$$

O와 A(x_a, y_a)의 거리는 $OA = \sqrt{x_a^2 + y_a^2}$

$$\Rightarrow (\cos\ \theta)^2 + (\sin\ \theta)^2 = 1^2$$

$$\Rightarrow \cos^2\theta + \sin^2\theta = 1 \qquad (1\text{-}75)$$

또한 정의에 따르면

$$\tan\theta = \frac{\sin\theta}{\cos\theta} \tag{1-76}$$

(1-75)와 (1-76)에서 다음 관계식도 얻을 수 있다.

$$\begin{aligned} 1+\tan^2\theta &= 1+\left(\frac{\sin\theta}{\cos\theta}\right)^2 \\ &= 1+\frac{\sin^2\theta}{\cos^2\theta} \\ &= \frac{\cos^2\theta+\sin^2\theta}{\cos^2\theta} \\ &= \frac{1}{\cos^2\theta} \end{aligned}$$

$\tan\theta = \frac{\sin\theta}{\cos\theta}$

$\cos^2\theta+\sin^2\theta=1$

따라서 다음과 같은 식이 성립한다.

$$1+\tan^2\theta = \frac{1}{\cos^2\theta} \tag{1-77}$$

(1-75), (1-76), (1-77)을 **삼각함수의 상호관계**라고 한다.

삼각함수의 상호관계

① $\cos^2\theta+\sin^2\theta=1$

② $\tan\theta = \frac{\sin\theta}{\cos\theta}$

③ $1+\tan^2\theta = \frac{1}{\cos^2\theta}$

삼각함수의 부호

〈그림 1-54〉처럼 단위원(반지름이 1인 원) 위에 x축의 양의 방향과 각도 θ를 이루는 점 A$(\cos\theta,\ \sin\theta)$를 표시한다. 그리고 A와 반대 방향(음의 방향)으로 각도 θ를 이루는 곳에 점 B$(\cos(-\theta),\ \sin(-\theta))$를 표시한다. B는 A와 x축에 대칭이므로 x좌표는 그대로고, y좌표는 부호가 반대로 바뀐다.

$$(\cos(-\theta),\ \sin(-\theta)) = (\cos\theta,\ -\sin\theta) \quad (1\text{-}78)$$

이어서 y축의 양의 방향에서 음의 방향으로 각도 θ를 이룬 곳에 점 C를 표시한다. 〈그림 1-54〉에 따르면 'C의 x좌표=A의 y좌표', 'C의 y좌표=A의 x좌표'다.

$$\left(\cos\left(\frac{\pi}{2}-\theta\right),\ \sin\left(\frac{\pi}{2}-\theta\right)\right) = (\sin\theta,\ \cos\theta) \quad (1\text{-}79)$$

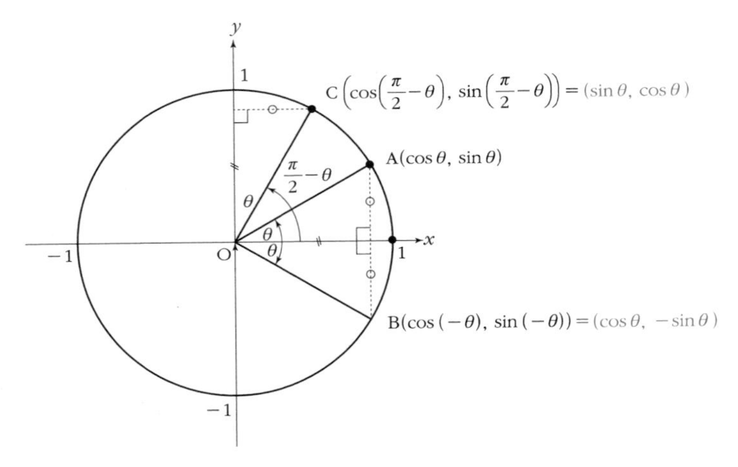

〈그림 1-54〉 삼각함수의 부호 관계

삼각함수의 부호

$$\cos(-\theta)=\cos\theta, \qquad \sin(-\theta)=-\sin\theta$$

$$\cos\left(\frac{\pi}{2}-\theta\right)=\sin\theta, \quad \sin\left(\frac{\pi}{2}-\theta\right)=\cos\theta$$

자, 이제 덧셈정리의 증명을 이해할 준비가 끝났다. 지금부터 증명해보자.

덧셈정리

① $\cos(\alpha+\beta)=\cos\alpha\cos\beta-\sin\alpha\sin\beta$

② $\cos(\alpha-\beta)=\cos\alpha\cos\beta+\sin\alpha\sin\beta$

③ $\sin(\alpha+\beta)=\sin\alpha\cos\beta+\cos\alpha\sin\beta$

④ $\sin(\alpha-\beta)=\sin\alpha\cos\beta-\cos\alpha\sin\beta$

⑤ $\tan(\alpha+\beta)=\dfrac{\tan\alpha+\tan\beta}{1-\tan\alpha\tan\beta}$

⑥ $\tan(\alpha-\beta)=\dfrac{\tan\alpha-\tan\beta}{1+\tan\alpha\tan\beta}$

$$\cos(\alpha+\beta)=\cos\alpha\cos\beta-\sin\alpha\sin\beta$$

처음에는 ①식을 보여주고 그 뒤는 삼각함수의 부호, 상호관계 등을 사용하여 줄줄이 이끌어낸다.

■ 증명

x축의 양의 방향을 시초선으로 하고 각도 α, 각도 $\alpha+\beta$, 각도 $-\beta$의 동경과 단위원과의 교점을 각각 P, Q, R이라고 한다. 또한 좌표 (1, 0)을 A라고 한다.

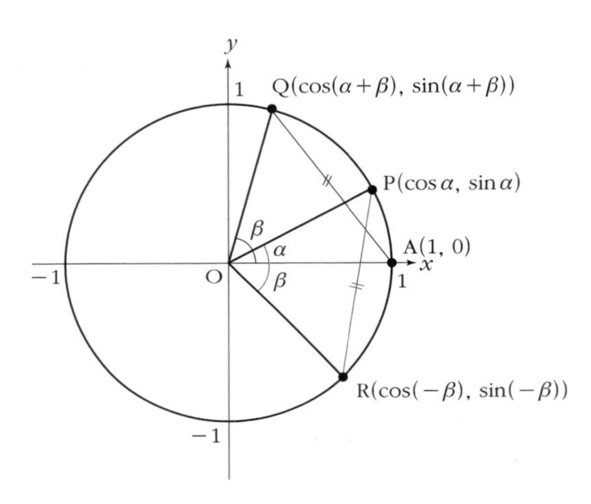

〈그림 1-55〉 코사인의 덧셈정리, $\overline{AQ}=\overline{RP}$임에 주목

삼각함수의 정의에서, 각 점의 좌표는 다음과 같다.

$$P(\cos\alpha,\ \sin\alpha)$$

$$Q(\cos(\alpha+\beta),\ \sin(\alpha+\beta))$$

$$R(\cos(-\beta),\ \sin(-\beta))=R(\cos\beta,\ -\sin\beta)$$

> $\cos(-\theta)=\cos\theta$
> $\sin(-\theta)=-\sin\theta$

R 좌표는 **삼각함수의 부호**를 활용했다.

〈그림 1-55〉에서, RP를 원점을 중심으로 β만큼 회전하면 AQ와 겹친다는 사실을 알 수 있다.

$$\overline{AQ} = \overline{RP}$$

$A(x_a, y_a)$와 $B(x_b, y_b)$일 때
$AB = \sqrt{(x_b - x_a)^2 + (y_b - y_a)^2}$

두 점 사이의 거리 공식(p. 137)을 이용하면,

$$\sqrt{\{\cos(\alpha+\beta)-1\}^2 + \{\sin(\alpha+\beta)-0\}^2}$$
$$= \sqrt{(\cos\beta - \cos\alpha)^2 + (-\sin\beta - \sin\alpha)^2}$$

두 변을 제곱한 다음 전개한다.

$(a-b)^2 = a^2 - 2ab + b^2$

$(-\sin\beta - \sin\alpha)^2 = \{-(\sin\beta + \sin\alpha)\}^2$
$= (\sin\beta + \sin\alpha)^2$

$$\underbrace{\cos^2(\alpha+\beta) - 2\cos(\alpha+\beta) + 1^2 + \sin^2(\alpha+\beta)}_{\cos^2(\alpha+\beta)+\sin^2(\alpha+\beta)=1}$$
$$= \cos^2\beta - 2\cos\beta\cos\alpha + \cos^2\alpha + \sin^2\beta + 2\sin\beta\sin\alpha + \sin^2\alpha$$

($\cos^2\beta + \sin^2\beta = 1$, $\cos^2\alpha + \sin^2\alpha = 1$)

삼각함수의 상호관계에서 '$\cos^2\theta + \sin^2\theta = 1$'임에 주의하면, 위의 식은 다음과 같이 정리할 수 있다.

$$2 - 2\cos(\alpha+\beta) = 2 - 2\cos\beta\cos\alpha + 2\sin\beta\sin\alpha$$
$$\Rightarrow\ -2\cos(\alpha+\beta) = -2\cos\beta\cos\alpha + 2\sin\beta\sin\alpha$$
$$\Rightarrow\ \boldsymbol{\cos(\alpha+\beta) = \cos\alpha\cos\beta - \sin\alpha\sin\beta} \quad \cdots ①$$

이렇게 해서 ①식이 만들어졌다.

①식에서 $\beta \to -\beta$라고 하면

$$\cos\{\alpha+(-\beta)\}=\cos\alpha\cos(-\beta)-\sin\alpha\sin(-\beta)$$

$\cos(-\theta)=\cos\theta$
$\sin(-\theta)=-\sin\theta$

$$\Rightarrow\ \cos(\alpha-\beta)=\cos\alpha\cos\beta-\sin\alpha(-\sin\beta)$$

$$\Rightarrow\ \boldsymbol{\cos(\alpha-\beta)=\cos\alpha\cos\beta+\sin\alpha\sin\beta} \qquad \cdots ②$$

또한 삼각함수의 부호를 사용하면

$$\sin(\alpha+\beta)$$

$\sin\theta=\cos\left(\frac{\pi}{2}-\theta\right)$

$$=\cos\left\{\frac{\pi}{2}-(\alpha+\beta)\right\}$$

$\cos(\alpha-\beta)$
$=\cos\alpha\cos\beta+\sin\alpha\sin\beta$

$$=\cos\left\{\left(\frac{\pi}{2}-\alpha\right)-\beta\right\}$$

$\cos\left(\frac{\pi}{2}-\theta\right)=\sin\theta$
$\sin\left(\frac{\pi}{2}-\theta\right)=\cos\theta$

$$=\cos\left(\frac{\pi}{2}-\alpha\right)\cos\beta+\sin\left(\frac{\pi}{2}-\alpha\right)\sin\beta$$

$$=\sin\alpha\cos\beta-\cos\alpha(-\sin\beta)$$

따라서

$$\boldsymbol{\sin(\alpha+\beta)=\sin\alpha\cos\beta+\cos\alpha\sin\beta} \qquad \cdots ③$$

③식에서 $\beta\rightarrow-\beta$라고 하면

$$\sin\{\alpha+(-\beta)\}=\sin\alpha\cos(-\beta)+\cos\alpha\sin(-\beta)$$

$\cos(-\theta)=\cos\theta$
$\sin(-\theta)=-\sin\theta$

$$\Rightarrow\ \sin(\alpha-\beta)=\sin\alpha\cos\beta+\cos\alpha(-\sin\beta)$$

$$\Rightarrow\ \boldsymbol{\sin(\alpha-\beta)=\sin\alpha\cos\beta-\cos\alpha\sin\beta} \qquad \cdots ④$$

이어서 ①, ③식과 삼각함수의 상호관계를 사용하면 $\tan(\alpha+\beta)$가 변형되어 ⑤식으로 나타난다.

$$\tan(\alpha+\beta)=\frac{\sin(\alpha+\beta)}{\cos(\alpha+\beta)}$$

$$=\frac{\sin\alpha\cos\beta+\cos\alpha\sin\beta}{\cos\alpha\cos\beta-\sin\alpha\sin\beta}$$

$$=\frac{\dfrac{\sin\alpha\cancel{\cos\beta}}{\cos\alpha\cancel{\cos\beta}}+\dfrac{\cancel{\cos\alpha}\sin\beta}{\cancel{\cos\alpha}\cos\beta}}{\dfrac{\cancel{\cos\alpha}\cancel{\cos\beta}}{\cancel{\cos\alpha}\cancel{\cos\beta}}-\dfrac{\sin\alpha\sin\beta}{\cos\alpha\cos\beta}}$$

분모와 분자를 $\cos\alpha\cos\beta$ 로 나눈다

$$=\frac{\dfrac{\sin\alpha}{\cos\alpha}+\dfrac{\sin\beta}{\cos\beta}}{1-\dfrac{\sin\alpha}{\cos\alpha}\cdot\dfrac{\sin\beta}{\cos\beta}}$$

$\tan\theta=\dfrac{\sin\theta}{\cos\theta}$

따라서

$$\boldsymbol{\tan(\alpha+\beta)=\frac{\tan\alpha+\tan\beta}{1-\tan\alpha\tan\beta}} \quad \cdots ⑤$$

①, ④식을 마찬가지 방식으로 나타내면

$$\tan(\alpha-\beta)=\frac{\sin(\alpha-\beta)}{\cos(\alpha-\beta)}$$

$$=\frac{\sin\alpha\cos\beta-\cos\alpha\sin\beta}{\cos\alpha\cos\beta+\sin\alpha\sin\beta}$$

$$=\frac{\dfrac{\sin\alpha\cos\beta}{\cos\alpha\cos\beta}-\dfrac{\cos\alpha\sin\beta}{\cos\alpha\cos\beta}}{\dfrac{\cos\alpha\cos\beta}{\cos\alpha\cos\beta}+\dfrac{\sin\alpha\sin\beta}{\cos\alpha\cos\beta}}$$

$$=\frac{\dfrac{\sin\alpha}{\cos\alpha}-\dfrac{\sin\beta}{\cos\beta}}{1+\dfrac{\sin\alpha}{\cos\alpha}\cdot\dfrac{\sin\beta}{\cos\beta}}$$

가 되므로 다음 ⑥식을 이끌어낼 수 있다.

$$\tan(\alpha-\beta)=\frac{\tan\alpha-\tan\beta}{1+\tan\alpha\tan\beta} \qquad \cdots ⑥$$

자, 덧셈정리의 6개 공식을 모두 증명하였다. 하지만 이게 끝이 아니다. 이 장에서 우리는 삼각함수를 미분하자는 목표를 세웠었다!

sin θ의 도함수

도함수의 정의(p. 41, 1-11)를 다시 한 번 살펴보자.

도함수 정의

함수 $y=f(x)$일 때

$$f'(x)=\frac{dy}{dx}=\lim_{h\to 0}\frac{f(x+h)-f(x)}{h} \qquad (1\text{-}11)$$

정의에 따라 먼저 $y=\sin\theta$를 미분한다.

그 과정에서 삼각함수의 극한(p. 66, 1-22)을 사용한다.

$$\lim_{\theta\to 0}\frac{\sin\theta}{\theta}=1 \qquad (1\text{-}22)$$

$$(\sin\theta)' = \frac{dy}{d\theta}$$

$y=\sin\theta$는 θ의 함수이므로 미분하면 $\frac{dy}{dx}$가 아니라 $\frac{dy}{d\theta}$다

$$= \lim_{h\to 0}\frac{\sin(\theta+h)-\sin\theta}{h}$$

$\sin(\alpha+\beta)$
$=\sin\alpha\cos\beta+\cos\alpha\sin\beta$

$$= \lim_{h\to 0}\frac{\sin\theta\cos h+\cos\theta\sin h-\sin\theta}{h}$$

$$= \lim_{h\to 0}\frac{\cos\theta\sin h+\sin\theta(\cos h-1)}{h}$$

$$= \lim_{h\to 0}\left(\cos\theta\frac{\sin h}{h}-\sin\theta\frac{1-\cos h}{h}\right) \qquad (1\text{-}80)$$

여기서 $\lim_{\theta\to 0}\frac{\sin\theta}{\theta}=1$을 사용하기 위해 $\frac{1-\cos h}{h}$를 다음과 같이 변형한다.

$$\frac{1-\cos h}{h} = \frac{(1-\cos h)(1+\cos h)}{h(1+\cos h)}$$

$(a-b)(a+b)=a^2-b^2$

$$= \frac{1-\cos^2 h}{h(1+\cos h)}$$

$\cos^2\theta+\sin^2\theta=1$
$\Rightarrow\ 1-\cos^2\theta=\sin^2\theta$

$$= \frac{\sin^2 h}{h(1+\cos h)}$$

$$= \frac{\sin^2 h}{h^2}\cdot\frac{h}{1+\cos h}$$

$$= \left(\frac{\sin h}{h}\right)^2\cdot\frac{h}{1+\cos h} \qquad (1\text{-}81)$$

(1-80)의 $\frac{1-\cos h}{h}$에 (1-81)을 대입하면

$$(\sin\theta)' = \lim_{h\to 0}\left\{\cos\theta\frac{\sin h}{h} - \sin\theta\left(\frac{\sin h}{h}\right)^2\frac{h}{1+\cos h}\right\} \tag{1-82}$$

$h \to 0$일 때

$$\frac{\sin h}{h} \to 1, \quad \frac{h}{1+\cos h} \to \frac{0}{1+1} = 0$$

$\lim_{\theta\to 0}\frac{\sin\theta}{\theta}=1$

$\cos 0 = 1$

따라서 (1-82)는

$$(\sin\theta)' = \lim_{h\to 0}\left\{\cos\theta\frac{\sin h}{h} - \sin\theta\left(\frac{\sin h}{h}\right)^2\frac{h}{1+\cos h}\right\}$$

($\frac{\sin h}{h} \to 1$, $\frac{\sin h}{h} \to 1$, $\frac{h}{1+\cos h} \to 0$)

$$= \cos\theta\cdot 1 - \sin\theta\cdot 1^2\cdot 0$$

$$= \cos\theta$$

라고 계산할 수 있다. 다시 정리하면

$$(\sin\theta)' = \cos\theta \tag{1-83}$$

$\cos\theta$의 도함수

이번에는 $y = \cos\theta$를 정의에 따라 미분한다.

$$(\cos\theta)' = \frac{dy}{d\theta}$$

$$= \lim_{h\to 0}\frac{\cos(\theta+h) - \cos\theta}{h}$$

$$= \lim_{h\to 0}\frac{\cos\theta\cos h - \sin\theta\sin h - \cos\theta}{h}$$

$$= \lim_{h \to 0} \frac{-\sin\theta \sin h + \cos\theta(\cos h - 1)}{h}$$

$$= \lim_{h \to 0} \left(-\sin\theta \frac{\sin h}{h} - \cos\theta \frac{1-\cos h}{h} \right) \qquad (1\text{-}84)$$

(1-84)의 $\frac{1-\cos h}{h}$ 에도 (1-81)을 대입한다. 앞서와 마찬가지로 풀이하면

$$(\cos\theta)' = \lim_{h \to 0} \left\{ -\sin\theta \frac{\sin h}{h} - \cos\theta \left(\frac{\sin h}{h} \right)^2 \frac{h}{1+\cos h} \right\}$$

$\frac{\sin h}{h} \to 1$, $\left(\frac{\sin h}{h}\right) \to 1$, $\frac{h}{1+\cos h} \to 0$

$$= -\sin\theta \cdot 1 - \cos\theta \cdot 1^2 \cdot 0$$

$$= \mathbf{-\sin\theta}$$

가 된다. 다시 말해

$$\mathbf{(\cos\theta)' = -\sin\theta} \qquad (1\text{-}85)$$

tan θ의 도함수

$y = \tan\theta$를 미분할 때는 삼각함수의 상호관계, 식 (1-83)과 (1-85), 그리고 '몫의 미분 공식(p. 134)'을 사용한다.

$$(\tan\theta)' = \left(\frac{\sin\theta}{\cos\theta} \right)'$$

$\tan\theta = \frac{\sin\theta}{\cos\theta}$

$$= \frac{(\sin\theta)'\cos\theta - \sin\theta(\cos\theta)'}{(\cos\theta)^2}$$

$\left\{ \frac{f(x)}{g(x)} \right\}' = \frac{f'(x)g(x) - f(x)g'(x)}{\{g(x)\}^2}$

$$= \frac{\cos\theta \cdot \cos\theta - \sin\theta \cdot (-\sin\theta)}{\cos^2\theta}$$

$(\sin\theta)' = \cos\theta$
$(\cos\theta)' = -\sin\theta$

$$= \frac{\cos^2\theta + \sin^2\theta}{\cos^2\theta}$$

$\cos^2\theta + \sin^2\theta = 1$

$$= \frac{1}{\cos^2\theta}$$

따라서 다음과 같은 식이 성립한다.

$$(\tan\theta)' = \frac{1}{\cos^2\theta} \tag{1-86}$$

자, 삼각함수의 도함수를 정리해보자.

삼각함수의 도함수

$$(\sin\theta)' = \cos\theta$$
$$(\cos\theta)' = -\sin\theta$$
$$(\tan\theta)' = \frac{1}{\cos^2\theta}$$

삼각함수는 각도에 따라 값이 정해지므로 각도의 함수라 할 수 있다. 회전하는 좌표계에서 물체의 '각도'는 보통 시각의 함수가 된다(시각과 함께 물체의 위치를 나타내는 각도가 달라진다).

그림으로 표현하면 이런 느낌이다.

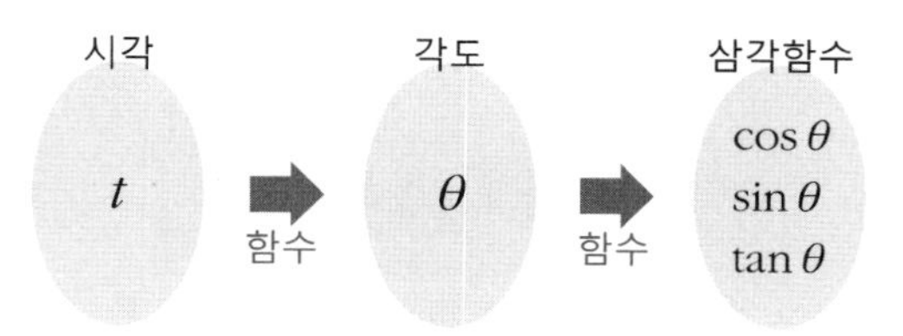

이런 '함수의 함수'를 **합성함수**라고 한다.

회전하는 좌표계에서 물체의 운동방정식을 계산하려면 삼각함수의 미분뿐 아니라 **합성함수와 합성함수의 미분**을 배울 필요가 있다(조금 더 힘내자).

합성함수 미분

앞에서 함수란 원래 '상자[函]의 수'였다고 설명했다. 'y가 x의 함수'일 때 입력값은 x이고 출력값은 y이므로, 그림으로 표현하면 다음과 같다.

x → 입력 | 상자 | y → 출력

여기에 '상자'가 두 개 있다. 상자 ①은 입력값이 x이고 출력값이 u, 상자 ②는 입력값이 u이고 출력값이 y다(〈그림 1-56〉).

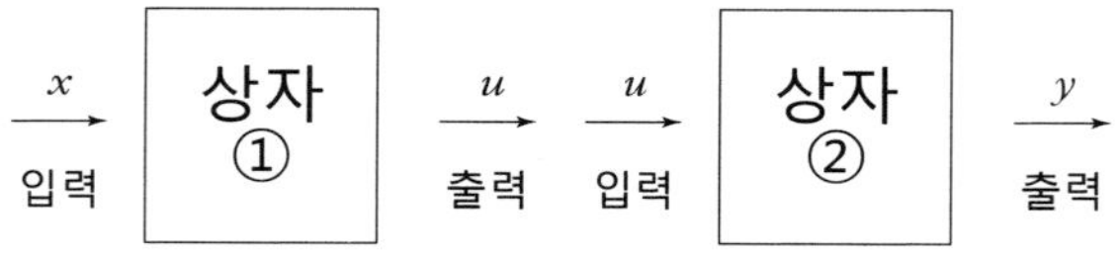

x 입력 상자 ① u 출력 u 입력 상자 ② y 출력

〈그림 1-56〉 두 '함(상자)'수를 잇는다.

두 상자의 관계를 다음과 같이 수식으로 나타내보자.

상자 ① : $u = f(x)$ (1-87)

상자 ② : $y = g(u)$ (1-88)

> **주** (1-88)에서 'g'를 사용하는 이유는 단순하다. 알파벳순으로 'f' 다음이기 때문이다.

맨 나중 출력값인 y는 상자 ②의 입력값 u에 의해 정해진다. u는 상자 ①의 출력값이기도 하므로, 결국 x에 의해 정해지는 수이다. 즉 두 상자를 통해서 들어가지만, **y는 x의 함수**다. 〈그림 1-57〉은 이 내용을 보여준다.

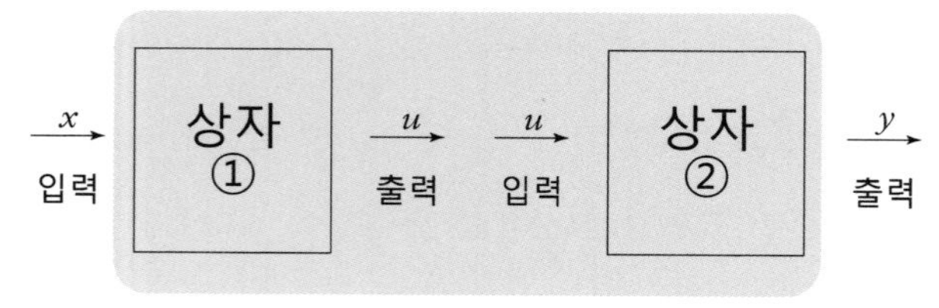

〈그림 1-57〉 합쳐서 만들어진 '함'수

상자 ①과 상자 ②가 합쳐진 상자에 대한 x와 y의 관계를 다음과 같이 쓰기도 한다.

$$y = h(x) \tag{1-89}$$

> **주** 'h'를 사용하는 이유도 알파벳순에서 'g' 다음이라는 것 말고는 없다.

한편, (1-87)의 u를 (1-88)의 u에 대입해보면

$$y = g(u) = g(f(x)) \tag{1-90}$$

라는 식이 나온다. (1-89)와 (1-90)에 따르면

$$\boldsymbol{h(x)} = g(\boldsymbol{f(x)}) \tag{1-91}$$

$h(x)$와 같이 복수의 함수를 합성해 만든 것을 합성함수라 한다.

합성함수

두 함수 f와 g가 있다. $u = f(x)$, $y = g(u)$일 때

$$h(x) = g(f(x))$$

이처럼 $g(u)$의 u에 $f(x)$를 대입해서 만든 함수 $h(x)$를 f와 g의 '**합성함수**'라고 한다.

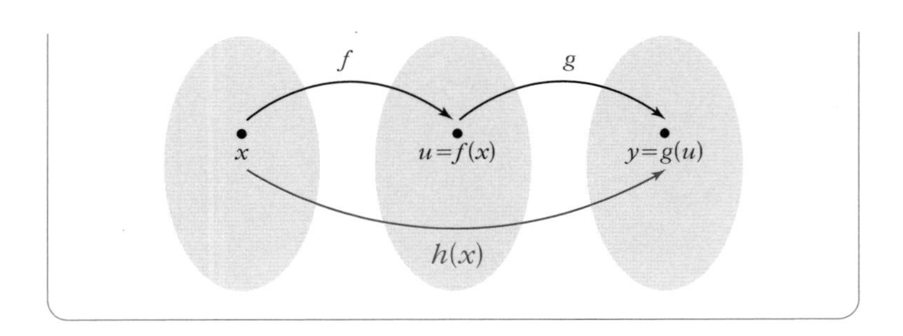

주 합성함수 $g(f(x))$는 $(g \circ f)(x)$라고 쓰기도 한다.

앞에서 $y=f(x)$의 도함수를 $\dfrac{dy}{dx}$라고 표기하는 것을 라이프니츠가 생각해냈다고 말했다(p. 49).

합성함수를 미분할 때는 이 기호가 아주 편리하다. 먼저 분수식으로 변형하면서 형식적으로

$$\frac{\Delta y}{\Delta x} = \frac{\Delta y}{\Delta u} \cdot \frac{\Delta u}{\Delta x} \tag{1-92}$$

라고 쓴다. 이때

$$\frac{dy}{dx} = \lim_{\Delta x \to 0} \frac{\Delta y}{\Delta x}$$

이므로 (1-92)를 대입할 경우 다음과 같이 풀이된다.

$$\begin{aligned} \frac{dy}{dx} &= \lim_{\Delta x \to 0} \frac{\Delta y}{\Delta x} = \lim_{\Delta x \to 0} \left(\frac{\Delta y}{\Delta u} \cdot \frac{\Delta u}{\Delta x} \right) \\ &= \lim_{\Delta x \to 0} \frac{\Delta y}{\Delta u} \cdot \lim_{\Delta x \to 0} \frac{\Delta u}{\Delta x} \end{aligned} \tag{1-93}$$

> **주**
> 일반적으로 $\lim_{x \to a} f(x)$와 $\lim_{x \to a} g(x)$가 유한확정값에 수렴할 경우 다음의 식이 성립한다(p. 24).
>
> $$\lim_{x \to a}\{f(x)g(x)\} = \lim_{x \to a} f(x) \lim_{x \to a} g(x)$$

u가 x의 함수로 연속일 때(그래프가 이어져 있을 때 ← p. 212 참조), $\Delta x \to 0$이면 $\Delta u \to 0$이므로(〈그림 1-58〉), (1-93)의 우변은

$$\lim_{\Delta x \to 0} \frac{\Delta y}{\Delta u} \cdot \lim_{\Delta x \to 0} \frac{\Delta u}{\Delta x} = \lim_{\Delta u \to 0} \frac{\Delta y}{\Delta u} \cdot \lim_{\Delta x \to 0} \frac{\Delta u}{\Delta x} \tag{1-94}$$

라고 바꿔 쓸 수 있다. 다시 말해

$$\frac{dy}{dx} = \lim_{\Delta u \to 0} \frac{\Delta y}{\Delta u} \cdot \lim_{\Delta x \to 0} \frac{\Delta u}{\Delta x} \tag{1-95}$$

$$\lim_{\Delta u \to 0} \frac{\Delta y}{\Delta u} = \frac{dy}{du}, \quad \lim_{\Delta x \to 0} \frac{\Delta u}{\Delta x} = \frac{du}{dx}$$

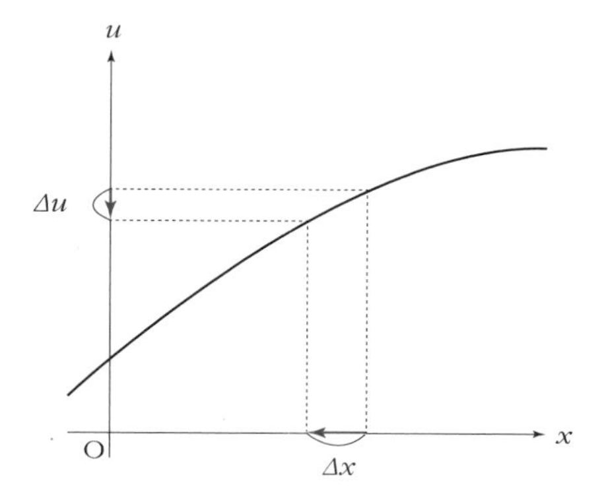

〈그림 1-58〉 $\Delta x \to 0$이면 $\Delta u \to 0$

이므로 (1-95)는

$$\frac{dy}{dx}=\frac{dy}{du}\cdot\frac{du}{dx} \tag{1-96}$$

가 된다. (1-96)이 **합성함수의 미분**이다.

다르게 나타내는 방법도 있다.

(1-87), (1-88), (1-89), (1-91)에 따르면

$$\frac{dy}{dx}=y'=h'(x)=\{g(f(x))\}'$$

$$\frac{dy}{du}=g'(u)=g'(f(x)) \quad \frac{du}{dx}=u'=f'(x)$$

$y=h(x)=g(f(x))$
$y=g(u)$
$u=f(x)$

즉 (1-96)을 다음과 같이 나타낼 수도 있다.

$$\{g(f(x))\}'=g'(f(x))\cdot f'(x) \tag{1-97}$$

합성함수의 미분

$$\{g(f(x))\}'=g'(f(x))\cdot f'(x)$$

예시 $y=(3x+1)^2$일 때

$$f(x)=3x+1,\quad g(x)=x^2$$

이라고 하면

$$y=g(f(x))$$

함수 x^n과 상수함수의 미분 공식(p. 48)
$(x^n)'=nx^{n-1} \qquad (c)'=0$

$$f'(x) = 3, \quad g'(x) = 2x$$

이므로

$$\begin{aligned} y' &= \{g(f(x))\}' \\ &= g'(f(x)) \cdot f'(x) \\ &= 2f(x) \cdot 3 \\ &= 2(3x+1) \cdot 3 = 18x + 6 \end{aligned}$$

$\{g(f(x))\}' = g'(f(x)) \cdot f'(x)$

$g'(x) = 2x \Rightarrow g'(f(x)) = 2f(x)$
$f'(x) = 3$

$f(x) = 3x + 1$

물론 위 예시의 결과는 다음과 같이 먼저

$$y = (3x+1)^2 = 9x^2 + 6x + 1$$

로 전개한 다음 미분한 것과 일치한다! (확인해보자.)

✤

특히 $y = g(f(x))$에서 $f(x)$가 1차 함수일 때, 즉

$$y = g(ax+b)$$

일 때

$$\begin{aligned} y' &= \{g(ax+b)\}' \\ &= g'(ax+b) \cdot (ax+b)' \\ &= g'(ax+b) \cdot a \end{aligned}$$

$\{g(f(x))\}' = g'(f(x)) \cdot f'(x)$

가 되므로

$$\{g(ax+b)\}' = ag'(ax+b) \tag{1-98}$$

이다. 이 공식을 기억해두면 손해 볼 일은 없다!

물리에 필요한 수학 … 코리올리 힘과 원심력

앞에서 '외부에서 힘을 받지 않거나 또는 외부에서 받는 힘이 있더라도 그것들이 균형을 이루는 경우 정지한 물체는 언제까지나 계속 정지해 있고, 운동하는 물체는 계속 등속직선운동을 한다'라는 **관성의 법칙**을 소개했었다(p. 120).

단, 뉴턴이 《자연철학의 수학적 원리(프린키피아)》에서 주장한 이 관성의 법칙은 누군가의 손에 의해 이끌어내진 것(증명된 것)이 아니라 '깨닫고 보니 세상은 그런 것이었다'라고 말할 수밖에 없는 원리다. 바꿔 말하면 가설인 셈이다.

증명되지 않은 원리(가설)가 왜 받아들여지는지, 의아하게 생각할지도 모르겠다. 하지만 물리에서는 현실에서 제대로 설명할 수 있다면 그 원리가 타당하다고 생각한다. 반대로 말하면, 아무리 수학적으로 아름답고 완벽하게 증명 가능한 이론이라도 그것이 현실과 맞지 않으면 자연과학에서는 가치가 없다.

아리스토텔레스는 '운동을 유지하려면 힘을 계속 가해야 한다'라고 생각했는데, 이 가설로는 증명할 수 없는 현상이 관측되는 한 이 가설은 받아들이기 어렵다.

뉴턴이 《프린키피아》에서 주장한 법칙에는 운동방정식(가속도의 법칙)도 있었다. 물체의 가속도를 $\vec{a}$, 질량을 m, 물체에 작용하는 힘(힘이 여러 개일 때는 합력)을 $\vec{F}$라고 하면

$$m\vec{a} = \vec{F}$$

가 된다(p. 122).

$$\vec{a} = \frac{d\vec{v}}{dt} = \frac{d^2\vec{r}}{dt^2}$$

$$\vec{v} = \frac{d\vec{r}}{dt}$$

이것을 가속도의 법칙에 대입하면 운동방정식은

$$\boldsymbol{m\frac{d^2\vec{r}}{dt^2} = \vec{F}} \qquad (1-99)$$

$\vec{r}$는 물체의 위치를 나타내는 위치 벡터인데(p. 91), 이것은 좌표계를 취하는 방법에 따라 달라진다. (1-99)의 운동방정식은 어떤 식으로 좌표계를 잡아도 성립하는 것일까?

관성의 법칙이란 실은 '**이 우주에 (1-99)가 성립하는 좌표계가 적어도 하나는 존재한다**'라는 주장이기도 하다. 그런 (관성의 법칙이 성립하는) 좌표계를 **관성계**라고 한다.

지금, 우주에 하나는 있는 관성계를 S라고 하자. 그리고 S에 대해서 $\vec{R}$의 위치에 있는 좌표계를 S'라고 부르자.

질량 m인 물체에 작용하는 힘(합력)이 $\vec{F}$일 때, 관성계 S에 대하여 물체의 위치가 $\vec{R}$로 나타난다면 관성계에서는 (1-99)가 성립한다. 따라서 (1-99)가 이 물체의 운동방정식이 된다. 이어서 관성계 S에 대하여 $\vec{R}$의 위치에 있는 좌표계 S'를 사용할 경우 운동방정식이 어떻게 변하는지 알아보자.

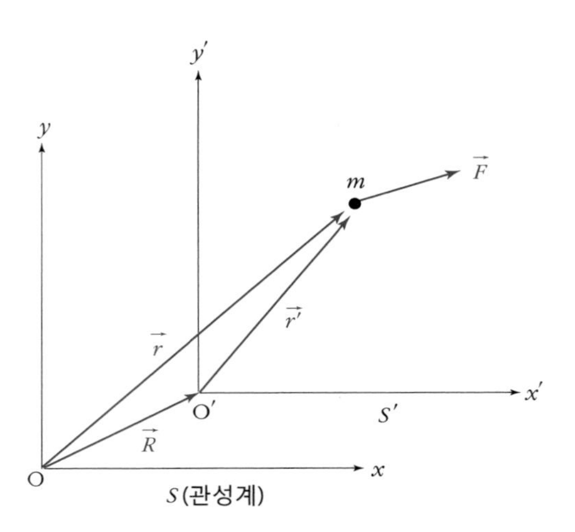

물체의 위치 벡터는 $\vec{r}'$가 되며 $\vec{r}$는 다음 관계를 지닌다(p. 84).

$$\vec{r} = \vec{r}' + \vec{R} \tag{1-100}$$

이것을 (1-99)에 대입하면

$$m\frac{d^2\vec{r}}{dt^2} = \vec{F}$$

$$\Rightarrow \quad m\frac{d^2(\vec{r}' + \vec{R})}{dt^2} = \vec{F}$$

$$\Rightarrow \quad m\frac{d^2\vec{r}'}{dt^2} + m\frac{d^2\vec{R}}{dt^2} = \vec{F}$$

$$\Rightarrow \quad m\frac{d^2\vec{r}'}{dt^2} = \vec{F} - m\frac{d^2\vec{R}}{dt^2} \tag{1-101}$$

(1-101)이 좌표계 S'에서의 운동방정식이다. (1-99)와 비교해 보면 $-m\frac{d^2\vec{R}}{dt^2}$라는 보정항이 우변에 더해져 있다.

단, **S'가 S에 대해 정지해 있는 경우** $\vec{R}$는 상수벡터이므로 $\vec{R}$를 한 번 미분하면 $\vec{0}$가 된다. 다시 말해

$(c)'=0$

$$-m\frac{d^2\vec{R}}{dt^2}=-m\frac{d}{dt}\left(\frac{d\vec{R}}{dt}\right)=-m\frac{d}{dt}\cdot\vec{0}=\vec{0}$$

$\vec{0}$은 영벡터(p. 83)
$\vec{0}=(0,\ 0)$

또한 **S'가 S에 대해 속도 $\vec{V}$로 등속운동하는 경우**, $\frac{d\vec{R}}{dt}=\vec{V}$가 상수벡터이므로 $\vec{R}$를 두 번 미분하면 $\vec{0}$가 된다.

$$-m\frac{d^2\vec{R}}{dt^2}=-m\frac{d}{dt}\left(\frac{d\vec{R}}{dt}\right)=-m\frac{d}{dt}\vec{V}=\vec{0}$$

$(c)'=0$

즉 **관성계 S에 대해 좌표계 S'가** '정지해 있다' **또는** '등속으로 움직이고 있다'라면, S'에서의 운동방정식 (1-101)은

$$m\frac{d^2\vec{r}'}{dt^2}=\vec{F}-m\frac{d^2\vec{R}}{dt^2}=\vec{F}-\vec{0}=\vec{F} \quad \Rightarrow \quad m\frac{d^2\vec{r}'}{dt^2}=\vec{F}$$

앞의 (1-99)와 형태(질량×가속도=합력)가 같다.

관성계 S에 대해 정지 또는 등속으로 움직이는 좌표계는 모두 관성계라고 말할 수 있다. 앞에서 잘난 척하며 '우주에 하나는 있는 관성계'라고 말했지만 관성계는 무수하다.

단, **S'가 S에 대해 가속도로 운동하고 있을 때**는 $\vec{R}$를 두 번 미분해도 $\vec{0}$가 되지 않는다. (1-101)의 보정항 $-m\frac{d^2\vec{R}}{dt^2}$는 사라지지

않고 남는다. 이렇게 운동방정식이 (1-99)의 형태(질량×가속도=합력)가 되지 않는 좌표계를 비관성계라고 한다.

하지만 비관성계가 되면 운동방정식을 사용할 수 없어 불편해지는 경우도 있다. 따라서 보정항 $-m\frac{d^2\vec{R}}{dt^2}$를 힘의 일종이라고 생각하여 관성계에 대해 가속도 $\frac{d^2\vec{R}}{dt^2}$로 운동하는 좌표계에서는 질량 m인 물체에 $-m\frac{d^2\vec{R}}{dt^2}$ **의 겉보기 힘이 작용한다**고 해석한다. 이 겉보기 힘이 관성력이다.

비관성계의 가속도가 $\frac{d^2\vec{R}}{dt^2}=\vec{\alpha}$라면 다음과 같이 정리할 수 있다.

가속도 $\vec{\alpha}$를 갖는 비관성계의 운동방정식

$$m\frac{d^2\vec{r}'}{dt^2}=\vec{F}-m\vec{\alpha}$$

우변에 등장하는 **겉보기 힘 $-m\vec{\alpha}$**를 **관성력**이라고 한다.

결국 비관성계에서도 운동방정식을 사용하려고 식을 변형할 경우 우변에 반드시 보정형이 나타난다. 이를 관성력이라고 하며, 관성력에는 실체가 없다. 이 내용을 꼭 기억하기 바란다.

예를 들어 진행 방향으로 가속도 α가 붙어 이동하는 버스 안에 매달린 공의 운동방정식을 생각해보자.

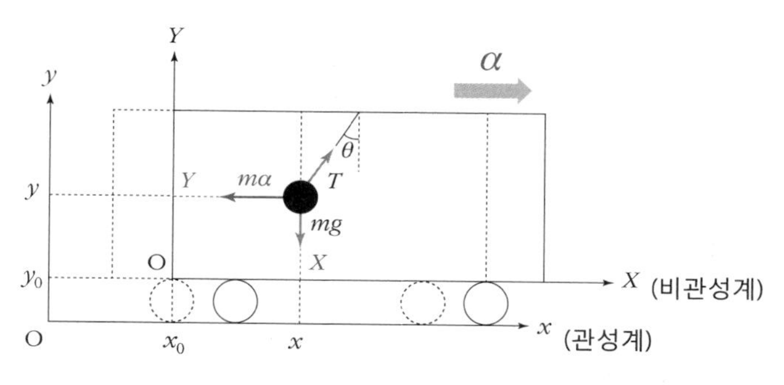

〈그림 1-59〉 관성계와 비관성계

〈그림 1-59〉에서 xy 좌표계를 관성계라고 하고, XY 좌표계는 가속도 a를 가지고 관성계의 x 방향으로 움직이는 버스에 고정한 좌표계라고 하자. XY 좌표계는 가속도를 가지므로 비관성계다.

xy 좌표계(관성계)에서 공의 위치 벡터는

$$\vec{r} = (x,\ y)$$

XY 좌표계(비관성계)에서 공의 위치 벡터는

$$\vec{R} = (X,\ Y)$$

또한 XY 좌표계의 원점 O의 위치 벡터는 xy 좌표계에서

$$\vec{r_0} = (x_0,\ y_0)$$

이 예제에서 공은 y 방향으로도, Y 방향으로도 움직이지 않으므로 운동방정식은 x 방향과 X 방향만 생각하기로 한다.

① xy 좌표계(관성계)의 운동방정식

공에 실리는 힘은 중력 mg와 실의 장력 T뿐이다.

〈x 방향의 운동방정식〉

$$m\frac{d^2x}{dt^2}=T\sin\theta \tag{1-102}$$

② XY 좌표계(비관성계)의 운동방정식

공에 실리는 힘에는 중력 mg와 실의 장력 T 이외에 X 방향으로 **관성력 $-m\alpha$를 생각할 필요가 있다.**

〈X 방향의 운동방정식〉

$$m\frac{d^2X}{dt^2}=T\sin\theta-m\alpha \tag{1-103}$$

x와 X의 관계는 〈그림 1-59〉에서

$$x=X+x_0 \tag{1-104}$$

또한 버스는 x 방향을 따라 가속도 α로 나아가므로 버스에 고정된 좌표계의 원점 O에 대하여

$$\frac{d^2x_0}{dt^2}=\alpha \tag{1-105}$$

$\vec{a}=\frac{d\vec{v}}{dt}=\frac{d^2\vec{r}}{dt^2}$

(1-104)와 (1-105)를 (1-102)에 대입하면 (1-103)이 얻어지는 것을 확인하자.

이렇게 미분을 사용하여 계산해보면, 관성력은 실체가 없는 힘이라는 사실을 알 수 있다.

회전하는 좌표계에서의 운동

그럼 이제, 회전하는 좌표계에서 등속운동하는(실체가 있는 힘은 작용하지 않는) 물체의 운동방정식을 생각해보자.

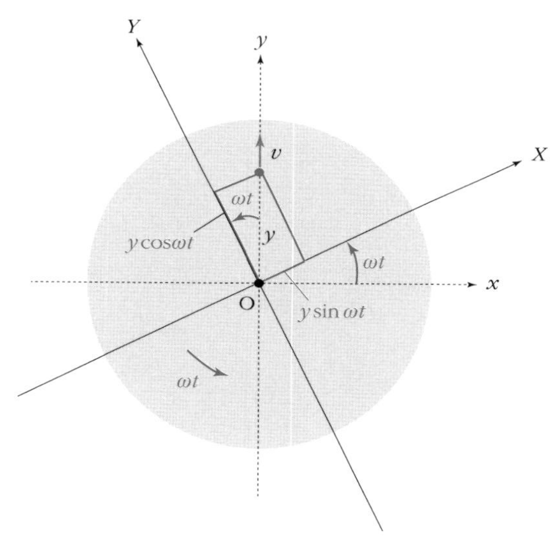

〈그림 1-60〉 회전하는 좌표계

〈그림 1-60〉과 같이 **반시계 방향을 따라 일정한 각속도**(p. 96: 단위시간당 회전각) ω로 회전하는 원판이 있다고 하자. 원판의 회전과 무관하게 정지해 있는 좌표계를 xy 좌표계, **원판과 함께 회전하는 좌표계**를 XY **좌표계**라고 한다. 이 원판 위에서 힘을 받지 않고 **등속직선운동하는 물체**가 있다. 물체가 xy 좌표계(정지한 좌표계)의 y축 위를 양의 방향으로 나아가는 경우, xy 좌표계에서 이 물체의 위치 $\vec{r}$와 속도 $\vec{v}$는 각각 다음과 같다.

$$\vec{r} = (0,\ y)$$

$$\vec{v} = (0,\ v_y) = \left(0,\ \frac{dy}{dt}\right) = (0,\ v)$$

$v_y = \dfrac{dy}{dt}$

다음으로, 같은 운동을 XY 좌표계(원판과 함께 회전하는 좌표계)에서 보자. 〈그림 1-60〉에서 그 위치 $\vec{R}$는

$$\vec{R} = (X,\ Y) = (y \sin \omega t,\ y \cos \omega t) \tag{1-106}$$

가 된다. 이때

〈그림 1-22〉 (p. 71)

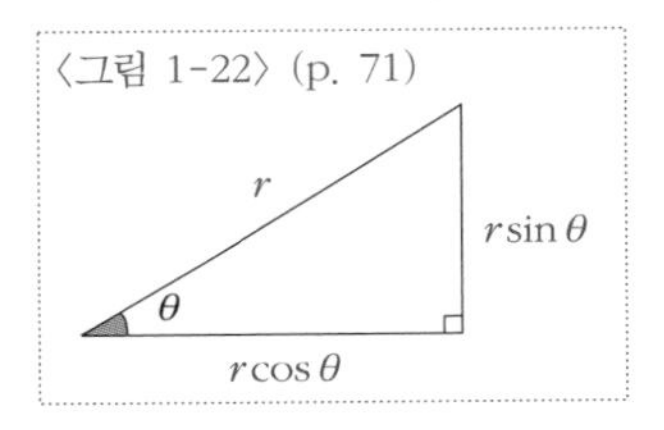

$$\vec{V} = (V_X,\ V_Y) = \left(\frac{dX}{dt},\ \frac{dY}{dt}\right)$$

이므로 (1-106)에 의해

$$\begin{aligned} V_x &= \frac{dX}{dt} \\ &= \frac{d}{dt}(y \sin \omega t) \\ &= \frac{dy}{dt} \cdot \sin \omega t + y \cdot \frac{d}{dt}(\sin \omega t) \\ &= v \cdot \sin \omega t + y \cdot \omega \cos \omega t \end{aligned} \tag{1-107}$$

곱의 미분(p. 116)
$\{f(x)g(x)\}' = f'(x)g(x) + f(x)g'(x)$

$\{g(ax+b)\}' = ag'(ax+b)$ (1-98)

$(\sin \theta)' = \cos \theta$

$\dfrac{dy}{dt} = v$

주

합성함수의 미분 $\{g(f(x))\}' = g'(f(x)) \cdot f'(x)$에 의해

$$(\sin \omega t)' = \cos \omega t \cdot (\omega t)' = \cos \omega t \cdot \omega = \omega \cos \omega t$$

마찬가지로 (1-106)에 의해

$$
\begin{aligned}
V_Y &= \frac{dY}{dt} \\
&= \frac{d}{dt}(y \cos \omega t) \\
&= \frac{dy}{dt} \cdot \cos \omega t + y \cdot \frac{d}{dt}(\cos \omega t) \\
&= v \cdot \cos \omega t + y \cdot (-\omega \sin \omega t)
\end{aligned}
\tag{1-108}
$$

곱의 미분(p. 116)
$\{f(x)g(x)\}' = f'(x)g(x) + f(x)g'(x)$

$\{g(ax+b)\}' = ag'(ax+b)$ (1-98)

$(\cos \theta)' = \sin \theta$ $\frac{dy}{dt} = v$

> **주** 합성함수의 미분 $\{g(f(x))\}' = g'(f(x)) \cdot f'(x)$에 의해
>
> $(\cos \omega t)' = -\sin \omega t \cdot (\omega t)' = -\sin \omega t \cdot \omega = -\omega \sin \omega t$

(1-107)과 (1-80)을 정리하면

$$
\begin{aligned}
\vec{V} &= (V_X, V_Y) \\
&= (v \sin \omega t + \omega y \cos \omega t,\ v \cos \omega t - \omega y \sin \omega t)
\end{aligned}
$$

그리고 $\vec{V}$를 미분함으로써 XY 좌표계(회전하는 좌표계)에서의 가속도 $\vec{A}$를 구해보자.

$$
\vec{A} = (A_X, A_Y) = \left(\frac{dV_X}{dt}, \frac{dV_Y}{dt} \right)
$$

이므로

$$A_X = \frac{dV_X}{dt}$$

v와 ω는 상수

$$= \frac{d}{dt}(v \sin \omega t + \omega y \cos \omega t)$$

도함수의 성질 (p. 50)
$\{kf(x)+lg(x)\}' = kf'(x)+lg'(x)$

$$= v\frac{d}{dt}(\sin \omega t) + \omega \frac{d}{dt}(y \cos \omega t)$$

곱의 미분

$$= v\frac{d}{dt}(\sin \omega t) + \omega \left\{ \frac{dy}{dt} \cdot \cos \omega t + y \cdot \frac{d}{dt}(\cos \omega t) \right\}$$

$$= v \cdot \omega \cos \omega t + \omega \{v \cdot \cos \omega t + y \cdot (-\omega \sin \omega t)\}$$

$$= \omega v \cos \omega t + \omega v \cos \omega t - \omega^2 y \sin \omega t$$

$$= 2\omega v \cos \omega t - \omega^2 y \sin \omega t \qquad (1\text{-}109)$$

$(\sin \omega t)' = \omega \cos \omega t$
$(\cos \omega t)' = -\omega \sin \omega t$

여기서 (1-109)의 v나 y를 XY 좌표계의 (X, Y)나 (V_X, V_Y)로 바꾸기 위해 다음과 같이 변형한다.

$$A_X = 2\omega v \cos \omega t - \omega^2 y \sin \omega t$$

$$= 2\omega(v \cos \omega t - \omega y \sin \omega t) + 2\omega^2 y \sin \omega t - \omega^2 y \sin \omega t$$

$$= 2\omega(v \cos \omega t - \omega y \sin \omega t) + \omega^2 y \sin \omega t$$

$$= 2\omega V_Y + \omega^2 X \qquad (1\text{-}110)$$

$V_Y = v \cos \omega t - \omega y \sin \omega t$
$X = y \sin \omega t$

마찬가지로

$$A_Y = \frac{dV_Y}{dt}$$

v와 ω는 상수

$$= \frac{d}{dt}(v \cos \omega t - \omega y \sin \omega t)$$

도함수의 성질 (p. 50)
$\{kf(x)+lg(x)\}' = kf'(x)+lg'(x)$

$$= v\frac{d}{dt}(\cos\omega t) - \omega\frac{d}{dt}(y\sin\omega t)$$

곱의 미분

$$= v\frac{d}{dt}(\cos\omega t) - \omega\left\{\frac{dy}{dt}\cdot\sin\omega t + y\cdot\frac{d}{dt}(\sin\omega t)\right\}$$

$$= v\cdot(-\omega\sin\omega t) - \omega\{v\cdot\sin\omega t + y\cdot(-\omega\cos\omega t)\}$$

$$= -\omega v\sin\omega t - \omega v\sin\omega t - \omega^2 y\cos\omega t$$

$$= -2\omega v\sin\omega t - \omega^2 y\cos\omega t \qquad (1\text{-}111)$$

$(\sin\omega t)' = \omega\cos\omega t$
$(\cos\omega t)' = -\omega\sin\omega t$

또한 (1-111)의 v나 y를 XY 좌표계의 (X, Y)나 (V_x, V_y)로 바꾸기 위해 다음과 같이 변형한다.

$$A_Y = -2\omega v\sin\omega t - \omega^2 y\cos\omega t$$

$$= -2\omega(v\sin\omega t + \omega y\cos\omega t) + 2\omega^2 y\cos\omega t$$
$$- \omega^2 y\cos\omega t$$

$$= -2\omega(v\sin\omega t + \omega y\cos\omega t) + \omega^2 y\cos\omega t$$

$$= -2\omega V_X + \omega^2 Y \qquad (1\text{-}112)$$

$V_X = v\sin\omega t + \omega y\cos\omega t$
$Y = y\cos\omega t$

(1-110)과 (1-112)를 정리해보면

$$\vec{A} = (A_X, A_Y) = (2\omega V_Y + \omega^2 X, -2\omega V_X + \omega^2 Y) \qquad (1\text{-}113)$$

(1-113)을 사용하여 원판과 함께 회전하는 XY 좌표계에서의 운동방정식(p. 122)을 만들어보자. 물체의 질량을 m이라고 하면

$$m\vec{A} = \vec{F}$$

성분에 의한 벡터의 연산 (p. 89)
$k\vec{a} + l\vec{b} = k(x_a, y_a) + l(x_b, y_b) = (kx_a + lx_b, ky_a + ly_b)$

(1-113)에 따르면

$$m(A_X, A_Y) = m(2\omega V_Y + \omega^2 X, -2\omega V_X + \omega^2 Y)$$
$$= 2m\omega(V_Y, -V_X) + m\omega^2(X, Y) \qquad (1\text{-}114)$$

(1-114)는 물체에 두 가지 힘이 작용하고 있다고 주장한다.

$$\overrightarrow{F_1} = 2m\omega(V_Y, -V_X) \qquad (1\text{-}115)$$

$$\overrightarrow{F_2} = m\omega^2(X, Y) \qquad (1\text{-}116)$$

그러나 원래 물체는 힘을 받지 않고, 정지해 있는 xy 좌표계에 대하여 속도 v의 등속운동을 하고 있을 뿐이다.

$\overrightarrow{F_1}$ 와 $\overrightarrow{F_2}$ 는 회전하는 좌표계(XY 좌표계)에서 볼 때에만 나타나는, 실체가 없는 힘이다.

$\overrightarrow{F_1}$ 를 코리올리 힘, $\overrightarrow{F_2}$ 를 원심력이라고 한다.

코리올리 힘과 원심력에 대해 좀 더 자세히 알아보자.

코리올리 힘과 원심력

$$\overrightarrow{U} = (V_Y, -V_X) \qquad (1\text{-}117)$$

라고 하면 〈그림 1-61〉의 오른쪽 확대그림에서 알 수 있듯이 U는

$$\overrightarrow{V} = (V_X, V_Y)$$

의 진행 방향에 대해 오른쪽 방향으로 수직이다. 또한

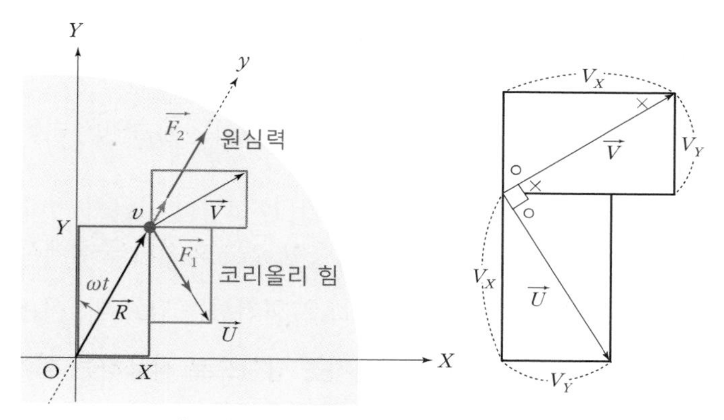

〈그림 1-61〉 코리올리 힘과 원심력

$$V=|\vec{V}|=\sqrt{V_X{}^2+V_Y{}^2}$$

이라고 하면 (1-117)에 따라

$$|\vec{U}|=\sqrt{V_Y{}^2+(-V_X)^2}=\sqrt{V_X{}^2+V_Y{}^2}=V$$

(1-115)에 따르면

$$\vec{F_1}=2m\omega(V_Y,\ -V_X)=2m\omega\vec{U}$$

이므로 코리올리 힘 $\vec{F_1}$는 $\vec{U}$에 평행하고, 크기는 $2m\omega|\vec{U}|$라는 것을 알 수 있다. 즉 반시계 방향을 따라 각속도 ω로 회전하는 좌표계에서 보면, **코리올리 힘은 속도 $\vec{v}$의 방향에 대해 오른쪽 방향으로 수직이고 크기는 $2m\omega V$인 힘**이다.

한편, (1-116)에 따르면

$$\overrightarrow{F_2} = m\omega^2 (X, Y) = m\omega^2 \overrightarrow{R}$$

이다. 따라서 원심력 $\overrightarrow{F_2}$는 $\overrightarrow{R}$에 평행하고, 크기는 $m\omega^2 |\overrightarrow{R}|$라는 것을 알 수 있다.

〈그림 1-60〉으로부터도 알 수 있듯이 $\overrightarrow{R}$는 회전의 중심에서 물체가 멀어지는 방향이므로 각속도 ω로 회전하는 좌표계에서 **원심력은 물체가 회전의 중심에서 멀어지는 방향으로 작용하는 힘이며, 크기는 $m\omega^2 R$**이다. 단, $\overrightarrow{R}$는

$$R = |\overrightarrow{R}| = \sqrt{X^2 + Y^2}$$

으로, 회전의 중심에서 물체까지의 거리를 나타낸다.

코리올리 힘과 원심력

반시계 방향을 따라 일정한 각속도 ω로 회전하는 좌표계에서, 회전의 중심으로부터 거리 R에 있으며 속도 V로 움직이는 질량 m인 물체에는

코리올리 힘 … 크기 : $2m\omega V$
방향 : **속도 방향에 대하여 오른쪽으로 수직**

원심력 … 크기 : $m\omega^2 R$
방향 : **중심에서 멀어지는 쪽**

이 같은 겉보기 힘(실체가 없는 힘)이 작용한다.

기출문제

문제 5 **교토대학**

다음 문장을 읽고 [ ]에 적당한 식을 넣으시오.

그림과 같이 반지름 R인 링(고리)이 수직축 주위를 각속도 $\Omega(\geq 0)$로 회전하고 있다. 그 링 위를 매끄럽게 움직일 수 있는 질량 m인 물체의 운동을 생각해보자. 중력가속도의 크기는 g이다.

먼저 그림과 같이 링의 중심을 원점 O로 하고, 수직 아래쪽에 있는 링 위의 점 P로부터 잰 물체의 각도를 θ라고 한다.

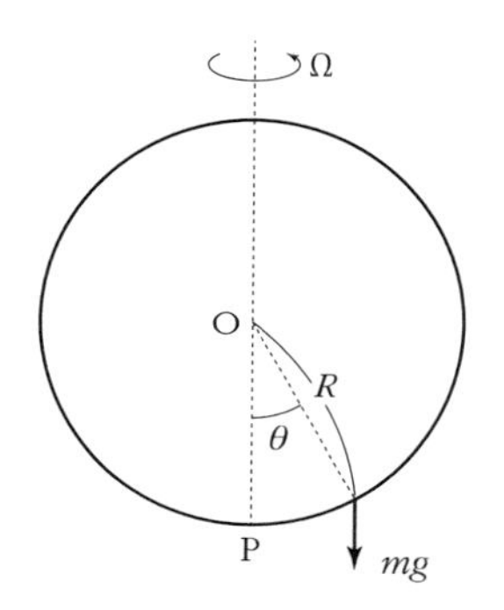

회전하는 링 위를 움직이는 물체

물체에 작용하는 중력과 원심력의 합력을 생각해보자. 링을 따라가는 합력의 접선 방향의 성분은 θ가 증가하는 방향을 양으로 하여,

$$F = -mg\sin\theta + \boxed{ⓐ} \quad \cdots ①$$

가 된다. $F=0$을 만족하는 각도 θ를 θ_0로 놓으면, θ가 만족하는 식은 $\sin\theta_0 = 0$ 및 $\cos\theta_0 = \boxed{ⓑ}$가 된다. 후자인 $\sin\theta_0 \neq 0$의 근이 존재하는 것은 링의 회전각속도가 $\Omega > \Omega_c = \boxed{ⓒ}$인 경우에 한정된다. 물체가 위의 $\sin\theta_0 \neq 0$인 평형 각도에 머물 때, 링의 중심 방향으로 물체가 링으로부터 받는 힘은 m, Ω, R만을 이용하여 $\boxed{ⓓ}$로 나타낼 수 있다.

해설

물체가 받는 힘은 중력과 링으로부터 받는 수직항력(p. 176 〈주〉 참조)이다. 또 물체는 회전하는 링 위에 있으므로 원심력을 받는다. 단, 물체가 회전축에 수직인 단면에서 링의 회전과는 별개의 속도를 갖는 것은 아니므로 코리올리 힘은 없다.

해답

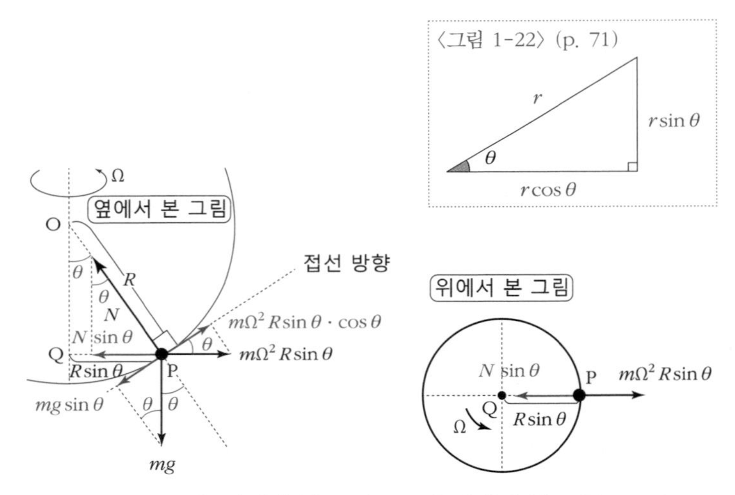

〈그림 1-62〉 옆에서 본 그림(왼쪽)과 위에서 본 그림(오른쪽)

물체는 회전의 중심으로부터 $R\sin\theta$인 위치에 있으며, 각속도 Ω로 회전운동하고 있으므로('위에서 본 그림' 참조)

원심력 : $m\Omega^2 R\sin\theta$

원심력의 크기: $m\omega^2 R$

을 받는다. 또한 링으로부터의 수직항력 N과 중력 mg가 작용한다.

ⓐ 〈그림 1-62〉에서 접선 방향의 힘은

$$F = -mg\sin\theta + m\Omega^2 R\sin\theta\cdot\cos\theta \quad \cdots ①$$

ⓑ $\theta=\theta_0$일 때 $F=0$이므로 ①에서

$$m\Omega^2 R\sin\theta_0\cos\theta_0 - mg\sin\theta_0 = 0$$

$$\Rightarrow\ m\sin\theta_0(\Omega^2 R\cos\theta_0 - g) = 0$$

$$\Rightarrow\ \sin\theta_0 = 0 \text{ 및 } \Omega^2 R\cos\theta_0 - g = 0$$

$$\Rightarrow\ \sin\theta_0 = 0 \text{ 및 } \boldsymbol{\cos\theta_0 = \frac{g}{\Omega^2 R}}$$

ⓒ $\sin\theta_0 \neq 0$인 근이 존재할 때, ⓑ에서

$$\cos\theta_0 = \frac{g}{\Omega^2 R}$$

를 만족하는 θ_0가 존재한다. 명백하게

$0 < \theta_0 < \frac{\pi}{2}$이므로

$$0 < \cos\theta_0 < 1$$

$$\Rightarrow\ 0 < \frac{g}{\Omega^2 R} < 1$$

$$\Rightarrow\ 0 < g < \Omega^2 R$$

$$\Rightarrow\ g < \Omega^2 R$$

$$\Rightarrow\ \frac{g}{R} < \Omega^2$$

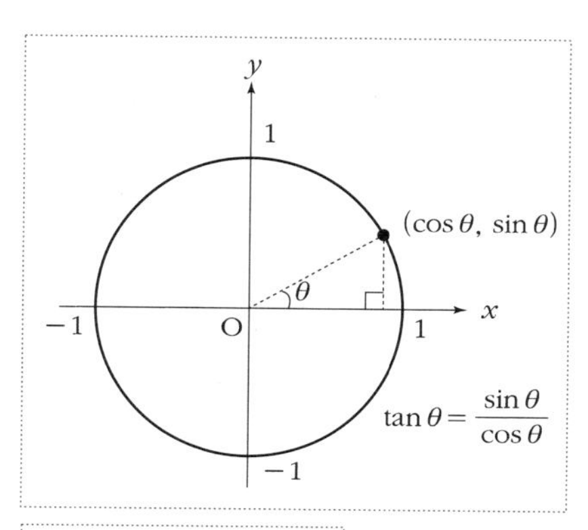

0 < g는 자명하므로 생략

$$\Rightarrow \sqrt{\frac{g}{R}} < \Omega$$

따라서

$$\Omega > \Omega_c = \sqrt{\frac{g}{R}}$$

ⓓ $\sin\,\theta_0 \neq 0$인 근이 존재할 때, 링의 중심 방향으로 물체가 링으로부터 받는 힘(수직항력)을 N이라고 하면 〈그림 1-62〉의 '위에서 본 그림'에서

$$N \sin\,\theta_0 = m\Omega^2 R \sin\,\theta_0$$

$\sin\,\theta_0 \neq 0$이므로

$$N = m\Omega^2 R$$

주

수직항력이란?

물체가 다른 물체와 접하고 있을 때, 그 접촉면에서 서로 힘을 미친다. 이 힘 중에서 접촉면에 수직인 방향으로 작용하는 힘을 '수직항력(normal force 또는 normal reaction)'이라고 하며, 영어의 머리글자를 따서 'N'으로 표시한다.

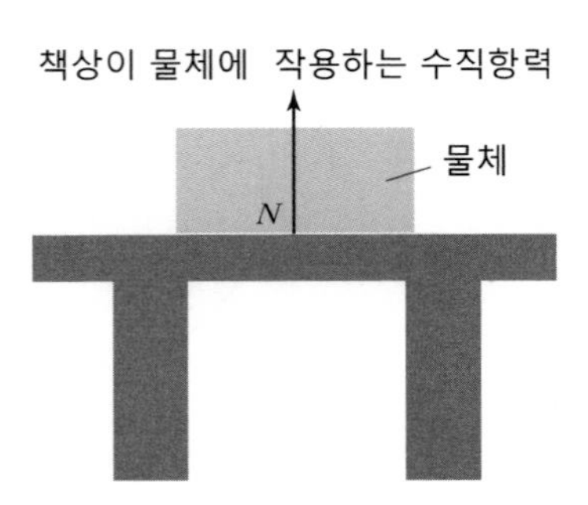

각운동량과 돌림힘(회전력)

이야기를 바꿔서, 앞 장에서 물체의 위치와 물체가 받는 힘과 물체의 속도가 각각

$$\vec{r} = (x,\ y),\quad \vec{F} = (F_x,\ F_y),\quad \vec{v} = (v_x,\ v_y)$$

일 때,

$$\frac{d}{dt}\{\, m(xv_y - yv_x)\} = xF_y - yF_x \qquad (1\text{-}71)$$

라는 식이 성립한다고 했다(p. 132).

이제 〈그림 1-63〉과 같이 $\vec{r}$와 x축의 양의 방향이 이루는 각을 θ, $\vec{r}$와 $\vec{F}$가 이루는 각을 φ_1, $\vec{r}$와 $\vec{v}$가 이루는 각을 φ_2라고 하자.

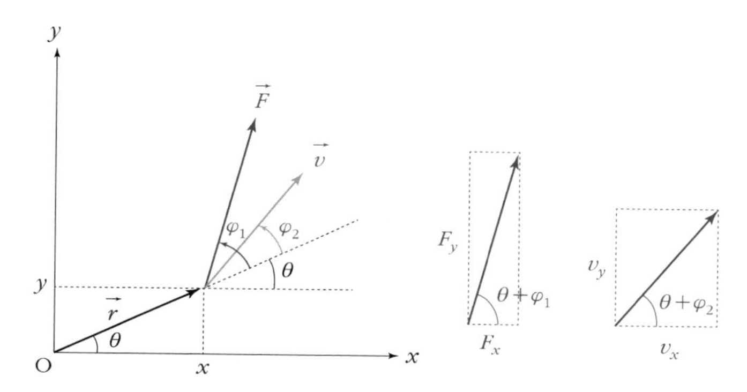

〈그림 1-63〉 물체의 위치와 받는 힘과 속도

> **주** φ는 각도를 나타낼 때 θ 다음으로 많이 쓰이는 그리스 문자다. '파이(또는 피)'라고 발음한다.

또한

$|\vec{a}|$: $\vec{a}$의 크기

$$|\vec{r}| = r,\ |\vec{F}| = F,\ |\vec{v}| = v$$

r, $r\sin\theta$, θ, $r\cos\theta$

라고 쓰면

$$\vec{r} = (x,\ y) = (r\cos\theta,\ r\sin\theta)$$

$$\vec{F} = (F_x,\ F_y) = (F\cos(\theta+\varphi_1),\ F\sin(\theta+\varphi_1))$$

$$\vec{v} = (v_x,\ v_y) = (v\cos(\theta+\varphi_2),\ v\sin(\theta+\varphi_2))$$

이것들을 사용하여 (1-71)을 바꿔보자. 먼저 (1-71)의 우변을

$$N = xF_y - yF_x$$

로 바꾸면(이 N은 수직항력이 아니다),

$$\begin{aligned} N &= xF_y - yF_x \\ &= r\cos\theta \cdot F\sin(\theta+\varphi_1) - r\sin\theta \cdot F\cos(\theta+\varphi_1) \\ &= rF\{\sin(\theta+\varphi_1)\cos\theta - \cos(\theta+\varphi_1)\sin\theta\} \qquad (1\text{-}118) \end{aligned}$$

여기서 $\sin\theta$의 덧셈정리 ④를 떠올려보자(p. 141, p. 144).

$$\sin(\alpha-\beta) = \sin\alpha\cos\beta - \cos\alpha\sin\beta$$

(1-118)에서 { } 안을 이것을 사용해 정리하면,

$$N = rF\{\sin(\theta+\varphi_1)\cos\theta - \cos(\theta+\varphi_1)\sin\theta\}$$
$$= rF[\sin\{(\theta+\varphi_1)-\theta\}]$$
$$= rF\sin\varphi_1$$
$$= r\sin\varphi_1 F \qquad (1\text{-}119)$$

자, 마지막의 '$r\sin\varphi_1 F$'는 무엇을 의미할까?

〈그림 1-64〉와 같이 $\vec{r}$와 $\vec{F}$만큼을 제거하면 (1-119)의 $r\sin\varphi_1$은 $\vec{F}$와 겹치도록 그은 직선(작용선이라고도 한다)에 원점으로부터 내린 수선의 길이가 된다는 것을 알 수 있다. 이 길이를 **$\vec{F}$의 원점에 대한** 팔의 길이라고 한다.

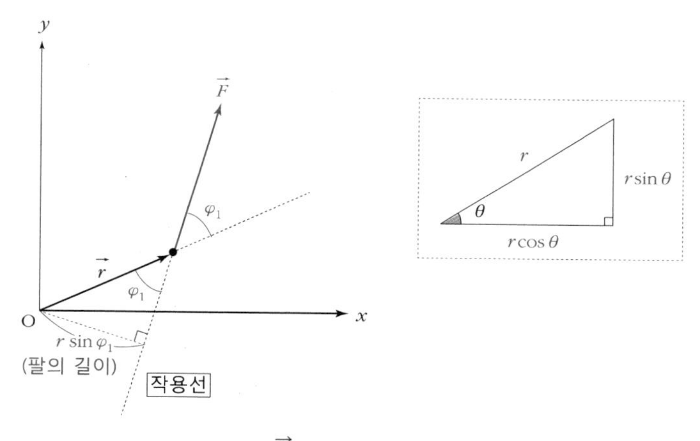

〈그림 1-64〉 $\vec{F}$의 원점에 대한 팔의 길이

팔의 길이를 'ρ(로)'라고 쓰면

$$\rho = r\sin\varphi_1$$

ρ를 사용하면 (1-119)는 다음과 같이 바뀐다.

$$N = \rho F \tag{1-120}$$

N을 돌림힘 또는 회전력이라고 하며, 물체를 회전시키려는 작용의 크기를 나타낸다. 돌림힘이 크다는 것은 그만큼 물체를 회전시키려는 작용이 크다는 뜻이다.

초등학교에서 배운 '지렛대의 원리'를 사용하면 무거운 물건도 들어올릴 수 있다. 그 이유는 힘 F가 작더라도(받침점을 원점으로 한다) 팔의 길이 ρ를 길게 하면 돌림힘 N을 크게 할 수 있기 때문이다. 한편, (1-71)에서 좌변의 { } 안을

$$l = m(xv_y - yv_x)$$

로 두고 (1-118), (1-119)와 완전히 똑같이 계산하면,

$$\begin{aligned}
l &= m(xv_y - yv_x) \\
&= m\{r\cos\theta \cdot v\sin(\theta+\varphi_2) - r\sin\theta \cdot v\cos(\theta+\varphi_2)\} \\
&= mrv\{\sin(\theta+\varphi_2)\cos\theta - \cos(\theta+\varphi_2)\sin\theta\} \\
&= mrv[\sin\{(\theta+\varphi_2)-\theta\}] \qquad \boxed{\sin(\alpha-\beta) = \sin\alpha\cos\beta - \cos\alpha\sin\beta} \\
&= mrv\sin\varphi_2
\end{aligned} \tag{1-121}$$

로 변형할 수 있다.

〈그림 1-65〉에서 (1-121)의 $v\sin\varphi_2$는 $\vec{r}$에 수직인 속도성분임을 알 수 있다. 이미 설명했듯이(p. 132) l은 각운동량이다. 결국 돌림힘 N과 각운동량 l을 이용하면 (1-71)은 아래의 식이 된다.

$$\frac{dl}{dt} = N \tag{1-122}$$

$N = xF_y - yF_x = \rho F$
$l = m(xv_y - yv_x) = mrv\sin\varphi_2$

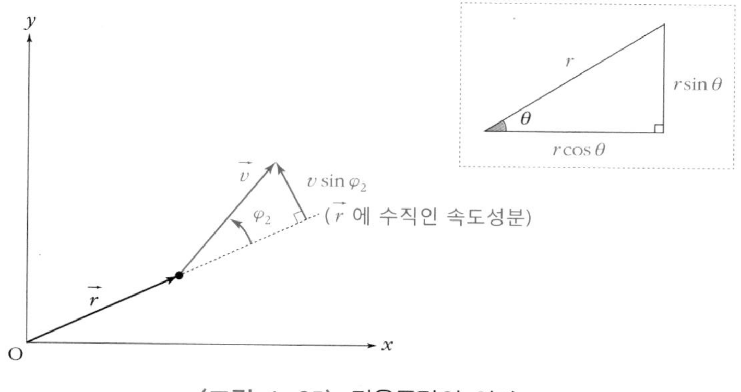

〈그림 1-65〉 각운동량의 의미

돌림힘 N은 각운동량 l의 도함수다. 위치의 도함수인 속도는 위치를 변화시키는 '원인'이었다(p. 55). 마찬가지로 각운동량의 도함수인 **돌림힘은 각운동량을 변화시키는 '원인'**이다.

(1-122)에서 돌림힘 N이 0일 때, 즉 외부에서 회전을 변화시키는 힘이 작용하지 않을 때

$$\frac{dl}{dt}=0$$

$(c)'=0$

이다. 미분하면 0이 된다는 말은 각운동량 l이 상수가 된다(각운동량이 보존된다)는 뜻이다. $l=rv\sin\varphi_2$이므로 각운동량 l이 보존될 때는 회전 반지름 r이 작으면 작을수록 회전 방향의 속도($v\sin\varphi_2$)가 빨라진다.

피겨스케이팅 선수가 스핀 기술을 구사할 때 두 팔을 모으거나 위로 쭉 뻗음으로써 빠르게 회전하는 모습을 본 적이 있을 것이다. 각운동량이 보존되는 원리를 이용한 것으로, 회전 반지름이 작을수록 회전속도는 더 빨라진다.

Q & A

학생 : 회전하는 좌표계로 운동방정식을 계산할 경우, 원심력이나 코리올리 힘이라는 겉보기 힘이 나타난다는 것은 수학적으로 이해했어요. 그런데 원심력은 그렇다 쳐도 '코리올리 힘'이라는 게 와닿지 않아요. 어떤 경우에 코리올리 힘을 느낄 수 있나요?

선생 : 삼각함수의 미분과 합성함수의 미분, 그리고 앞에서 배웠던 곱의 미분 등을 이용하여 회전좌표계의 운동방정식을 계산하는 것은 아주 멋진 일이죠!

학생 : 감사합니다. (꽤 힘들긴 했지만요….)

선생 : 코리올리 힘을 실감하려면 회전하는 **원판 위에서 물체를 움직여볼 필요가 있습니다.**

지구상의 대기는 자전하는 지구 위에서 끊임없이 움직이므로 언제나 코리올리 힘의 영향을 받지요. 예를 들면 북반구의 적도~중위도 부근에서 강한 무역풍(동풍)이 부는 것은 해들리 순환(Hadley circulation, 대기가 고온 지역에서 상승하고 저온 지역에서 하강하는 순환)이라는 적도 부근의 대기 순환이 코리올리 힘의 영향을 받기 때문이에요.

학생 : 그래도 모르겠어요. 대기 사례로는 코리올리 힘을 실감하기 어려워요….

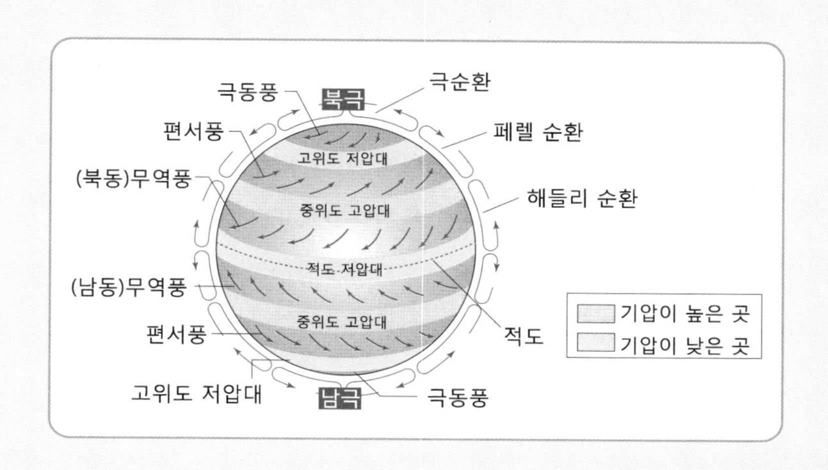

선생 : 이해해요. 그럼, 이런 실험은 어때요? A가 반시계 방향을 따라 일정한 속도로 회전하는 원판의 중심에 서서, 원판 끝에 서 있는 B를 향해 똑바로 공을 굴립니다. 원판은 매끈매끈하고, 마찰의 영향을 거의 받지 않는다고 가정하세요.

원판 밖에 있는 C의 눈에는 공이 단순히 회전하는 원판 위를 직진하는 것으로밖에 보이지 않습니다(마찰을 무시할 수 있으므로 공은 회전하는 원판의 영향을 받지 않는다).

학생 : (음, 상당히 특수한 상황이군….)

선생 : 하지만 이 공은 B에게 도달하지 않습니다. 공이 원판 끝에 닿았을 때 B는 공이 도착하는 장소(B가 원래

있던 장소)에서 반시계 방향으로 회전한 곳에 가 있습니다. 그 이유는 원판이 돌기 때문인데, 만약 A와 B가 원판이 회전하고 있음을 인식하지 못한다면 어떨까요?

학생 : 회전한다는 걸 인식하지 못한다고요? 말도 안 돼요.

선생 : 우리도 지구가 자전한다는 사실을 인식하지 못하잖아요?

학생 : 듣고 보니… 그렇네요.

선생 : 그러니까 회전을 인식하지 못하는 상황도 그리 부자연스럽지는 않아요. 회전을 인식하지 못한다고 하면, 공이 B에게 도달하지 못하는 상황을 A는 아주 이상하게 생각하겠죠? 공이 원판 끝에 도달할 무렵 B는 처음과 똑같이 A의 정면에 있지만, 공은 A쪽에서 보았을 때 오른쪽에 있으므로 A는 공이 스스로 오른쪽으로 휘어서 굴러가버렸다고 생각할 거예요. A가 생각하기에 자신이 똑바로 던진 공을 오른쪽으로 휘어지게 하는 힘, 그것이 바로 **코리올리 힘**이에요.

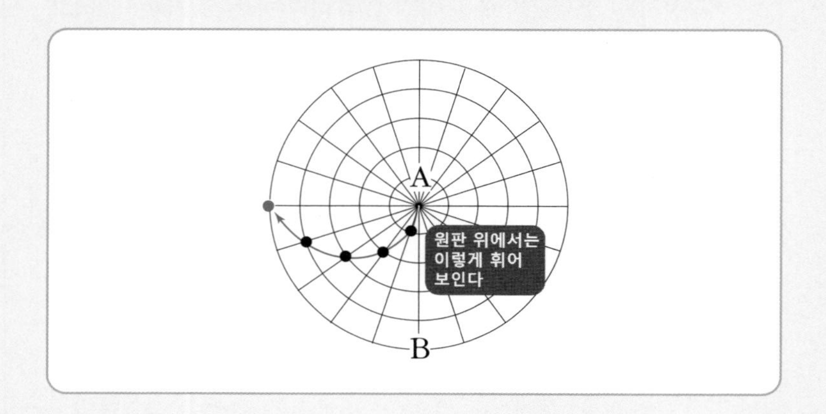

2장

적분

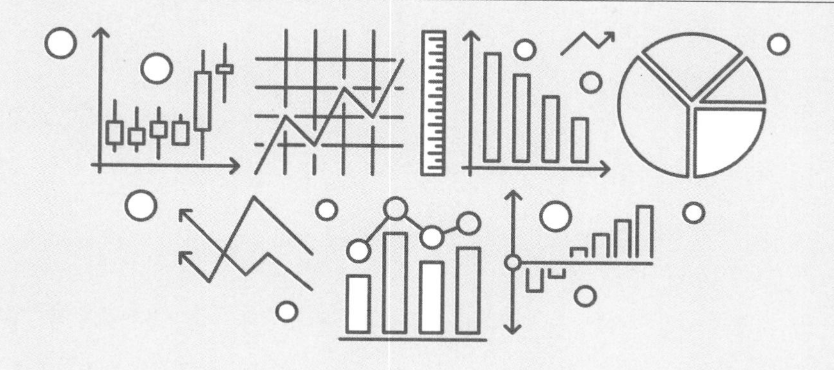

01 _ 미적분의 기본정리

과학사의 대발견

x축 위를 움직이는 어떤 물체의 위치 x가 t의 함수로 주어질 때, 속도 v와 가속도 a는 각각 다음 식으로 나타날 수 있다는 것을 앞에서 배웠다(p. 56).

$$v = \frac{dx}{dt}, \qquad a = \frac{dv}{dt} = \frac{d^2x}{dt^2} \tag{2-1}$$

그림으로 표현하면 다음과 같다.

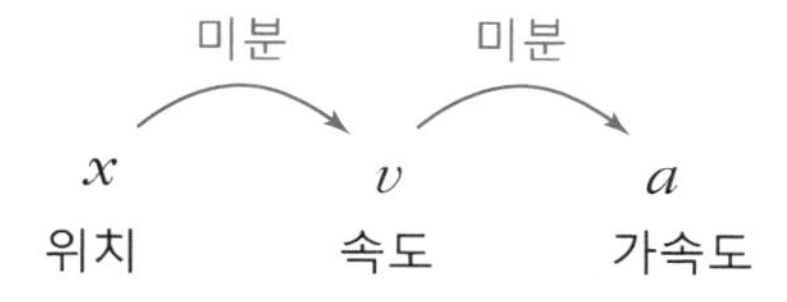

〈그림 2-1〉 위치·속도·가속도의 관계

위치 x가 t의 함수로 주어질 때는 그것을 미분함으로써 속도나 가속도를 구할 수 있다. 하지만 가속도 a를 이미 알고 있는 경우에 가속도로 위치(변위)나 속도를 구하는 방법에 대해서는 아직 다루지 않았다.

실제로 운동방정식(p. 123)에서 얻어지는 것은 가속도 a이므로, 이 가속도로 속도나 위치를 구하는 방법을 알아둘 필요가 있다.

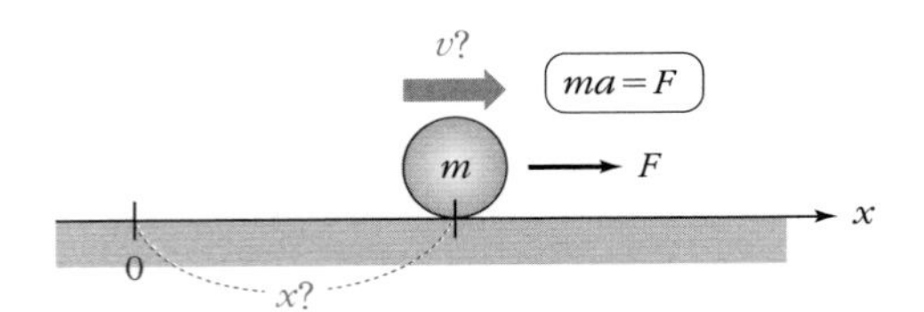

〈그림 2-2〉 가속도로 속도나 위치를 구한다.

제2장에서는 가속도로 속도나 위치를 구하는 방법, 바꿔 말해 도함수에서 원래의 함수를 구하는 방법을 배워보자.

부정적분(원시함수)

함수 $f(x)$가 있을 때 미분하여 $f(x)$가 되는 함수, 즉

$$F'(x) = f(x) \tag{2-2}$$

가 되는 함수 $F(x)$를 $f(x)$의 부정적분 또는 원시함수라고 한다.

그림으로 표현하면

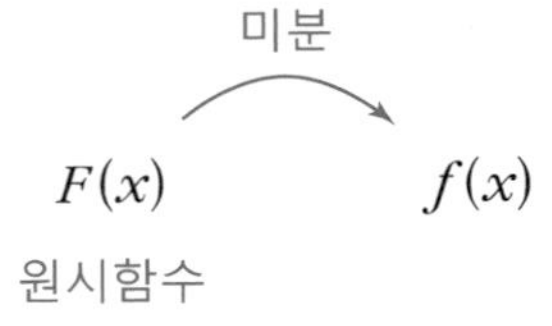

〈그림 2-3〉 원시함수는 미분하여 $f(x)$가 되는 함수

예를 들어

$$F(x) = x^2 \text{일 때,}$$
$$F'(x) = f(x) = 2x$$

이므로 x^2은 $2x$의 원시함수다. 그런데

$$F(x) = x^2 + 1 \Rightarrow F'(x) = f(x) = 2x + 0 = 2x$$
$$F(x) = x^2 + 2 \Rightarrow F'(x) = f(x) = 2x + 0 = 2x$$
$$F(x) = x^2 + 3 \Rightarrow F'(x) = f(x) = 2x + 0 = 2x$$

$(x^n)' = nx^{n-1}$
$(c)' = 0$

x^2뿐만 아니라 x^2+1, x^2+2, x^2+3도 $2x$의 원시함수라는 말이다. 상수는 미분하면 0이 되므로 상수 부분이 뭐든 상관없다.

'부정적분'이라는 말은 어떤 함수의 원시함수는 상수 부분을 하나로 정할 수 없다는 데서 유래했다. 따라서 $F'(x) = f(x)$일 때, **$f(x)$의 부정적분(원시함수)은 임의의 상수 C**를 사용하여

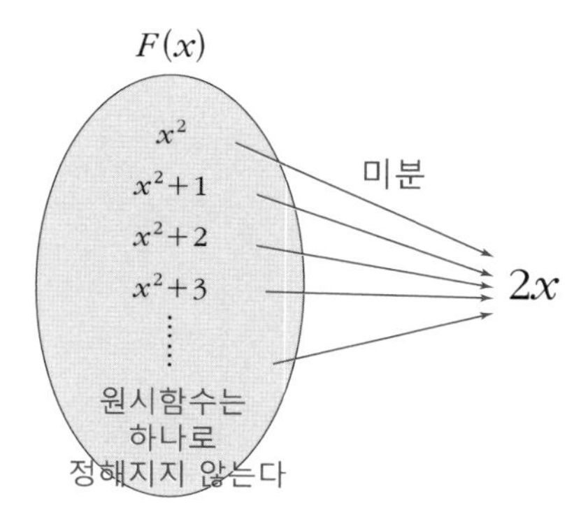

〈그림 2-4〉 미분하여 $2x$가 되는 함수는 많다.

$$F(x)+C \tag{2-3}$$

로 나타낸다. 상수 C를 **적분상수**라고 한다.

> 주 '임의'라는 말은 수학에서 자주 등장하는 단어로, '자유롭게 정해진다'는 의미다.

함수 $f(x)$의 부정적분을 기호로 다음과 같이 쓴다.

$$\int f(x)dx \tag{2-4}$$

(2-4)일 때 $f(x)$를 **피적분함수**, dx의 x를 **적분변수**라고 한다.

> 주 기호 $\int$은 '적분' 또는 '인테그랄'이라고 읽는다.

지금까지 배운 내용을 정리해보자.

부정적분의 정의

$F'(x)=f(x)$일 때,

$$\int f(x)dx=F(x)+C \quad [C\text{는 적분상수}]$$

부정적분에 왜 이런 기호를 사용할까? 또 '적분'이란 어떤 의미일까? 이 내용은 뒤에서 설명할 것이다. 그전에 $f(x)=x^n$의 적분 공식과 부정적분의 성질을 끌어내보자.

양의 정수 n에 대하여

$$F(x)=x^n \quad \Rightarrow \quad F'(x)=nx^{n-1} \tag{2-5}$$

이면 적당한 상수 C_0를 이용하여

$$\int nx^{n-1}dx=x^n+C_0$$

$F'(x)=f(x) \quad \Rightarrow \quad \int f(x)dx=F(x)+C$

$$\Rightarrow \quad n\int x^{n-1}dx=x^n+C_0 \tag{2-6}$$

(2-6)의 양변을 $n(>0)$으로 나누면

$$\int x^{n-1}dx=\frac{1}{n}(x^n+C_0) \tag{2-7}$$

(2-7)의 n에 $n+1$을 대입$(n \to n+1)$하면

$$\int x^{n+1-1}dx=\frac{1}{n+1}(x^{n+1}+C_0)$$

$$\Rightarrow \quad \int x^n dx=\frac{1}{n+1}x^{n+1}+\frac{1}{n+1}C_0 \tag{2-8}$$

(2-8)에서 $\frac{1}{n+1}C_0$를 미리 C로 바꾸면

$$\int x^n dx=\frac{1}{n+1}x^{n+1}+C \tag{2-9}$$

또한 $n=0$일 때

$$\left(\frac{1}{0+1}x^{0+1}\right)'=(x)'=1=x^0$$

$$\Rightarrow \int x^0 dx=\frac{1}{0+1}x^{0+1}+C$$

이므로(아래의 〈주〉 참조), (2-9)는 $n=0$에서도 성립한다. 이상에서 다음 공식을 얻을 수 있다.

함수 x^n의 부정적분

0 이상인 정수 n에 대하여

$$\int x^n dx=\frac{1}{n+1}x^{n+1}+C \quad [C\text{는 적분상수}]$$

주

a^0 이란?

수학 I 에서는 a^n 이라고 썼을 때, 오른쪽 어깨의 작은 숫자(**거듭제곱 지수**)가 양의 정수였다. 그러나 수학 II 이후에서는 거듭제곱 지수에 실수 전체가 적용될 수 있도록 거듭제곱이 '확장'(새롭게 정의)되었다. 그 결과 '$a^0=1$'이라는 식이 만들어졌다(자세한 내용은 3장 p. 334에서 설명한다. 참고로, 우리나라는 중학교 과정에서 처음 지수를 배운다. 이때는 양의 정수인 지수만 다루고, 고등학교 이후 과정에서는 지수가 실수 전체로 확장된다).

예시

$$\int x^n dx = \frac{1}{n+1}x^{n+1} + C$$

$$\int x^2 dx = \frac{1}{2+1}x^{2+1} + C = \frac{1}{3}x^3 + C$$

x^2의 원시함수는 $\frac{1}{3}x^2 + C$로 구해졌다. 이것이 맞는지(미분하면 x^2이 되는지) 확인해보자.

$$\left(\frac{1}{3}x^3 + C\right)' = \frac{1}{3}(x^3)' + (C)' \qquad \{kf(x) + lg(x)\}' = kf'(x) + lg'(x)$$

$$= \frac{1}{3} \cdot 3x^2 + 0 = x^2 \qquad (x^n)' = nx^{n-1},\ (c)' = 0$$

확실히 x^2이 나온다!

부정적분의 성질

(2-6)에서

$$\int nx^{n-1} dx = n \int x^{n-1} dx$$

라고 했는데, 이처럼 변형해도 되는지 확실하게 확인해둘 필요가 있다(너무 늦게 말해서 미안하다). 일반적으로 함수 $f(x)$의 부정적분(원시함수) 하나를 $F(x)$라고 하면,

$$F'(x) = f(x) \tag{2-10}$$

적당한 상수 C_1을 이용해 위 식을 다음과 같이 쓸 수 있다.

$$\int f(x) dx = F(x) + C_1 \tag{2-11}$$

또한 k를 상수로 하면 도함수의 성질(p. 50)에서

$\{kf(x)+lg(x)\}'=kF'(x)+lg'(x)$

$$\{kF(x)\}'=kF'(x)=kf(x) \tag{2-12}$$

이므로 (2-12)에서 적당한 상수 C_2를 이용하여

$$\int kf(x)dx=kF(x)+C_2 \tag{2-13}$$

라고 쓸 수 있다. 여기서

$$kC_1=C_2 \tag{2-14}$$

이도록 **C_1과 C_2를 적당히 정하면** (2-11)과 (2-14)에 따라

$$\int kf(x)dx=kF(x)+C_2=kF(x)+kC_1$$

(2-14)

$$=k\{F(x)+C_1\}=k\int f(x)dx$$

(2-11)

$$\text{따라서} \int kf(x)dx=k\int f(x)dx \tag{2-15}$$

주

(2-14)가 성립하는 C_1과 C_2를 '적당히 정한다'에 거부감을 느끼는 사람이 있을 것이다(그게 당연하다). 하지만 적분상수는 임의의(자유롭게 정해도 되는) 상수이므로 이런 것도 허용된다.

결국 (2-15)는 무수한 부정적분 $\int f(x)dx$의 각각을 k배 하면 $\int kf(x)dx$에 일치한다고 주장하는 것이다. 다음 그림을 보면 이해할 수 있을 것이다.

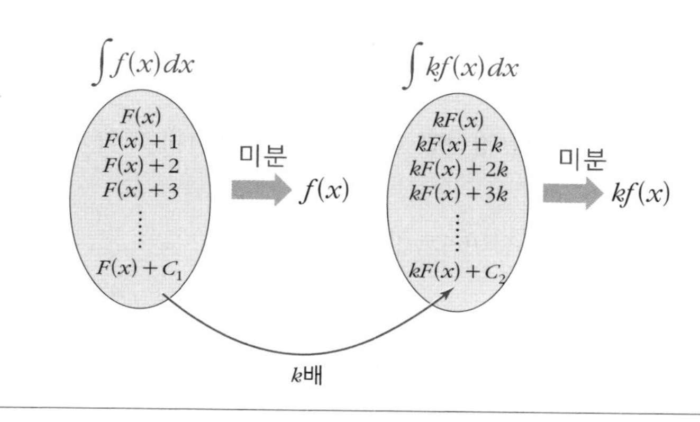

또한 함수 $g(x)$의 부정적분(원시함수) 하나를 $G(x)$라고 하면,

$$G'(x) = g(x) \tag{2-16}$$

적당한 상수 C_3를 이용하면 위 식은

$$\int g(x)dx = G(x) + C_3 \tag{2-17}$$

도함수의 성질에 따르면

$\{kf(x)+lg(x)\}' = kf'(x)+lg'(x)$

$$\{F(x)+G(x)\}' = F'(x)+G'(x) = f(x)+g(x) \tag{2-18}$$

이므로 적당한 상수 C_4를 이용하여

$$\int \{f(x)+g(x)\}dx = F(x)+G(x)+C_4 \qquad (2\text{-}19)$$

여기서 다음 식이 성립하도록

$$C_1 + C_3 = C_4 \qquad (2\text{-}20)$$

C_1, C_3, C_4**를 적당히 정하면** (2-11)과 (2-17)에 따라

$$\begin{aligned}\int \{f(x)+g(x)\}dx &= F(x)+G(x)+C_4 \\ &= F(x)+G(x)+C_1+C_3 \quad \text{(2-20)} \\ &= F(x)+C_1+G(x)+C_3 \\ &= \int f(x)dx + \int g(x)dx \quad \text{(2-11), (2-17)}\end{aligned}$$

따라서

$$\int \{f(x)+g(x)\}dx = \int f(x)dx + \int g(x)dx \qquad (2\text{-}21)$$

(2-15)와 (2-21)은 다음과 같이 정리할 수 있다.

부정적분의 성질

[k, l은 상수]

$$\int \{kf(x)+lg(x)\}dx = k\int f(x)dx + l\int g(x)dx$$

예시 $$\int(3x+5)dx=\int(3x^1+5x^0)dx$$

$1=x^0$

$$=3\int x^1dx+5\int x^0dx$$

$\int\{kf(x)+l\,g(x)\}dx=k\int f(x)dx+l\int g(x)dx$

$$=3\cdot\frac{1}{1+1}x^{1+1}+5\cdot\frac{1}{0+1}x^{0+1}+C$$

$\int x^n dx=\frac{1}{n+1}x^{n+1}+C$

$$=\frac{3}{2}x^2+5x+C$$

부정적분을 두 번 하고 있으므로 적분상수도 두 개가 필요하지 않느냐고 생각하는 사람도 있을지 모르겠다. 하지만 적분상수는 하나면 충분하다. 두 개의 적분상수를 일괄적으로 C라고 쓴다고 생각해도 상관없지만, 다음의 식이 성립하므로

$$\left(\frac{3}{2}x^2+5x+C\right)'=3x+5$$

부정적분의 정의(p. 190)에 따라

$F'(x)=f(x)$일 때
$\int f(x)dx=F(x)+C$

$$\int(3x+5)dx=\frac{3}{2}x^2+5x+C$$

가 완전히 옳다고 이해하는 것도 중요하다.

적분이란?

'미분'은 '**잘게**(세세하게) **나눈다**'는 의미이며, '적분'은 '**나눈 것을 쌓아올린다**'는 의미다.

'적분'은 영어로 '인터그레이션(intergration)'이라고 읽는다. '인터그레이트(integrate)'가 '통합하다', '모으다' 등의 의미를 지닌 것에서 알 수 있듯이 적분의 본질은 잘게 나눈 것을 모아서 쌓아올리

는(더하는) 데 있다.

적분의 역사가 언제부터 시작되었는지 아는가? 보통 '미적'이나 '미적분'이라고 하며, 고등학교에서도 '미분 → 적분' 순서로 배우기 때문에 막연히 미분이 먼저 생겨난 다음에 적분이 나왔다고 생각하는 사람이 많을 것이다.

그러나 **실제로는 적분의 역사가 훨씬 더 길다.**

미분이 태어난 시기는 12세기다. 당시를 대표하는 수학자인 인도의 **바스카라 2세**(1114~1185)는 자신의 책에서 미분계수(p. 34)나 도함수(p. 42)로 이어지는 개념을 소개하였다.

반면, 적분은 무려 **기원전 1800년 무렵으로 거슬러올라가야 그 발단을 찾을 수 있다.** 적분이 이토록 빨리 생겨난 이유는 한마디로 **면적을 구하기 위해서**였다. 예를 들어 유산으로 상속받은 토지를 형제가 평등하게 나눠가질 경우, 토지의 경계선이 꼭 직선일 수는 없기에 곡선으로 둘러싸인 토지의 면적을 정확히 계산하는 기술이 필요했을 것이다. 또한 논이나 밭에 조세를 합리적으로 부과하기 위해서도 이런 계산이 필요하였다.

그래서 만들어진 것이 적분이다. 적분이라는 것은 오랫동안 면적을 구하는 수법을 가리키는 말이었다.

자, 〈그림 2-5〉의 왼쪽 그림과 같이 곡선 $y=f(x)$와 $x=a$와 $x=b$ 그리고 x축으로 둘러싸인 면적 S를 생각해보자.

〈그림 2-5〉의 오른쪽 그림을 보면 S가 네 개의 직사각형으로 나누어져 있다(너비가 같을 필요는 없다). 각 직사각형의 x축 위의 정점은

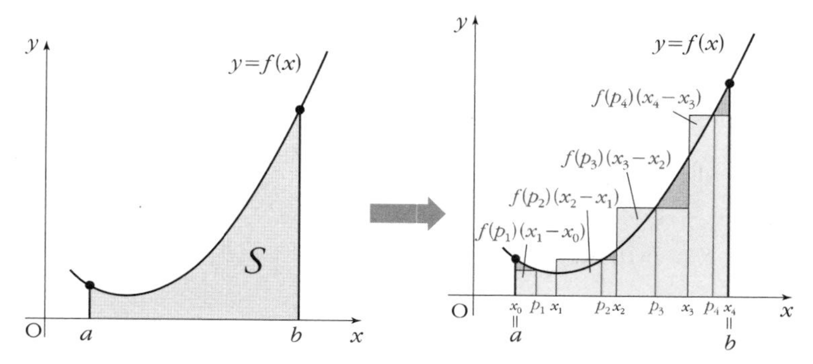

〈그림 2-5〉 면적 S를 네 개의 직사각형으로 나눈다.

$$\alpha = x_0 < x_1 < x_2 < x_3 < x_4 = b \qquad (2\text{-}22)$$

라고 한다. 맨 왼쪽 직사각형은

$$x_0 \leq p_1 \leq x_1 \qquad (2\text{-}23)$$

을 만족하는 p_1에 대해 높이가 $f(p_1)$이다.

맨 왼쪽 직사각형의 너비는 $(x_1 - x_0)$이므로

맨 왼쪽 직사각형 면적 : $f(p_1)(x_1 - x_0)$

(2-23)과 마찬가지로 p_2, p_3, p_4는

$$x_1 \leq p_2 \leq x_2, \;\; x_2 \leq p_3 \leq x_3, \;\; x_3 \leq p_4 \leq x_4 \qquad (2\text{-}24)$$

를 만족하는 값으로, 다음과 같이 쓸 수 있다.

왼쪽에서 두 번째 직사각형 면적 : $f(p_2)(x_2 - x_1)$

왼쪽에서 세 번째 직사각형 면적 : $f(p_3)(x_3 - x_2)$

왼쪽에서 네 번째 직사각형 면적 : $f(p_4)(p_4 - x_3)$

S와 네 직사각형 면적의 합은 거의 같다고 생각할 수 있으므로

$$S \fallingdotseq f(p_1)(x_1 - x_0) + f(p_2)(x_2 - x_1) + f(p_3)(x_3 - x_2) + f(p_4)(x_4 - x_3) \qquad (2\text{-}25)$$

> **주** (2-23)이나 (2-24)를 만족하는 값이라면 p_1, p_2, p_3, p_4가 어떤 값이든 (2-25)가 성립한다는 것에 주의한다. 즉 p_1, p_2, p_3, p_4는 (2-23)이나 (2-24)의 범위에 있는 임의의(자유롭게 정할 수 있는) 값이다.

〈그림 2-5〉에서는 S를 네 개로 나누었는데, 아마 직감적으로 직사각형의 수가 많으면 많을수록 S와 직사각형 면적의 합의 오차는 작아진다는 사실을 깨달았을 것이다. 즉

$$a = x_0 < x_1 < x_2 < x_3 < \cdots < x_n = b \qquad (2\text{-}26)$$

를 만족하는 x_0, x_1, x_2, x_3, $\cdots$, x_n이 직사각형의 x축 위의 정점일 n개의 직사각형에 대해

$$x_{i-1} \leq p_i \leq x_i \quad (i = 1, 2, 3, \cdots, n) \qquad (2\text{-}27)$$

를 만족하는 임의의 p_1, p_2, p_3, $\cdots$, p_n을 생각하면, n개의 직사각각

형 면적의 합 $n \to \infty$일 때의 극한이 S라는 것이다. 식으로 쓰면

$$S = \lim_{n \to \infty} \{f(p_1)(x_1 - x_0) + f(p_2)(x_2 - x_1) + f(p_3)(x_3 - x_2) + \cdots + f(p_n)(x_n - x_{n-1})\} \quad (2\text{-}28)$$

(2-28)과 같이 면적을 정식으로 계산할 수 있게 된 것은 극히 최근인 19세기다. 하지만 인류는 필요에 의해 함수나 극한 등의 개념이 생겨나기 훨씬 전부터 (2-28)과 같은 아이디어를 내어 곡선으로 둘러싸인 도형의 면적을 계산하고 있었다.

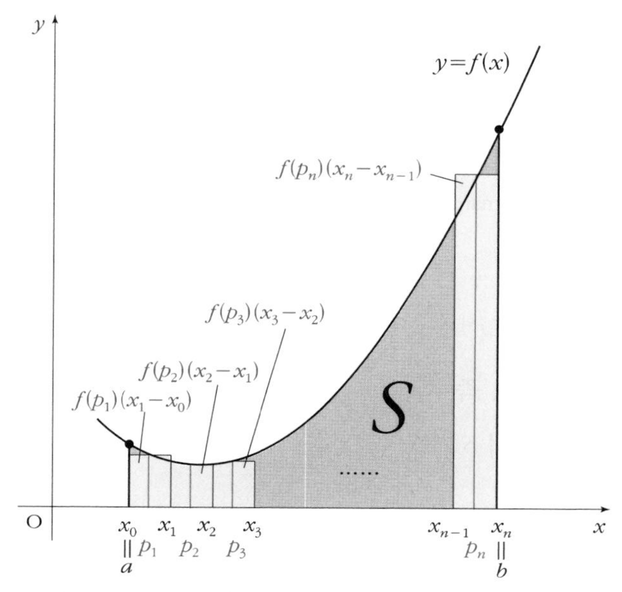

〈그림 2-6〉 면적 S를 n개의 직사각형으로 나눈다.

주

사실 (2-28)의 우변의 극한이 정말로 수렴하는(일정한 값에 한없이 가까워지는) 것과, 그 극한값이 직사각형을 만드는 방법으로 구해진 게 아니라는 것을 엄밀히 증명하기는 어려우므로 대학 수준 이상의 고급 수학이 필요하다.

함수 $f(x)$가 $a \leq x \leq b$에서 연속일 때 (2-26)과 (2-27)을 만족하는 x_k와 p_i에 대하여($k=0, 1, 2, 3, \cdots, n$, $i=1, 2, 3, \cdots, n$) 식 (2-28)이 성립하는 것을 처음으로 엄밀하게 증명한 사람은 19세기를 대표하는 수학자 가운데 한 명인 베른하르트 리만(1826~1866)이었다.

그의 공적을 기려 (2-28)을 '**리만 적분의 기본정리**'라고 한다. 그리고 (2-28)의 우변 중 { } 안의 내용, 즉

$$f(p_1)(x_1-x_0)+f(p_2)(x_2-x_1)+f(p_3)(x_3-x_2)+\cdots+f(p_n)(x_n-x_{n-1})$$

을 '**리만 합**(Riemann sum)'이라고 한다.

정적분의 정의

(2-28)의 좌변, 즉 곡선 $y=f(x)$와 $x=a$와 $x=b$ 그리고 x축에 둘러싸인 면적 S(〈그림 2-7〉)를

$$\int_a^b f(x)dx$$

라고 쓰고, 이것을 $f(x)$의 a에서 b까지의 정적분이라고 한다.

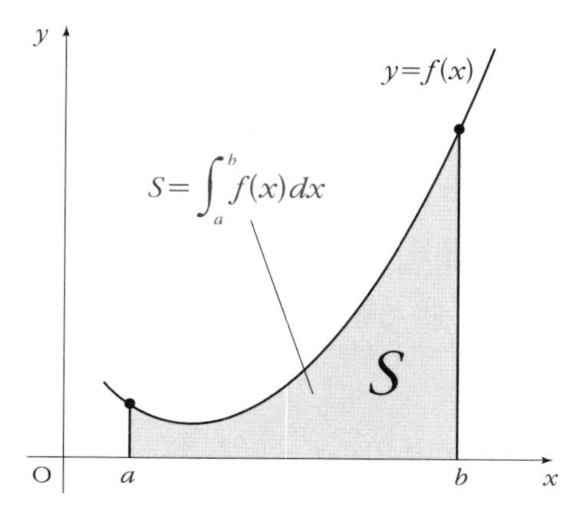

〈그림 2-7〉 정적분의 정의

(2-28)에 대입하면

$$\int_a^b f(x)dx = \lim_{n\to\infty}\{f(p_1)(x_1-x_0)+f(p_2)(x_2-x_1)$$
$$+f(p_3)(x_3-x_2)+\cdots+f(p_n)(x_n-x_{n-1})\} \quad (2\text{-}29)$$

> **주**
> 대학 수준 이상에서는 $\int_a^b f(x)dx$를 '**리만 적분**'이라고도 한다.

차를 나타내는 $\varDelta$(델타)를 이용하여

$$(x_1-x_0)=\varDelta x_1,\ (x_2-x_1)=\varDelta x_2,\ (x_3-x_2)=\varDelta x_3,$$

$$\cdots,\ (x_n - x_{n-1}) = \Delta x_n$$

이라고 하면 (2-29)는 이렇게 바뀐다.

$$\int_a^b f(x)dx = \lim_{n\to\infty}\{f(p_1)\Delta x_1 + f(p_2)\Delta x_2 + f(p_3)\Delta x_3 + \cdots + f(p_n)\Delta x_n\} \qquad (2\text{-}30)$$

(2-30)의 우변은 $f(p_i)\Delta x_i (i = 1, 2, 3, \cdots, n)$의 합이다. '합'은 영어로 '섬(sum)'이므로 (2-30)의 우변을

$$\int_a^b f(x)dx = \lim_{n\to\infty}\{\text{Sum of } f(p_i)\Delta x_i\}$$

라고 쓰기로 하자. 이렇게 하면 정적분을 표시하는 기호는 *Sum*의 *S*를 아래위로 늘린 $\int$ (인테그랄)이고, $n\to\infty$일 때의 극한을 $f(p_i) \to f(x)$, $\Delta x_i \to dx$로 나타낸 기호임을 알 수 있다.

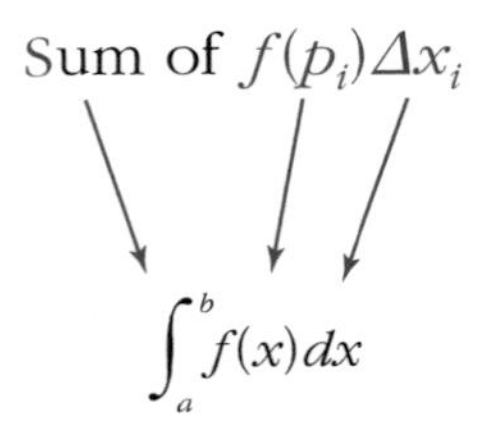

아무튼 $\int_a^b f(x)dx$라는 기호로 표시된 정적분은 〈그림 2-7〉의 면적을 나타내며, 미분과 상관없이 정의되었음을 이해하기 바란다.

한편, 이 장의 앞부분에서 설명한 부정적분 $\int f(x)dx$는 미분했을 때 $f(x)$가 되는 원시함수를 나타내는 기호였다. 어떤 연산(계산)에 의해 얻어진 결과를 원래대로 되돌리는 연산을 역연산이라고 하므로, 부정적분을 구하는 계산은 **미분의 역연산**이다.

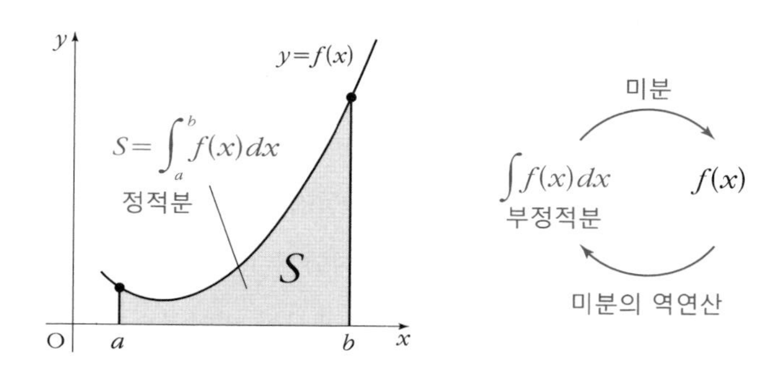

이렇게 나란히 놓고 보면 '엇? 정적분과 부정적분은 (기호도, 이름도 비슷하지만) 완전 별개인가?' 하는 사람도 있을 것이다. 그렇다. 애초에 면적을 구하는 계산과 접선의 기울기나 도함수를 구하는 계산(및 그것의 역연산=원시함수를 구하는 계산)은 전혀 관련성이 없다고 여겨졌었다.

그러나 17세기 후반에 나타난 두 명의 천재, 뉴턴과 라이프니츠는 $f(x)$의 원시함수를 $F(x)$라 할 때 $f(x)$의 a에서 b까지의 정적분(면적)은 $F(b)-F(a)$와 같다는 것을 (각각 독자적으로) 발견했다! 그야말로 과학사에 찬란히 빛나는 대발견이었다. 이것을 미적분학의 기본정리(fundamental theorem of calculus)라고 한다.

주 '캘큘러스(calculus)'의 어원은 (계산용의) 작은 돌을 의미하는 라틴어로, 고도로 계통이 세워진 계산법 전반을 의미한다. 보통은 '미적분학'을 가리키는 경우가 많다.

앞에서 이야기했듯이 '$\int$'라는 기호나 '적분'이라는 말은 면적을 구하는 계산 방법에서 유래하였다. 그러다가 원시함수를 나타내는 말이나 기호로도 사용하게 되었는데, 그 이유는 미적분학의 기본정리에 의해 어떤 함수의 그래프가 둘러싼 면적과 미분의 역연산 사이에 밀접한 관계가 있음이 발견되었기 때문이다.

미적분학의 기본정리에 의해 면적 계산이 비약적으로 간단해졌을 뿐만 아니라 인류는 미분방정식을 푸는 방법도 얻었다(미분방정식에 대해서는 3장에서 자세히 이야기한다). 그 순간 인류는 진실로 통하는 가장 중요한 문을 열어젖혔다고 해도 지나친 말이 아니다.

드디어 이번 세기의 대발견을 증명하는 시간이다… 라고 말하고 싶지만, 그전에 한 가지 더 중요한 정리를 배워보자. 바로 '**평균값 정리**'다.

평균값 정리

함수 $f(x)=x^2$에서, x가 0에서 $a(>0)$까지 변화할 때의 평균 변화율(p. 30)은 다음과 같다.

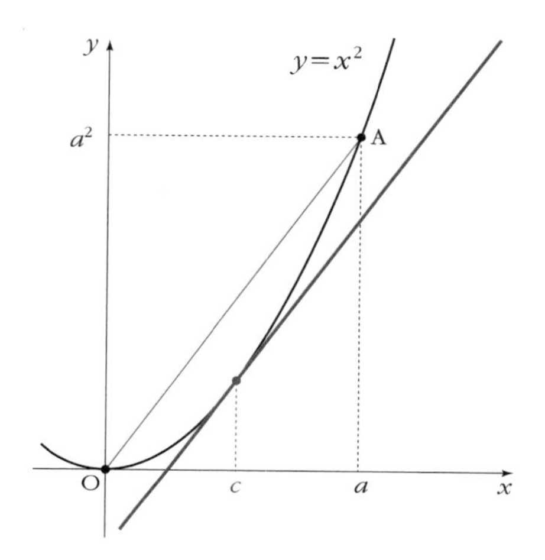

〈그림 2-8〉 OA와 평행인 접선을 O와 A 사이에 그을 수 있다.

$$\frac{f(a)-f(0)}{a-0}=\frac{a^2-0}{a}=a \qquad (2\text{-}31)$$

$y=f(x)$에서 x가 a에서 b까지 변화할 때,

$$\text{평균변화율}=\frac{f(b)-f(a)}{b-a}$$

(2-31)은 〈그림 2-8〉에서 OA의 기울기를 나타낸다. 한편,

$$f(x)=x^2 \ \Rightarrow \ f'(x)=2x$$

$(x^n)'=nx^{n-1}$

이므로 $f(x)=x^2$의 $x=c$에서의 미분계수 $f'(c)$가 (2-31)의 평균변화율과 같을 때, 즉 $x=c$에서 접선의 기울기가 OA의 기울기와 같을 때

$$f'(c) = a \;\Rightarrow\; 2c = a \;\Rightarrow\; c = \frac{a}{2} \tag{2-32}$$

이다. $0 < a$이므로

$$0 < \frac{a}{2} < a \tag{2-33}$$

따라서 (2-31)~(2-33)에서 **다음 조건을 만족하는 c가 존재한다**는 것을 알 수 있다.

$$\frac{f(a) - f(0)}{a - 0} = f'(c) \quad (0 < c < a)$$

이 정리를 일반화한 것이 '평균값 정리'다.

평균값 정리

함수 $y = f(x)$ 그래프가 $a \leq x \leq b$ 구간에서 매끄럽게 이어져 있을 때,

$$\boldsymbol{\frac{f(b) - f(a)}{b - a} = f'(c)} \quad (a < c < b)$$

를 만족하는 실수 c가 존재한다.

평균값 정리란 바꿔 말해서 $y = f(x)$ 그래프 위에 임의의 두 점 A$(a, f(a))$, B$(b, f(b))$를 찍으면 선분 AB와 평행인 접선을 그을 수 있는 접점 C$(c, f(c))$**가 두 점 A, B 사이에 반드시 존재한다는**

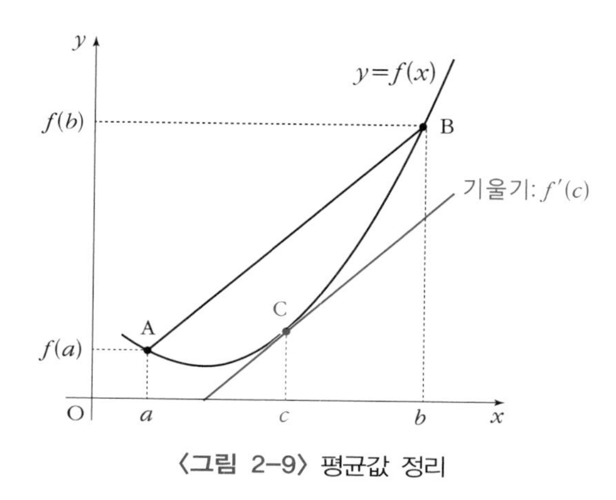

〈그림 2-9〉 평균값 정리

것을 보증하는 정리다.

솔직히 나는 이 정리를 처음 알았을 때, '아무리 존재한다는 것이 보증된다 해도 그 접점이 어디에 있는지 알지 못하는 한 그다지 쓸모없는 게 아닐까?'라고 생각했었다. 순진했던 건지, 멍청했던 건지…. '반드시 존재한다'라고 말할 수 있는 것은 아주 큰 의미를 갖는다.

평균값 정리를 설명한 다음에 제시하는 미적분학의 기본정리의 증명도 그것의 한 가지 예다.

평균값 정리의 전제조건(함수의 연속과 미분 가능)

평균값 정리가 성립하려면 **그래프가 매끄럽게 이어져 있는 것이 전제조건임을 잊지 말자.** 〈그림 2-10〉과 같이 그래프가 도중에 끊기거나, 도중에 뾰족해지면 평균값 정리는 성립하지 않는다.

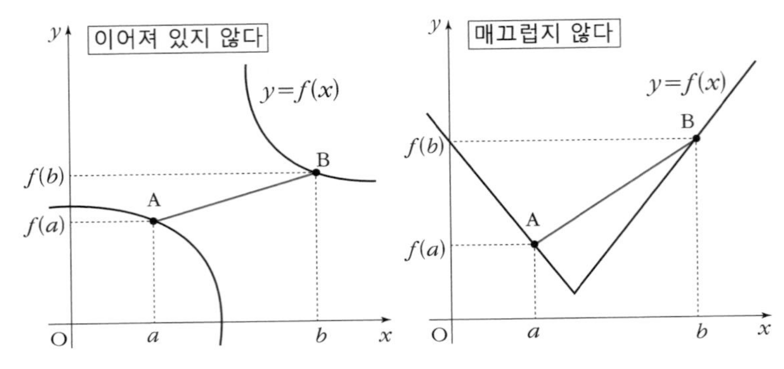

〈그림 2-10〉 AB와 평행인 접선이 A와 B 사이에 존재하지 않는다.

그런데 '그래프가 매끄럽게 이어져 있다'는 말은 (내가 생각해도) 애매모호하게 들린다. 일상적인 언어로 이미지를 부풀리는 것은 결코 잘못된 일은 아니지만 '일상적인 언어'에는 인식의 차이에 따른 오해가 생겨나기 쉬운 것도 사실이다. 이 같은 오해를 막기 위해서라도 평균값 정리가 성립하기 위한 조건을 좀 더 정확한 단어(수학적인 언어)를 사용해 정의해보자. 예를 들어

$$f(x) = \begin{cases} x+1 & [x \neq 1] \\ 1 & [x = 1] \end{cases} \tag{2-34}$$

로 정의되는 함수 $y = f(x)$ 그래프가 $x = 1$에서 끊어져 있는 것은 그래프를 보면 일목요연하다(〈그림 2-11〉).

〈그림 2-11〉에서 x를 한없이 1에 가까워지게 하면 $f(x)$는 한없이 2에 가까워지므로

$$\lim_{x \to 1} f(x) = 2$$

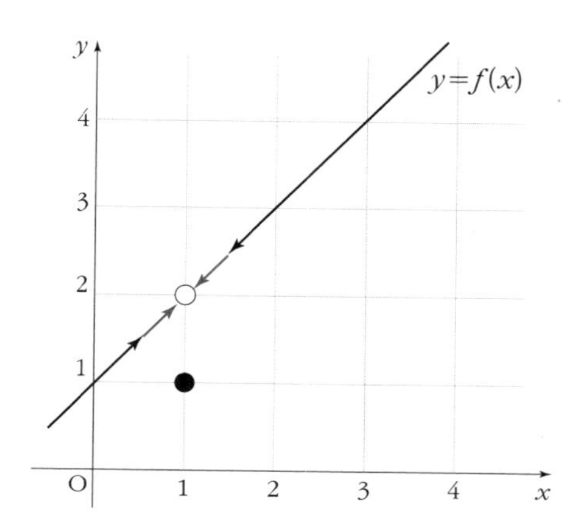

〈그림 2-11〉 그래프가 x=1에서 끊어져 있다.

x가 딱 1일 때 $f(x)$는 1이므로

$$f(1)=1$$

따라서 $\lim_{x \to 1} f(x) \neq f(1)$ $[2 \neq 1]$

한편, (2-34)에서 정의되는 함수 $y=f(x)$ 그래프는 $x=2$에서 이어져 있다(〈그림 2-12〉).

이번에는 x를 한없이 2에 가까워지게 하면 $f(x)$는 한없이 3에 가까워지므로

$$\lim_{x \to 2} f(x)=3$$

또한 x가 딱 2일 때 $f(x)$는 3이므로

$$f(2)=3$$

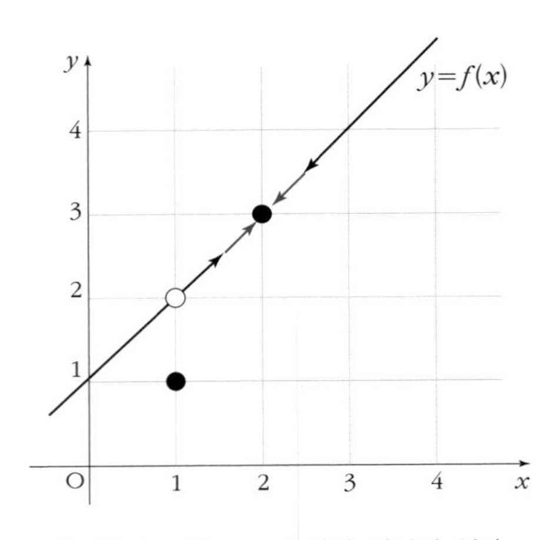

〈그림 2-12〉 $x=2$에서 이어져 있다.

따라서 $\lim_{x \to 2} f(x) = f(2)$

일반적으로 x가 한없이 하나의 값 a에 가까워질 때 $f(x)$ 역시 한없이 $f(a)$에 가까워진다면, **$f(x)$는 $x=a$에서 연속**이라고 말한다. 즉

$$\lim_{x \to a} f(x) = f(a) \tag{2-35}$$

라면, $f(x)$는 $x=a$에서 연속이다.

또한 $f(x)$가 어떤 구간의 각 점(어떤 구간 내의 모든 점)에서 연속일 때 함수 $f(x)$는 **그 구간에서 연속**이라고 말한다. 그리고 **정의역 전체에서 연속인 함수**는 **연속함수**라고 말한다. 단, 함수 $f(x)$가 $x=a$에서 연속이라고 해도 $f(x)$ 그래프가 반드시 매끄럽게 이어져 있지는 않다. 실제로,

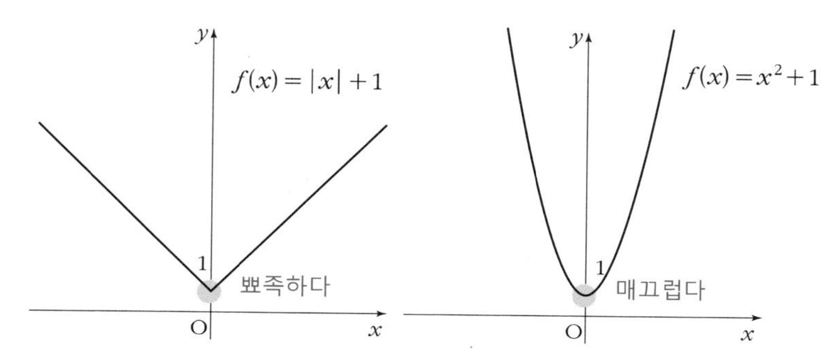

〈그림 2-13〉 접선을 그을 수 있는 경우, 그을 수 없는 경우

$$f(x) = |x| + 1$$

일 때 $f(x)$는 연속함수(정의역 전체에서 연속)이지만, $x = 0$에서는 그래프가 뾰족하게 나와 있다(〈그림 2-13〉 왼쪽). 한편

$$f(x) = x^2 + 1$$

일 때 $f(x)$는 연속함수(정의역 전체에서 연속)이며, 더욱이 $x = 0$에서 그래프는 매끄럽게 이어져 있다(〈그림 2-13〉 오른쪽). 이 차이는 연속이냐, 아니냐 하는 기준으로는 판단할 수 없다.

그래프가 매끄럽게 이어져 있는지, 어떤지는 접선을 그을 수 있는지, 없는지로 판단한다…. 이렇게 말하면 '어? $f(x) = |x| + 1$에서 $x = 0$일 때 점이 뾰족하긴 하나 접선은 그을 수 있잖아. 그것도 두 개나!'라고 생각하는 사람도 당연히 있을 것이다.

거꾸로 설명하면 이 말은 '$f(x) = |x| + 1$에서 $x = 0$인 점에서는 접선을 하나로 정할 수 없다'는 것을 의미한다. 수학에서는 일반

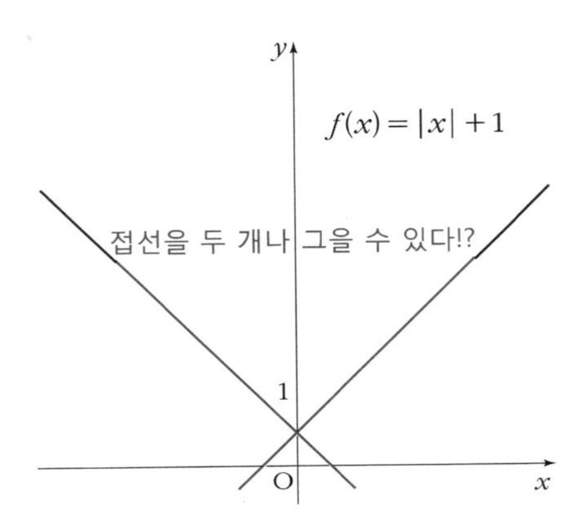

〈그림 2-14〉 뾰족한 점에서도 접선은 그을 수 있다?!

적으로 '**정할 수 없는 것은 존재하지 않는다**'라고 생각하는 일이 아주 많다.

> **주** 수학 Ⅰ(우리나라의 경우 미적분 Ⅰ이나 수학 Ⅱ)에서
>
> $$f(x) = x^2 \quad (0 \le x < 1)$$
>
> 일 때 최댓값은 존재하지 않는다고 배웠을 것이다. x를 1에 가까이 하면 가까이하는 만큼 $f(x)$도 1에 가까워지므로 1의 바로 가까이에 최댓값이 있다는 것은 알 수 있지만, 그 값을 0.99나 0.9999 등으로 정할 수는 없기 때문이다. '정할 수 없는 것은 존재하지 않는다'라고 생각하는 점에서는 이것도 마찬가지다.

따라서 '**$f(x) = |x| + 1$에서 $x = 0$인 점에서는 접선이 존재하지 않는다**'라고 생각하는 것이다. 반대로 '$f(x) = x^2 + 1$에서 $x = 0$인

점에서는 접선을 하나로 정할 수 있으므로 '**$f(x)=x^2+1$에서 $x=0$인 점에서는 접선이 존재한다**'라고 말할 수 있다. 함수 $f(x)$가 $x=a$에서 접선을 그을(정할) 수 있다는 것은 (접선의 기울기를 나타내는) 미분계수 $f'(a)$가 존재하는(하나의 값으로 정해지는) 것이다. 이때 미분계수 $f'(a)$의 정의식(p. 34)

$$f'(a)=\lim_{h\to 0}\frac{f(a+h)-f(a)}{h}$$

의 우변은 하나의 값으로 정해진다. 그리고 **$f'(a)$가 존재할 때 $f(x)$는 $x=a$에서 미분 가능하다**고 말한다. $f(x)$가 어떤 구간의 각 점(어떤 구간 내의 모든 점)에서 미분 가능할 때, 즉 어떤 구간에서

$$f'(x)=\lim_{h\to 0}\frac{f(x+h)-f(x)}{h}$$

로 정할 수 있는 도함수 $f'(x)$가 존재할 때 함수 $f(x)$는 그 구간에서 미분 가능하다고 말한다. 그리고 **정의역 전체에서 미분 가능한 함수**를 미분가능함수라 한다.

지금까지 설명한 내용을 정리해보자.

함수의 연속과 미분 가능

$\lim_{x\to a} f(x)=f(a)$ ⇒ $f(x)$는 $x=a$에서 **연속**

$f'(a)$가 존재한다 ⇒ $f(x)$는 $x=a$에서 **미분 가능**

주

$f(x)$가 $x=a$에서 미분 가능할 때 $f(x)$는 $x=a$에서 연속이지만 반대는 성립하지 않는다.

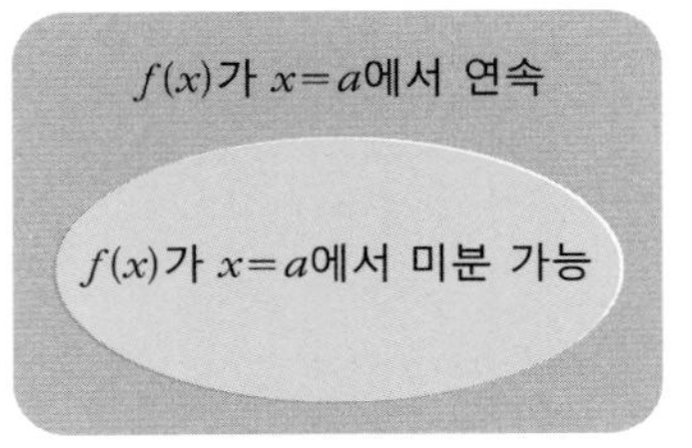

결국 함수 $f(x)$가 어떤 구간에서 연속이라는 말은 그 구간에서 그래프가 이어져 있다는 것을, 또한 함수(x)가 어떤 구간에서 미분 가능하다는 말은 그 구간의 각 점에서 접선을 그을 수 있다는 것을 의미한다. 따라서 함수 $f(x)$에 대하여 **어떤 구간에서 평균값 정리가 성립하는 조건**(그래프가 매끄럽게 이어져 있다는 것)은 그 구간에서 $f(x)$가 미분 가능하다는 것이다.

주

좀 더 엄밀하게 말하면 '$f(x)$가 $a \le x \le b$인 구간에서 연속하고 $a < x < b$인 구간에서 미분 가능'하다는 것이 $a \le x \le b$인 구간에서 평균값 정리가 성립하는 조건이다. 평균값 정리에서 함수 $f(x)$는 구간 양 끝의 $x=a$나 $x=b$에서는 미분 가능할 필요가 없고, 연속이기만 하면 된다.

또한 고등학교 수학에서는 '평균값 정리'의 엄밀한 증명은 배우지 않는다. 대학 수학 수준까지 도달하면 실수의 연속성과 같은 값인 '데데킨트의 정리'라 불리는 것에서 시작하여,

중간값의 정리 → 최댓값의 정리 → 롤의 정리 → 평균값 정리

로 논리를 쌓아올림으로써 마침내 평균값 정리의 엄밀한 증명을 얻을 수 있다(이 책에서는 생략한다).

미적분학의 기본정리

'$f(x)$의 부정적분(원시함수) 하나를 $F(x)$라 할 때, $f(x)$의 a에서 b까지의 정적분(면적)은 $F(b)-F(a)$와 같다(p. 205)'라는 미적분학의 기본정리는 원시함수 $F(x)$에 평균값 정리를 이용함으로써 다음과 같이 증명할 수 있다.

■ 증명

$a \leq x \leq b$인 구간에서 $f(x)$가 연속일 때, $y=f(x)$와 $x=a$와 $x=b$, 그리고 x축으로 둘러싸인 면적을 S라고 하자. 그러면 201쪽의 식 (2-28)이 성립한다.

$$S = \lim_{n\to\infty}\{f(p_1)(x_1-x_0)+f(p_2)(x_2-x_1)+f(p_3)(x_3-x_2) + \cdots + f(p_n)(x_n-x_{n-1})\} \qquad (2\text{-}28)$$

다만 x_0, x_1, x_2, x_3, $\cdots$, x_n은 다음의 관계가 있다.

$$a = x_0 < x_1 < x_2 < x_3 < \cdots < x_n = b \qquad (2\text{-}26)$$

이때 $p_i (i = 1, 2, 3, \cdots, n)$는 자유롭게 정할 수 있는데, (2-27)을 만족하는 값이면 된다.

$$x_{i-1} \leq p_i \leq x_i \;\; (i = 1, 2, 3, \cdots, n) \qquad (2\text{-}27)$$

여기서 $f(x)$의 부정적분(원시함수) 하나인 $F(x)$에 대하여

$$\frac{F(x_i) - F(x_{i-1})}{x_i - x_{i-1}} = F'(p_i),\; x_{i-1} \leq p_i \leq x_i \qquad (2\text{-}36)$$

가 성립하도록 p_i를 정하기로 하면… 이것만 보면 '아무리 자유롭게 정해도 된다지만 그런 p_i가 언제나 있다고는 할 수 없잖아요!' 라고 딴지를 걸고 싶은 사람이 적지 않을 것이다. 하지만 (이미 알아차렸겠지만) **(2-36)을 만족하는 p_i의 존재는 앞에서 설명한 '평균값 정리'가 보증해준다!**

'아니, 잠깐! 평균값 정리가 성립하려면 미분 가능한(그래프가 매끄럽게 이어져 있는) 것이 전제조건이었잖아요? $y = F(x)$ 그래프는 매끄럽게 이어져 있지 않을지도 모르니 (2-36)을 만족하는 p_i의 존재는 역시 보증할 수 없는 것 아닌가요?' 이렇게 생각했다면 여러분은 지금까지 내가 한 이야기를 제대로 이해하였다. 하지만 그런 걱정도 다음과 같이 생각하면 해소된다.

$a \le x \le b$의 구간에서 $f(x)$는 연속이며, $F(x)$는 $f(x)$의 원시함수이므로

$$F'(x) = f(x)$$

이다. 이것은

$$F'(x) = \lim_{h \to 0} \frac{F(x+h) - F(x)}{h}$$

의 우변의 극한이 ($f(x)$의 값으로서) 존재한다는 것을 보여준다. $F'(x)$가 존재하는 구간에서는 $y = F(x)$가 미분 가능하고 평균값 정리가 성립되었다(p. 216).

다시 증명 이야기로 돌아가자. (2-36)에 따르면

$$F(x_i) - F(x_{i-1}) = F'(p_i)(x_i - x_{i-1})$$
$$\Rightarrow \quad F(x_i) - F(x_{i-1}) = f(p_i)(x_i - x_{i-1}) \qquad (2\text{-}37)$$

(2-37)에 따르면

$$f(p_1)(x_1 - x_0) = F(x_1) - F(x_0)$$
$$f(p_2)(x_2 - x_1) = F(x_2) - F(x_1)$$
$$f(p_3)(x_3 - x_2) = F(x_3) - F(x_2)$$
$$\cdots$$
$$f(p_n)(x_n - x_{n-1}) = F(x_n) - F(x_{n-1})$$

이것들을 (2-28)에 대입하면 다음과 같다.

$$S=\lim_{n\to\infty}\{f(p_1)(x_1-x_0)+f(p_2)(x_2-x_1)+f(p_3)(x_3-x_2)$$
$$+\cdots+f(p_n)(x_n-x_{n-1})\}$$
$$=\lim_{n\to\infty}\{\cancel{F(x_1)}-F(x_0)+\cancel{F(x_2)}-\cancel{F(x_1)}+\cancel{F(x_3)}-\cancel{F(x_2)}$$
$$+\cdots+F(x_n)-\cancel{F(x_{n-1})}\}$$

풀이하면 차례로 소거되어 맨 처음과 맨 끝만 남는다. 따라서

$$S=\lim_{n\to\infty}\{F(x_n)-F(x_0)\} \tag{2-38}$$

이다. (2-26)에 따르면

$$x_n=b,\ x_0=a$$

이므로 (2-36)은

$$S=\lim_{n\to\infty}\{F(b)-F(a)\} \tag{2-39}$$

로 바꿔쓸 수 있다. 여기서 (2-38)의 우변의 { }는 n의 대소에 관계없는 값이므로

$$\lim_{n\to\infty}\{F(b)-F(a)\}=F(b)-F(a)$$

또한 (2-38)의 좌변에 있는 S는 〈그림 2-7〉(p. 203)의 면적이었다. 이것을 다음과 같이 나타내고,

$$S=\int_a^b f(x)dx$$

우변을 '$f(x)$의 a에서 b까지의 정적분'이라고 말한다고 했다.

(2-39)를 정적분의 기호를 사용해 다시 쓰면

$$\int_a^b f(x)dx = F(b) - F(a)$$

이다. 따라서 '$f(x)$의 부정적분 하나를 $F(x)$라 할 때, $f(x)$의 a에서 b까지의 정적분은 $F(b) - F(a)$와 같다'는 것이 증명되었다.

(증명 끝)

미적분학의 기본정리

$a \leq x \leq b$인 구간에서 $f(x)$가 연속일 때 $f(x)$의 부정적분(원시함수) 하나를 $F(x)$라고 하면 다음 식이 성립한다.

$$\int_a^b f(x)dx = F(b) - F(a)$$

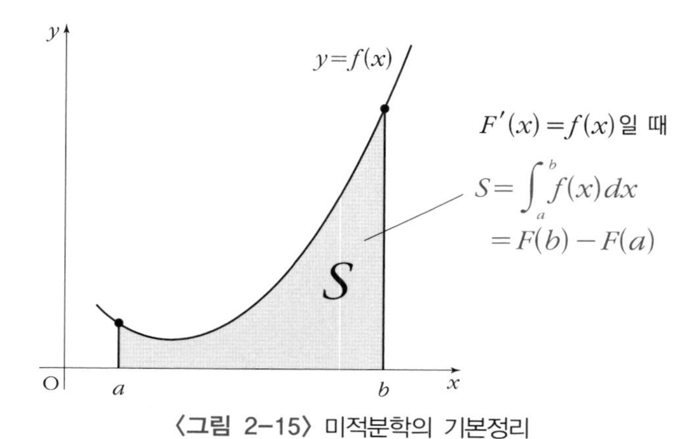

〈그림 2-15〉 미적분학의 기본정리

주

$F(b)-F(a)$는 $\Big[F(x)\Big]_a^b$라고 쓰기도 한다.

$$\int_a^b f(x)dx = \Big[F(x)\Big]_a^b = F(b)-F(a)$$

예시 $y=x+1$과 $x=1$과 $x=4$, 그리고 x축으로 둘러싸인 면적 S를 구해보자.

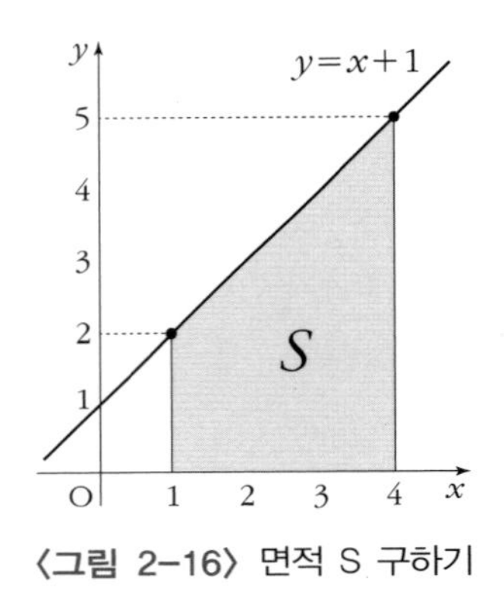

〈그림 2-16〉 면적 S 구하기

사다리꼴이므로 미적분학의 기본정리 등을 몰라도 계산할 수 있다.

사다리꼴의 면적 = (윗변 + 아랫변) × 높이 ÷ 2

$$S=(2+5)\times 3\div 2=\frac{21}{2} \qquad (2\text{-}40)$$

한편,

$$\int(x+1)dx=\int(x^1+x^0)dx$$
$$=\int x^1dx+\int x^0dx$$

$1=x^0$

$\int\{kf(x)+l\,g(x)\}dx=k\int f(x)dx+l\int g(x)dx$

$$= \frac{1}{1+1}x^{1+1} + \frac{1}{0+1} \cdot x^{0+1} + C$$

$\int x^n dx = \frac{1}{n+1}x^{n+1} + C$

$$= \frac{1}{2}x^2 + x + C$$

따라서 $F(x) = \frac{1}{2}x^2 + x$ 라고 하면(아래의 〈주〉 참조)

$$S = \int_1^4 (x+1)dx = \left[\frac{1}{2}x^2 + x\right]_1^4$$

$$= \left(\frac{1}{2} \cdot 4^2 + 4\right) - \left(\frac{1}{2} \cdot 1^2 + 1\right)$$

$$= 12 - \frac{3}{2} = \frac{21}{2}$$

$\int_a^b f(x)dx = \left[F(x)\right]_a^b = F(b) - F(a)$

$F(x) = \frac{1}{2}x^2 + x$

확실하게 (2-40)과 일치한다! ✤

주 정적분을 계산할 때 부정적분(원시함수)에서는 보통 적분상수를 쓰지 않는다. $F(b) - F(a)$ 를 계산하면 적분상수는 사라져버리기 때문이다. 앞의 예시에서도

$$F(x) = \frac{1}{2}x^2 + x + C \Rightarrow \left[\frac{1}{2}x^2 + x + C\right]_1^4$$

$$= \left(\frac{1}{2} \cdot 4^2 + 4 + \cancel{C}\right) - \left(\frac{1}{2} \cdot 1^2 + 1 + \cancel{C}\right)$$

가 되어 구태여 적분상수를 쓰는 보람이 없다.

또한 미적분학의 기본정리를 증명하면서 나는 처음에 '$f(x)$ 의 부정적분(원시함수) 하나를 $F(x)$ 라 하면'이라고 단정했었다. 부정적분(원시함수)의 적분상수 C 의 값은 자유롭게 정할 수 있으므로(pp. 189~

190), 계산식이 간단해지도록 $C = 0$일 것 같은 부정적분(원시함수)을 $F(x)$로 골랐다고 생각해도 된다.

지금까지 본 내용에 따르면 '적분'은 크게 **두 가지 의미**로 나뉜다. 하나는 미분의 역연산으로서 **원시함수(부정적분)를 구하는 계산**이고, 다른 하나는 한없이 작은 면적을 한없이 더해서 합침으로써 도형의 **면적을 구하는 계산(정적분)**이다.

이 두 계산을 이어주는 획기적인 정리가 '미적분학의 기본정리'다. 단, 단순히 '적분한다'고 말할 때는 원시함수를 구하는 계산을 가리키는 경우가 많다.

물리에 필요한 수학 … 등가속도 직선운동

〈그림 2-1〉(p. 187)에서 봤듯이 x축 위를 움직이는 어떤 물체의 위치 x가 t의 함수로 주어질 때 위치 x와 속도 v, 가속도 a 사이에는 다음 관계가 있다.

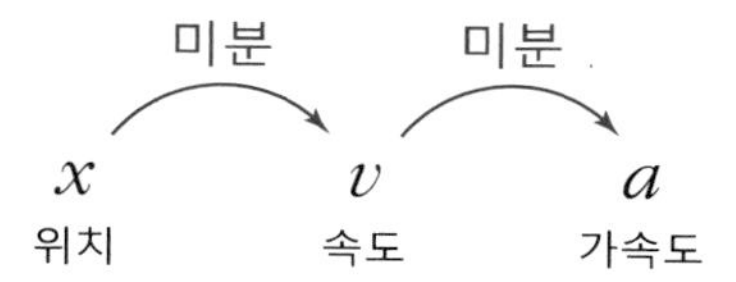

그리고 미분의 역연산으로서 원시함수(부정적분)를 구하는 계산을 단순히 '적분(한다)'이라고 정하면 아래 그림처럼 그릴 수 있다.

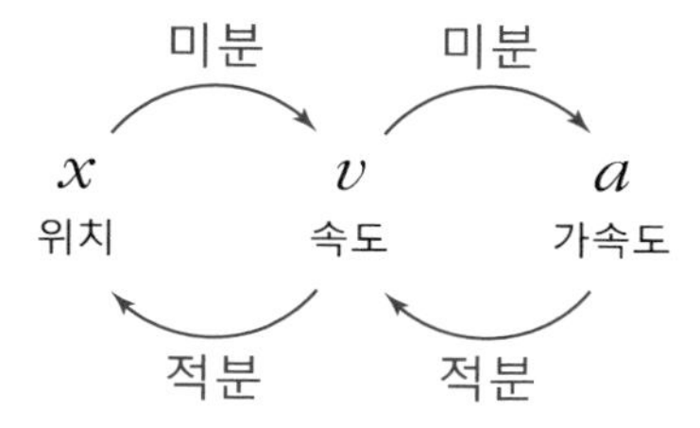

〈그림 2-17〉 적분은 미분의 역(반대)

간단하게 x축 위를 일정한 가속도로 나아가는 운동(등가속도 직선 운동)을 생각해보자.

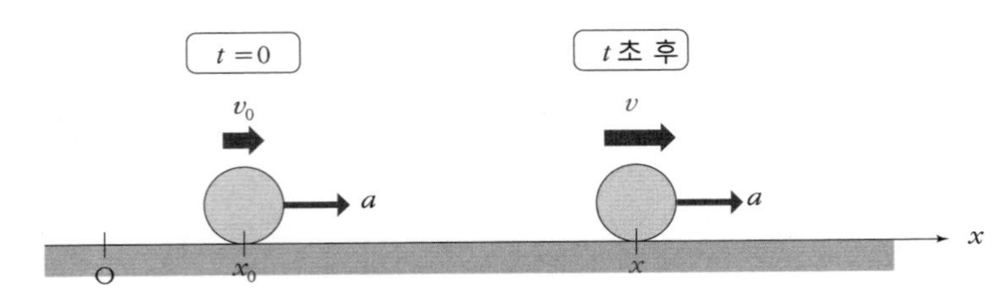

〈그림 2-18〉 등가속도 직선운동

가속도를 a(일정)로 하고, 〈그림 2-18〉과 같이 $t=0$(스톱워치를 누른 순간), 위치는 x_0, 속도는 v_0였던 물체의 t초 후의 속도 v와 위치 x를 구한다.

먼저 **속도는 가속도의 원시함수**이므로

$$v=\int a\,dt=\int at^0dt \qquad (v)'=a \Rightarrow v=\int a\,dt$$

$$=a\int t^0dt \qquad 1=t^0$$

$$=a\cdot\frac{1}{0+1}t^{0+1}+C \qquad \int\{kf(x)+lg(x)\}dx=k\int f(x)dx+l\int g(x)dx$$

$$=at+C \qquad \int x^ndx=\frac{1}{n+1}x^{n+1}+C \qquad (2\text{-}41)$$

$t=0$일 때 속도는 $v=v_0$이므로 (2-41)의 적분상수 C는

$$v_0=a\cdot 0+C \Rightarrow C=v_0 \qquad (2\text{-}42)$$

이것을 (2-41)에 대입하면

$$v=at+v_0 \qquad (2\text{-}43)$$

마찬가지로 **위치는 속도의 원시함수**이므로 (2-43)에 따르면

$$
\begin{aligned}
x &= \int v\,dt = \int (at + v_0)dt && \boxed{(x)' = v \ \Rightarrow\ x = \int v\,dt} \\
&= \int (at + v_0 t^0)dt && \boxed{1 = t^0} \\
&= a\int t^1 dt + v_0 \int t^0 dt && \boxed{\int \{kf(x) + lg(x)\}dx = k\int f(x)dx + l\int g(x)dx} \\
&= a \cdot \frac{1}{1+1}t^{1+1} + v_0 \cdot \frac{1}{0+1}t^{0+1} + C && \boxed{\int x^n dx = \frac{1}{n+1}x^{n+1} + C} \\
&= \frac{1}{2}at^2 + v_0 t + C && (2\text{-}44)
\end{aligned}
$$

$t = 0$일 때 위치는 $x = x_0$이므로 (2-44)의 적분상수 C는

$$
x_0 = \frac{1}{2}a \cdot 0^2 + v_0 \cdot 0 + C = C \ \Rightarrow\ C = x_0 \qquad (2\text{-}45)
$$

이것을 (2-44)에 대입하면

$$
x = \frac{1}{2}at^2 + v_0 t + x_0 \qquad (2\text{-}46)
$$

(2-43)과 (2-46)을 고등학교 교과서 등에서 많이 보는 순서대로 재배열하면 **등가속도 직선운동**의 **기본식**을 얻을 수 있다.

또한 수학에서 적분상수는 임의의 상수인데, **물리에서 적분상수는 초기 조건으로 결정된다.** (2-42)의 v_0**는** $t = 0$**에서의 처음 속도**, (2-45)의 x_0**는** $t = 0$**에서의 처음 위치**다.

등가속도 직선운동의 기본식

일정한 가속도 a로 직진하는 물체의 시각 t에서의 속도 v와 위치 x는 다음 식으로 주어진다.

$$v = v_0 + at$$

$$x = x_0 + v_0 t + \frac{1}{2}at^2$$

[v_0과 x_0은 각각 $t = 0$에서의 처음 속도와 처음 위치]

다음으로 가로축을 시각 t, 세로축을 속도 v로 삼은, 이른바 $v-t$ 그래프에서 읽을 수 있는 정보에 대해 생각해보자.

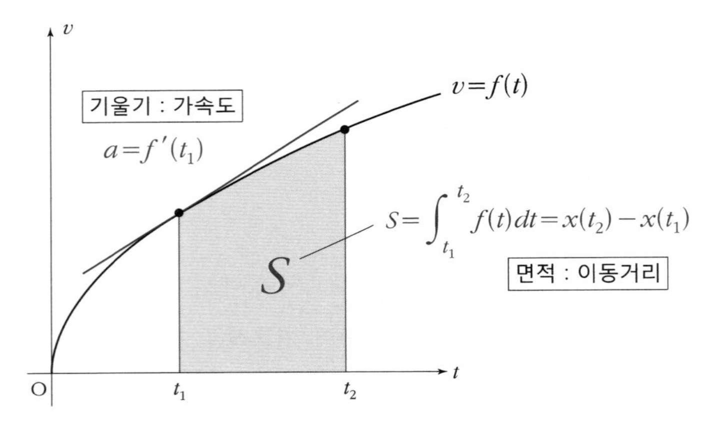

〈그림 2-19〉 $v-t$ 그래프에서 읽을 수 있는 정보

속도 v가 t의 함수로서, $v=f(t)$로 주어질 때

$$a=\frac{dv}{dt}=f'(t) \tag{2-47}$$

는 $v-t$ 그래프의 접선의 기울기를 함수로 취급한 것이며, **$v-t$ 그래프의 접선의 기울기는 접점의 시각에서** (순간의) **가속도를 나타낸다.** 예를 들어 $t=t_1$에서 가속도는

$$a=f'(t_1) \tag{2-48}$$

으로 주어진다. 또한 $f(t)$의 원시함수를 $F(t)$라고 하면, 〈그림 2-19〉의 면적 S는 미적분학의 기본정리(p. 221)에 따라

$$S=\int_{t_1}^{t_2} f(t)dt=\Big[F(t)\Big]_{t_1}^{t_2}=F(t_2)-F(t_1) \tag{2-49}$$

임을 알 수 있다. 위치는 속도의 원시함수이므로(위치를 미분하면 속도가 구해지므로) $F(t)=x(t)$로 쓰기로 한다. 그러면 (2-49)는 다음과 같이 쓸 수 있다.

$$S=F(t_2)-F(t_1)=x(t_2)-x(t_1) \tag{2-50}$$

$x(t)$는 시각 t에서의 물체 위치를 나타내므로 $x(t_2)-x(t_1)$은 시각 t_1에서 t_2까지의 이동거리를 나타낸다. 즉 **$v-t$ 그래프의 면적은 이동거리를 나타내는 것이다**(〈그림 2-20〉).

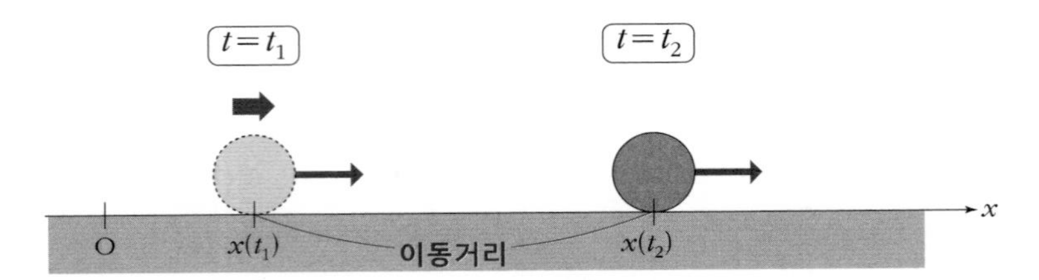

〈그림 2-20〉 $v-t$ 그래프에서 이동거리를 알 수 있다.

$v-t$ 그래프와 가속도 · 이동거리

$v-t$ 그래프의 접선의 기울기 : 가속도

$v-t$ 그래프의 면적 : 이동거리

기출문제

문제 6 **메이조대학**

S 지점에서 출발해 단시간에 이륙할 수 있는 비행기가 L 지점을 목표로 날아간 다음 700초 후에 L에 착륙했다. 비행 중 수평 방향의 가속도와 수직 방향의 속도가 각각 〈그림 1〉, 〈그림 2〉로 나타날 경우 다음 물음에 답하시오.

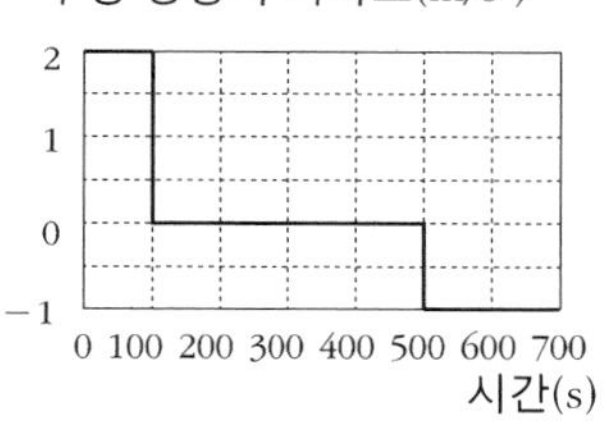

〈그림 1〉

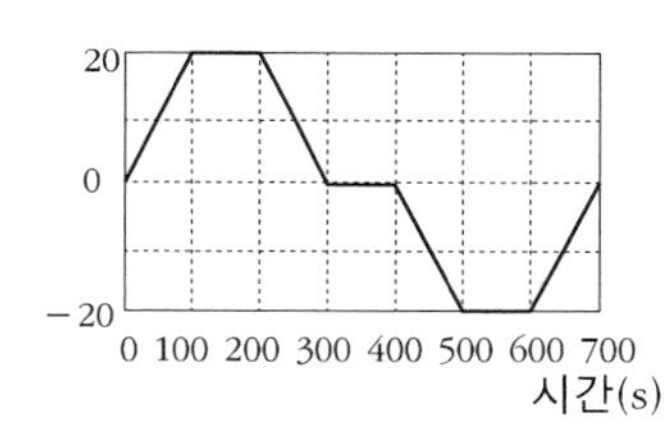

〈그림 2〉

(1) 이륙하고 나서 200초 후의 고도와 S 지점으로부터의 수평 거리는 각각 몇 km인가?

(2) 비행 중 최대고도는 몇 km인가?

(3) SL 사이의 수평 거리는 몇 km인가?

해설

〈그림 1〉은 수평 방향의 가속도와 시각의 그래프($a-t$ 그래프)이므로 먼저 〈그림 1〉에서 수평 방향의 $v-t$ 그래프를 만들자. 그때 $v-t$ 그래프의 접선의 기울기가 가속도를 나타낸다는 것에 주의한다.

$v-t$ 그래프의 면적이 이동거리를 나타낸다는 점을 이용하면 간단하게 답을 구할 수 있다.

해답

(1) 〈그림 1〉에서 수평 방향의 $v-t$ 그래프를 만든다.

0~100초 : $a=2$로 일정 ⇒ $v-t$ 그래프는 기울기가 2인 직선
100~500초 : $a=0$으로 일정 ⇒ $v-t$ 그래프는 기울기가 0인 직선
500~700초 : $a=-1$로 일정 ⇒ $v-t$ 그래프는 기울기가 -1인 직선

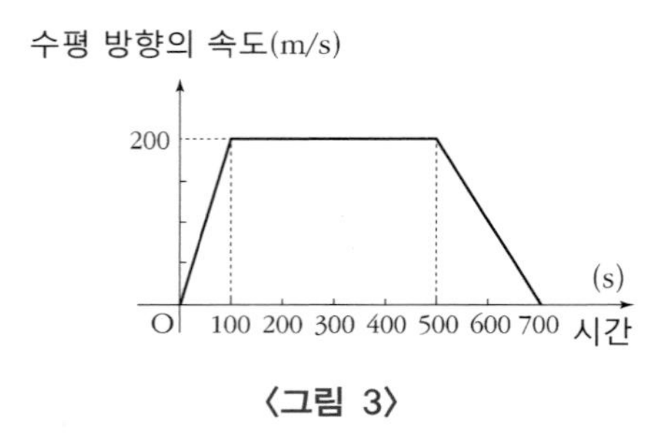

〈그림 3〉

0~200초 동안의 이동거리는 다음 그림에서 색칠한 부분의 면적이다.

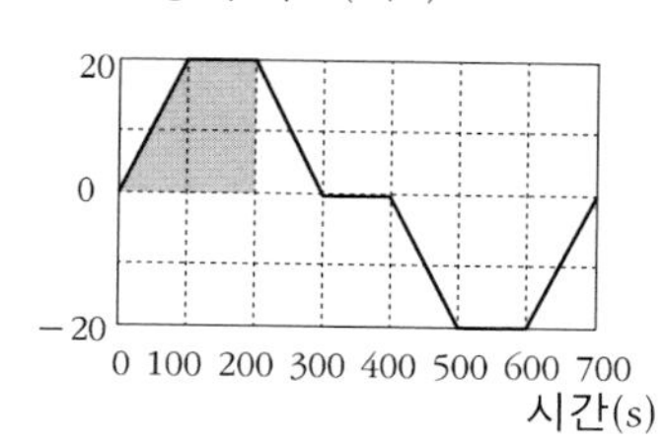

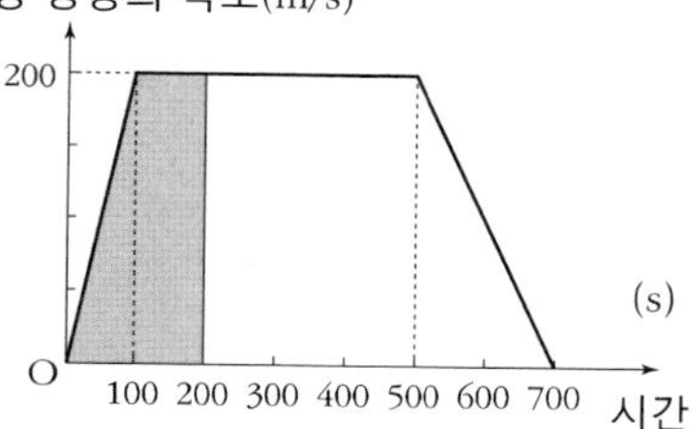

둘 다 사다리꼴이므로 수직 방향은

$(100+200)\times 20 \div 2 = 3000[\text{m}] = 3.0[\textbf{km}]$

수평 방향은

$(100+200)\times 200 \div 2 = 30000[\text{m}] = 30[\textbf{km}]$

(2) 수직 방향의 속도가 음수가 되지 않는 한 비행기는 고도를 계속 높이므로 최고도에 달하려면 아래 그림보다 300초 후, 그때까지의 이동거리는 색칠한 부분의 면적이 된다.

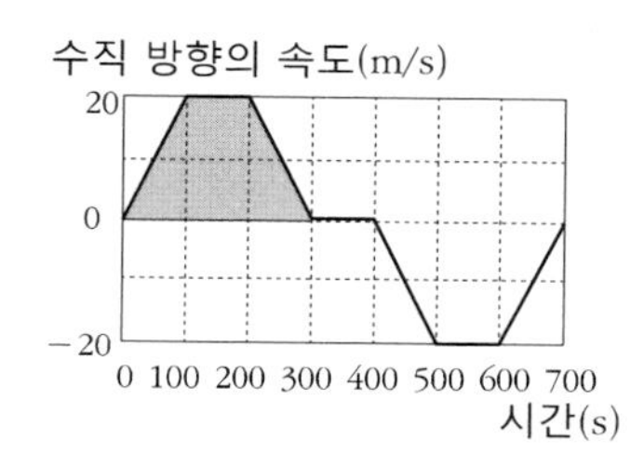

따라서

$(100+300)\times 20 \div 2 = 4000[\text{m}] = 4.0[\textbf{km}]$

(3) L에 도착하는 시간은 700초 후이므로 수평 방향의 이동거리는 아래 그림의 전체 면적이 된다.

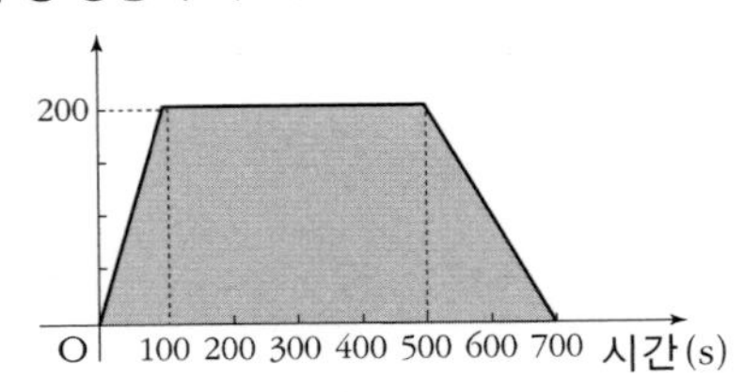

사다리꼴이므로 면적은

$(400+700)\times 200\div 2=110000[\text{m}]=110[\text{km}]$

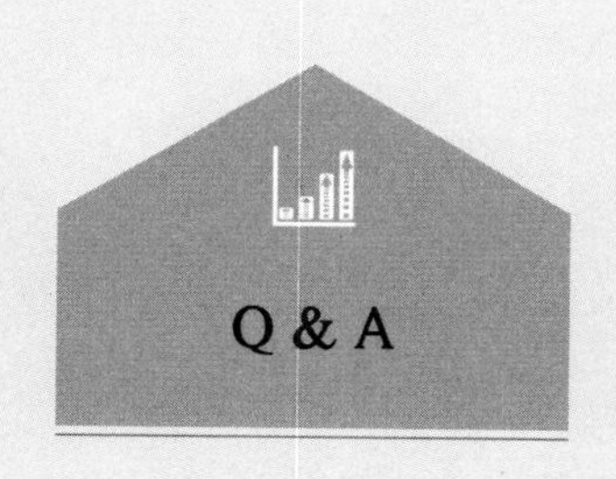

학생 : 드디어 적분이 나왔네요….

선생 : 결코 쉬운 내용은 아니었죠. 고생 많았어요! 이 장에서 중요한 내용은 원시함수(부정적분) 계산과 면적(정적분) 계산이 전혀 관계없는 것처럼 생각되지만, '미적분학의 기본정리'에 의해 아주 밀접한 관계(원시함수에 끝점의 좌표를 대입하여 차를 취하면 면적에 일치한다!)가 있음을 알았다는 과학사의 대발견을 간접 체험한 것이에요.

학생 : 선생님의 엄청난 열의에서 정말 대단한 일이었음을 알았죠.

선생 : 잘됐네요!

학생 : 다만… 솔직하게 말씀드려도 되나요?

선생 : 뭐죠?

학생 : '등가속도 직선운동의 기본식'도, $v-t$ 그래프의 면적이 이동거리를 나타낸다는 것도 학교에서 배울 때는 더 간단했어요. 선생님이 '과학사의 대발견!'이라고 말씀하신 '미적분학의 기본정리'의 은혜가 제게는 잘 전해지지 않았어요.

선생 : 그건 취급하는 운동이 '등가속도 직선운동'에 한정돼 있기 때문이에요. 등가속도 직선운동에서는 $v-t$ 그래프가 직선이므로 운동의 기본식을 이끌어내는 데도, 면적이 이동거리가 되는 것을 이해하는 데도 굳이 '미적분학의 기본정리'를

가져올 필요는 거의(엄밀하게는 필요하지만!) 없을지 모릅니다.

학생 : 그렇다면 왜 그렇게 어려운 내용을 배워야 하는 거죠?

선생 : 글쎄요. '미적분학의 기본정리'는 '$F'(x)=f(x)$일 때, $f(x)$의 a에서 b까지의 정적분은 $F(b)-F(a)$와 같다'고 주장하는 것인데, 바꿔 말하면 x가 $a \to b$로 변화할 때 F의 변화량 ΔF가 그것의 도함수 $f(x)$ 그래프의 면적으로부터 계산할 수 있다는 것을 의미합니다.

학생 : 뭐, 그렇죠.

선생 : $F(x)$의 정체를 알아내지 않아도 그 변화량을 도함수 그래프에서 시각적으로 확인할 수 있는 고마운 사례는 적지 않아요.

학생 : 그러고 보니 앞의 '문제 6'도 수평 방향과 수직 방향의 위치를 나타내는 식은 구하지 않고 이동거리를 계산할 수 있었죠.

선생 : 더욱이 Δx가 작을 때, x의 함수가 된 어떤 물리량 F를 $\Delta F \fallingdotseq f(x)\Delta(x)$라고 근사할 수 있다면

$$\frac{\Delta F}{\Delta x} \fallingdotseq f(x) \quad \Rightarrow \quad \frac{dF}{dx} = f(x)$$

$$\Rightarrow \quad F(b)-F(a) = \int_a^b f(x)dx$$

로 계산해도 된다는 것도 '미적분학의 기본정리'가 보증해 줍니다. 이것은 뒤에서 '에너지(일)'를 계산할 때 유용할뿐더러 열역학이나 전자기학 등에서도 아주 널리 응용되지요.

학생 : 선생님께서 '인류가 진실로 통하는 가장 중요한 문을 열었다'라고 말씀하신 것도 결코 과장이 아니네요.

02 _ 치환적분법

기호의 왕, 라이프니츠

고등학교 물리 시간에 역학 문제를 풀 때 다음 세 개의 식은 특히 중요했다.

- **운동방정식** : $m\vec{a}=\vec{F}$
- **역학적 에너지 보존법칙** : $\frac{1}{2}mv^2+mgh+\frac{1}{2}kx^2=$일정
- **운동량 보존법칙** : $m_1\vec{v_1}+m_2\vec{v_2}=$일정

주

물론 '역학적 에너지 보존법칙'이나 '운동량 보존법칙'을 아직 배우지 않은 사람도 전혀 걱정할 필요가 없다. 이 장의 뒷부분에서 자세히 설명할 테니까.

미분·적분을 사용해 물리 문제를 푸는 방법을 배우고 나서 감동했던 순간은 '운동방정식'을 적분하면 '역학적 에너지 보존법칙'이나 '운동량 보존법칙'을 이끌어낼 수 있다는 것을 알았을 때였다.

그때까지는 각각의 법칙이라고 생각했던(심지어 증명하지 못한다고 포기했었던) '공식'들이 수식 변형에 의해 이어져 있음을 알고, (약간 과장이긴 하지만) 나는 눈앞에서 커다란 기둥이 세워지는 것을 본 듯한 느낌이 들었다. 물리현상을 '운동방정식'이라는 하나의 식을 출발점으로 해서 통일하여 설명할 수 있다는 것에 흥분했던 순간이 지금도 생생하다. 다만, 이 감동을 여러분도 함께 맛보려면 적분을 계산할 때 어떤 테크닉이 필요하다. 그것이 지금부터 소개할 **'치환적분법'**이다.

부정적분의 치환적분법

예를 들어

$$y = \int (3x+2)^3 dx \tag{2-51}$$

라는 부정적분 계산을 생각해보자. 물론 이대로 전개하여 적분하는 것도 가능하지만 $(3x+2)^3$을 전개하는 과정은 좀 번거로운 느낌이다. ( ) 안을 다른 문자로 바꿔보면 어떨까? 여기서는 다음과 같이 ( ) 안을 u로 둔다.

$$u = 3x+2 \tag{2-52}$$

그러면 (2-51)은 다음과 같이 바뀐다.

$$y = \int u^3 dx \tag{2-53}$$

(2-53)을 보고 덜렁대는 사람은 '간단하네! $\frac{1}{4}u^4+C=\frac{1}{4}(3x+2)^4+C$가 맞죠?'라고 생각할지도 모르겠다. 그 심정을 모르는 바는 아니지만 (2-53)은 피적분함수(적분되는 함수)의 변수(u)와 적분변수(x)가 다르므로 유감스럽게도 **이 풀이는 착각이다.**

주

$\frac{1}{4}(3x+2)^4+C$를 미분해도 $(3x+2)^3$은 되지 않는다. 즉 $\frac{1}{4}(3x+2)^4+C$는 $(3x+2)^3$의 부정적분(원시함수)이 아니라는 것을 확인해보자! 또한 (2-53)의 dx가 du라면(적분변수가 u라면) 다음 식은 (무조건) 옳다.

$$\int u^3\,du=\frac{1}{4}u^4+C$$

피적분함수(적분되는 함수)의 일부를 다른 문자로 치환하여 적분하는 방법(= 적분변수를 변환하는 방법)은 **합성함수의 미분**(p. 156)에서 이끌어낼 수 있다. 합성함수의 미분의 본질은 다음 식이다.

$$\frac{dy}{dx}=\frac{dy}{du}\cdot\frac{du}{dx} \qquad (1\text{-}96)$$

먼저 (1-96)에서 x와 u를 바꿔 넣으면

$$\frac{dy}{du}=\frac{dy}{dx}\cdot\frac{dx}{du} \qquad (2\text{-}54)$$

라는 수식이 만들어진다. (2-51)에서 y는 $(3x+2)^3$의 부정적분 (원시함수)이므로

미분

$$y = \int f(x)dx \qquad \frac{dy}{dx} = f(x)$$

부정적분(원시함수)

$$\frac{dy}{dx} = (3x+2)^3 \tag{2-55}$$

이라고 쓸 수 있다. 또한 (2-52)에서

$u = 3x+2$ $\qquad (x^n)' = nx^{n-1},\ (c)' = 0$

$$x = \frac{1}{3}u - \frac{2}{3} \quad \Rightarrow \quad \frac{dx}{du} = \frac{1}{3} \tag{2-56}$$

이므로 (2-55)와 (2-56)을 (2-54)에 대입하면

$$\frac{dy}{du} = \frac{dy}{dx} \cdot \frac{dx}{du} = (3x+2)^3 \cdot \frac{1}{3}$$

$$\Rightarrow \quad \frac{dy}{du} = u^3 \cdot \frac{1}{3} \tag{2-57}$$

(2-57)은 y를 u의 함수로 취급했을 때, y를 u로 미분하면 $u^3 \cdot \frac{1}{3}$임을 나타낸다. 반대로 말하면 $u^3 \cdot \frac{1}{3}$의 부정적분은 y다.

미분

$$y = \int u^3 \cdot \frac{1}{3} du \qquad \frac{dy}{du} = u^3 \cdot \frac{1}{3}$$

적분

다시 말해

$$y = \int u^3 \cdot \frac{1}{3} du \tag{2-58}$$

이것으로 적분변수는 u가 되었다.

$\int x^n dx = \frac{1}{n+1} x^{n+1} + C$

(2-51)과 (2-58)에 따르면

$$y = \int (3x+2)^3 dx = \int u^3 \cdot \frac{1}{3} du = \frac{1}{4} u^4 \cdot \frac{1}{3} + C$$

$$= \frac{1}{12} u^4 + C \tag{2-59}$$

라는 것을 알 수 있다. 실제로

$$\frac{dy}{dx} = \frac{dy}{du} \cdot \frac{du}{dx}$$

$$= \frac{d}{du}\left(\frac{1}{12}u^4 + C\right) \cdot \frac{d}{dx}(3x+2)$$

$$= \frac{1}{12} \cdot 4u^3 \cdot 3 = u^3 = (3x+2)^3$$

따라서 (2-59)에서 나타나는 y를 x로 미분하면 $(3x+2)^3$이 되는 것을 알 수 있다. 확실히 (2-59)는 $(3x+2)^3$의 부정적분(원시함수)이다. 그런데 조금 전부터 'y를 u로 미분하면…', 'y를 x로 미분하면…' 이런 말이 나와서 혼란스러운 사람도 있을 것이다. 'y를 u로 미분한다'란 'u의 함수 y가, u가 $u \to u+\Delta u$로 변화하는 것에 대응하여 $y \to y+\Delta y$로 변화할 때의 평균변화율의 극한을 (u의 함수로서) 구한다'는 것을 의미한다. 그리고 **평균변화율 $\frac{\Delta y}{\Delta u}$의 극한은 라이프니츠가 고안한 기호를 사용하면 $\frac{dy}{du}$로 표시된다.** 따라서 'y를 u로 미분한다'라는 말을 수식으로 나타내면

$$\frac{dy}{du} = \lim_{\Delta u \to 0} \frac{\Delta y}{\Delta u}$$

마찬가지로 'y를 x로 미분한다'라는 말과

$$\frac{dy}{dx} = \lim_{\Delta x \to 0} \frac{\Delta y}{\Delta x}$$

라는 수식은 똑같다.

지금까지의 이야기를 듣고 '왜 (2-51)의 y를 u로 미분할 수 있거나 x로 미분할 수 있는 건가요?'라고 질문하는 학생이 있다면 아주 행복할 것 같다. 애초 (2-51)에 나타난 y는 x의 함수인데, (2-52)처럼 두면 u는 x의 함수가 되고 y는 u의 함수도 된다. 이것은 〈그림 2-21〉과 같이 x와 y 사이에 있었던 하나의 상자가 두 개의 상자로 분할되는 이미지다. $\frac{dy}{dx}$란 x를 입력, y를 출력이라고 생각한 원래의 상자에 대한 평균변화율의 극한을 의미한다. 그리고 $\frac{dy}{du}$란 u를 입력, y를 출력이라고 생각한 상자(나눠진 상자 중

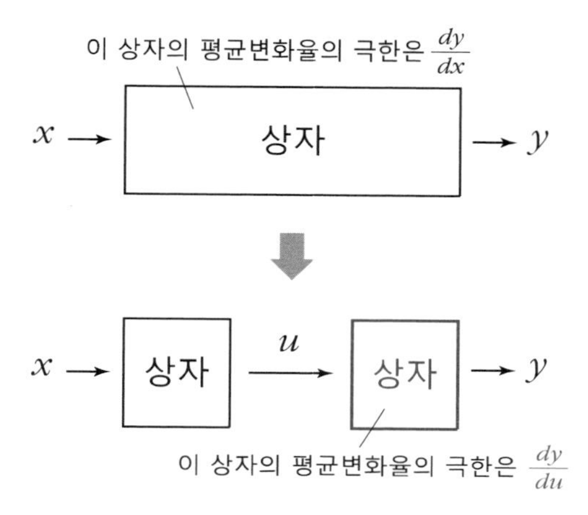

〈그림 2-21〉 하나의 상자를 두 상자로 분할

하나)에 대한 평균변화율의 극한을 의미한다.

이렇게 생각하면 같은 y가 u로 미분 가능하거나 x로 미분 가능하나, 그 결과는 다른 이유를 알 수 있을 것이다.

치환적분법 이야기로 돌아가자.

피적분함수의 일부를 다른 문자로 치환하여 부정적분을 하는 방법은 다음과 같이 일반화할 수 있다.

어렵다는 느낌이 들 수도 있겠지만, 생각하는 방식은 앞과 완전히 똑같다. 바로 뒤쪽에 앞에서 한 것과 같은 대응을 안내해두었으니 비교해보자.

함수 $f(x)$의 부정적분을

$$y = \int f(x)dx \qquad (2\text{-}60)$$

$y = \int (3x+2)^3 dx$

라고 한다. 여기서 x가 미분 가능한 u의 함수 $g(u)$를 이용하여

$$x = g(u) \qquad (2\text{-}61)$$

$u=3x+2 \Rightarrow x=\frac{1}{3}u-\frac{2}{3}$

라고 나타낼 수 있을 때 y는 u의 함수이기도 하다.

주

$g(u)$가 미분 가능하다고 단언한 이유는 (2-62)와 같이 치환적분법에서는 $g'(u)$를 이용할 수 있기 때문이다.

합성함수의 미분에서

$$\frac{dy}{du} = \frac{dy}{dx} \cdot \frac{dx}{du}$$
$$= f(x)g'(u)$$
$$\Rightarrow \frac{dy}{du} = f(g(u))g'(u) \qquad (2\text{-}62)$$

$\frac{dy}{du}=\frac{dy}{dx}\cdot\frac{dx}{du}$
$=(3x+2)^3\cdot\frac{1}{3}$
$\Rightarrow \frac{dy}{du}=u^3\cdot\frac{1}{3}$

이므로

$$y = \int f(g(u))g'(u)du \qquad (2\text{-}63)$$

$y=\int u^3\cdot\frac{1}{3}du$

(2-60)과 (2-63)에서 다음 공식을 얻을 수 있다.

부정적분의 치환적분법

$$\int f(x)dx = \int f(g(u))g'(u)du \quad [x = g(u)]$$

이 공식은 이해하기 힘든 게 '옥에 티'인데, 여기서도 라이프니츠의 기호가 아주 유용하다.

$x = g(u)$ 에서

$$\frac{dx}{du} = g'(u) \qquad (2\text{-}64)$$

여기서 $\frac{dx}{du}$ 를 분수처럼 취급하면

$\frac{a}{b} = k$
$\Rightarrow \quad a = kb$

$$dx = g'(u)du \qquad (2\text{-}65)$$

가 된다. 이것을 공식에 대입하면

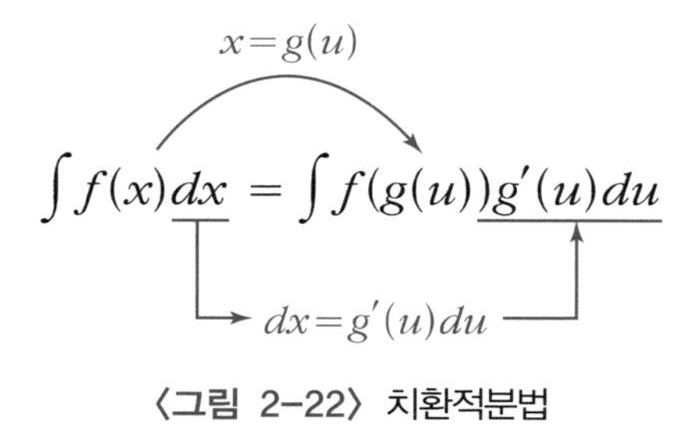

〈그림 2-22〉 치환적분법

(2-64)를 형식적으로 변형하여 (2-65)처럼 쓸 수 있다는 것은 이 기호의 커다란 은혜 가운데 하나다.

예시 $\int x\sqrt{2x+3}\,dx$ 를 풀어보자.

이번에는 $u = \sqrt{2x+3}$

이것을 x 에 대하여 풀면

$$u=\sqrt{2x+3} \quad \Rightarrow \quad u^2=2x+3 \quad \Rightarrow \quad x=\frac{1}{2}u^2-\frac{3}{2}$$

이어서 x를 u로 미분한다.

$$\frac{dx}{du}=\frac{d}{du}\left(\frac{1}{2}u^2-\frac{3}{2}\right)=\frac{1}{2}\cdot 2u-0=u \quad \Rightarrow \quad dx=udu$$

따라서

$$\begin{aligned}
&\int x\sqrt{2x+3}\,dx \\
&=\int\left(\frac{1}{2}u^2-\frac{3}{2}\right)u\cdot udu \\
&=\int\left(\frac{1}{2}u^4-\frac{3}{2}u^2\right)du \\
&=\frac{1}{2}\int u^4du-\frac{3}{2}\int u^2du \\
&=\frac{1}{2}\cdot\frac{1}{5}u^5-\frac{3}{2}\cdot\frac{1}{3}u^3+C \\
&=\frac{1}{10}u^5-\frac{1}{2}u^3+C \\
&=\frac{1}{10}u^3(u^2-5)+C \\
&=\frac{1}{10}(\sqrt{2x+3})^3\{(\sqrt{2x+3})^2-5\}+C \\
&=\frac{1}{10}(2x+3)\sqrt{2x+3}\,(2x+3-5)+C \\
&=\frac{1}{10}(2x+3)(2x-2)\sqrt{2x+3}+C \\
&=\frac{1}{5}(2x+3)(x-1)\sqrt{2x+3}+C
\end{aligned}$$

$x=\frac{1}{2}u^2-\frac{3}{2}$

$\sqrt{2x+3}=u$

$dx=udu$

$\int\{kf(x)+lg(x)\}dx=k\int f(x)dx+l\int g(x)dx$

$\int x^n dx=\frac{1}{n+1}x^{n+1}+C$

$(\sqrt{a})^3=(\sqrt{a})^2\cdot\sqrt{a}=a\sqrt{a}$

✤

정적분의 치환적분

이번에 배울 내용은 정적분의 치환적분법이다.

미적분학의 기본정리(p. 205)에서, $a \leq x \leq b$인 구간에서 연속인 $f(x)$의 부정적분(원시함수) 하나를 $F(x)$라고 할 때 다음 식이 성립하였다(p. 221).

$$\int_a^b f(x)dx = \Big[F(x)\Big]_a^b = F(b) - F(a)$$

먼저 구체적인 예로

$$\int_{-1}^{1} (3x+2)^3 dx \qquad (2\text{-}66)$$

를 든다. 다시 $u = 3x + 2$라고 하면 (2-51)과 (2-59)에서

$$F(x) = \frac{1}{12}u^4 = \frac{1}{12}(3x+2)^4 \qquad (2\text{-}67)$$

이것은 $f(x) = (3x+2)^3$의 부정적분(원시함수)의 하나다.

주 (2-59)에서 $f(x) = (3x+2)^3$의 부정적분(원시함수)의 일반형은

$$\frac{1}{12}u^4 + C = \frac{1}{12}(3x+2)^4 + C$$

여기서는 $C=0$인 것을 $F(x)$로 선택했다(p. 223의 〈주〉도 다시 읽어 보자).

따라서 (2-66)은

$$\int_{-1}^{1}(3x+2)^3 dx$$

$$=\Big[F(x)\Big]_{-1}^{1}$$

$$\int_a^b f(x)dx=\Big[F(x)\Big]_a^b=F(b)-F(a)$$

$$=\left[\frac{1}{12}(3x+2)^4\right]_{-1}^{1}$$

$$=\frac{1}{12}(3\cdot 1+2)^4-\frac{1}{12}\{3\cdot(-1)+2\}^4$$

$$=\frac{1}{12}\{5^4-(-1)^4\}=\frac{1}{12}(625-1)=52 \qquad (2\text{-}68)$$

라고 계산할 수 있다. 그런데 $u=3x+2$라는 것을 생각하면, x가 -1에서 1까지 변화할 때 u는 -1에서 5까지 변화하므로(〈그림 2-23〉) (2-69) 식이 성립한다.

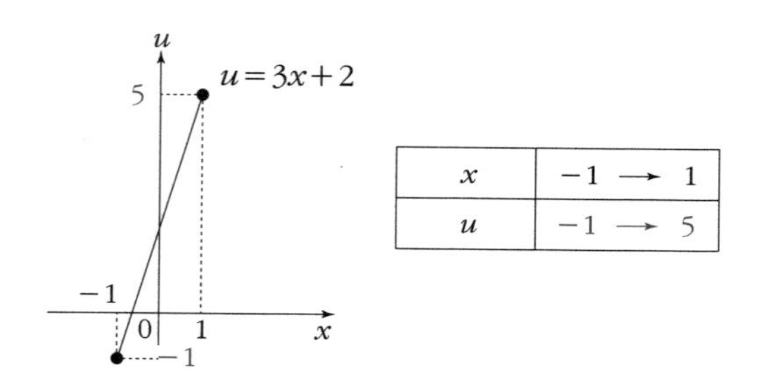

x	$-1 \longrightarrow 1$
u	$-1 \longrightarrow 5$

〈그림 2-23〉 x와 u의 변화 범위

$$\left[\frac{1}{12}(3x+2)^4\right]_{-1}^{1} = \left[\frac{1}{12}u^4\right]_{-1}^{5} \tag{2-69}$$

주

(2-69)는 $\frac{1}{12}(3x+2)^4$의 x에 1을 대입한 것에서 -1을 대입한 것을 뺀 값과, $\frac{1}{12}u^4$의 u에 5를 대입한 것에서 -1을 대입입한 것을 뺀 값은 같다는 뜻이다(지당한 말이지만…).

여기서

$$u = 3x+2 \quad \Rightarrow \quad x = \frac{1}{3}u - \frac{2}{3}$$

이므로

$$g(u) = \frac{1}{3}u - \frac{2}{3} \tag{2-70}$$

가 된다. $x = g(u)$이므로 (2-67)에서

$$F(x) = \frac{1}{12}(3x+2)^4$$

$$\Rightarrow \quad F(g(u)) = \frac{1}{12}\{3g(u)+2\}^4$$

$$= \frac{1}{12}\left\{3\left(\frac{1}{3}u - \frac{2}{3}\right)+2\right\}^4 = \frac{1}{12}u^4 \tag{2-71}$$

다시 말해 (2-69)는 다음과 같이 쓸 수 있다.

$$\Big[F(x)\Big]_{-1}^{1} = \Big[F(g(u))\Big]_{-1}^{5} \qquad (2\text{-}72)$$

피적분함수의 일부를 u로 치환하여 풀면(치환적분), 부정적분은 최초($\frac{1}{12}u^4$과 같이) u의 함수로서 얻어진다. 경우에 따라서는 이것을 x의 함수로 고치는 것이 중요할 수도 있으므로 (2-72)와 같이 생각하게끔 해두면 계산하기가 쉽다.

정적분의 치환적분법을 일반화해보자. 다음에 나오는 함수 $f(x)$는 $a \le x \le b$인 구간에서 연속이라고 하자.

> **주** 함수 $f(x)$가 $a \le x \le b$인 구간에서 연속이라고 단언하는 이유는 나중에 미적분학의 기본정리를 사용하고 싶기 때문이다.

x가 미분 가능한 함수 $g(u)$를 이용하여 $x = g(u)$로 나타날 때 $f(x)$의 부정적분(원시함수) 하나를 $F(x)$라고 하면 부정적분의 치환적분법(p. 244)에 따라

$$F(x) = \int f(x)dx = \int f(g(u))g'(u)du \qquad (2\text{-}73)$$

정적분의 치환적분법에서는 x가 a에서 b까지 변화할 때 u의 변화를 나타내는 표, 즉 〈표 2-1〉처럼 정리해두는 게 중요하다(여기서는 u가 α에서 β까지 변화한다고 하자).

〈표 2-1〉 x와 u의 대응표

x	$a \to b$
u	$\alpha \to \beta$

(2-73)과 $x = g(u)$에서

$$F(g(u)) = \int f(g(u))g'(u)du \tag{2-74}$$

또한 미적분학의 기본정리에서

$$\int_a^b f(x)dx = \Big[F(x) \Big]_a^b$$

$\int_a^b f(x)dx = \Big[F(x) \Big]_a^b = F(b) - F(a)$

$$= F(b) - F(a)$$

$$= F(g(\beta)) - F(g(\alpha))$$

$x = g(u)$에서
$a = g(\alpha)$, $b = g(\beta)$

$$= \Big[F(g(u)) \Big]_\alpha^\beta$$

(2-74)에서

$$= \int_\beta^\alpha f(g(u))g'(u)du \tag{2-75}$$

이상에서 다음 공식이 나온다.

정적분의 치환적분법

$\alpha \le u \le \beta$에서 미분 가능한 함수 $x = g(u)$에 대해
$a = g(\alpha)$, $b = g(\beta)$라고 하면

$$\int_a^b f(x)dx = \int_\alpha^\beta f(g(u))g'(u)du$$

> **주** 위의 등식은 $\beta < \alpha$ 라도 성립한다.

예시 $\int_{-1}^{3} x\sqrt{2x+3}\,dx$를 구해보자.

245쪽 예시와 마찬가지로 $u = \sqrt{2x+3}$

정적분이므로 x와 u의 대응을 표로 정리한다. (← 포인트!)

x	$-1 \to 3$
u	$1 \to 3$

$u = \sqrt{2x+3}$ 에서
$x = -1$일 때 $u = \sqrt{2\cdot(-1)+3} = 1$
$x = 3$일 때 $u = \sqrt{2\cdot 3+3} = 3$

다음 풀이는 246쪽과 완전히 똑같다.

$$\int_{-1}^{3} x\sqrt{2x+3}\,dx$$

$$= \int_{1}^{3} \left(\frac{1}{2}u^2 - \frac{3}{2}\right)u \cdot u\,du$$

$x = \frac{1}{2}u^2 - \frac{3}{2}$, $\sqrt{2x+3} = u$, $dx = u\,du$

$$= \int_{1}^{3}\left(\frac{1}{2}u^4 - \frac{3}{2}u^2\right)du$$

$$= \frac{1}{2}\int_{1}^{3} u^4\,du - \frac{3}{2}\int_{1}^{3} u^2\,du$$

$$= \frac{1}{2}\left[\frac{1}{5}u^5\right]_1^3 - \frac{3}{2}\left[\frac{1}{3}u^3\right]_1^3$$

$$= \frac{1}{10}(3^5 - 1^5) - \frac{1}{2}(3^3 - 1^3)$$

$$= \frac{1}{10}\cdot 242 - \frac{1}{2}\cdot 26 = \frac{112}{10} = \frac{56}{5}$$

정적분의 치환법에서는 u로 표현되는 부정적분(원시함수)을 x로 나타낼 필요가 없는 게 특징이다.

치환적분법이란 적분을 계산하는 테크닉인데, **적분함수를 변환하기 위한 방법**으로 취급할 수도 있다. 다음에 나오는 '물리에 필요한 수학'에서는 운동방정식에서 적분변수를 위치에서 시간으로 변환하는 치환적분을 함으로써 역학적 에너지 보존법칙을 이끈다.

물리에 필요한 수학 … 에너지 보존법칙과 운동량 보존법칙

물리학자를 만날 기회가 있다면(별로 없을지도 모르지만…) 이 질문을 꼭 하기 바란다. "물리에서 가장 중요한 법칙은 뭔가요?" 아마도 거의 모든 학자들이 (아주 특이한 사람이 아닌 이상) **'에너지 보존법칙'**이라고 답할 것이다.

에너지 보존법칙은 오늘날 알려진 모든 자연현상에 적용된다. 단 하나의 예외도 없다. 에너지 보존법칙이 성립하지 않는다면 물리가 아니라고 말해도 될 정도다. 그 증거로 현대물리학에서는 이론을 확대하려 할 때, 새로운 이론을 도입하더라도 에너지 보존법칙이 무너지지 않는지를 맨 먼저 확인한다.

'에너지'라는 말은 '이번에 들어온 신입 사원은 에너지가 있네', '시험을 잘 치르려면 에너지가 필요하지' 등등 일상에서도 많이 듣는다. 대개 '모든 것을 해내는 토대가 되는 능력'이라는 의미로 쓰이는 것 같다. '모든 것'을 '일'로 바꾸면 물리에서 말하는 '에너지'의 정의로도 손색없다. 단, 물리에서 '일'은 '일이 바쁘다' 등으로 사용하는 일상어와는 뉘앙스가 좀 다르다.

일상어에서 '일'의 의미는 다양하지만 물리에서의 '일'은 힘의 크기와 이동거리의 곱(적분)에 의해 정의된다. 말하자면 '물건을 운반한다' 같은 육체노동적인 행위를 가리킨다(물리에서 일의 정확한 정의는 나중에 소개한다).

에너지란 '일을 끝까지 해내는 토대가 되는 능력', 즉 일로 변화

시킬 수 있는 물리량을 말한다.

일은 언제나 에너지와 등가교환의 관계에 있다. 어떤 물체가 외부를 향해서 일하면 그만큼 그 물체의 에너지는 감소하고, 반대로 외부에서 일이 작용되면 그만큼 물체의 에너지는 증가한다. '**물체의 에너지 변화량은 물체가 해낸**(작용된) **일과 같다**'라는 이 원칙이야말로 에너지 보존의 본질이다.

이렇게 설명하면 '어라? 에너지가 변하나? 좀 전에 단 하나의 예외도 없이 에너지는 일정하게 된다고 말하지 않았나?' 하고 생각할지도 모르겠다(그렇게 딴지를 거는 정신이 중요하다!).

하지만 안심해도 된다. 예를 들어 물체 1이 물체 2에 일을 한 경우, 물체 1의 에너지는 감소하지만 물체 2의 에너지는 그만큼 증가하므로 결국 전체 에너지는 일정해진다. 에너지 보존법칙이란, **에너지의 일부**(또는 전부)**가 일로 변환되더라도 그 일은 반드시 같은 양의 다른 에너지를 만들어내므로** 에너지의 전체 양은 변하지 않는다는 것을 의미한다.

보통 통틀어서 '에너지'라고 하지만 그 안에는 운동에너지, 위치에너지, 열에너지, 전기에너지, 화학에너지, 핵에너지, 질량에너지 등 다양한 종류의 에너지가 있다. 그중 운동에너지와 위치에너지를 묶어서 역학적 에너지라고 한다. 그리고 주목하는 물체의 에너지가 역학적 에너지 이외의 에너지로 변환되지 않는 경우, **운동에너지와 위치에너지의 합이 일정하게 된다는 역학적 에너지 보존법칙**이 성립한다.

고등학교 물리에서는 물체에 작용하는 힘 F가 일정하고 물체가 그 힘의 방향으로 거리 x만큼 이동한 경우, 이 힘이 한 일 W를 다음과 같이 정의한다.

$$W = Fx$$

일에 의해 에너지가 증감하는 것으로 운동에너지나 위치에너지를 정의하는데, 왜 이렇게 '일'을 정의하는지에 대해서는 별다른 설명이 없다. 그러므로 이 정의를 원리(다른 무엇에 의해서도 증명할 수 없는 것)와 같이 느끼는 사람이 적지 않은 것 같다. 하지만 그것은 올바른 이해가 아니다. 원리라고 부를 수 있는 것은 어디까지나 '에너지 보존법칙'이다. 운동방정식을 치환적분해보면 '물체의 에너지 변화량은 물체에 작용된 일과 같다'라는 원칙을 지키기 위해서는 (힘이 일정하지 않은 경우도 포함하여) 일이나 역학적 에너지를 어떻게 정의해야 하는지가 보인다.

운동방정식의 치환적분을 통해 (고등학교에서 주입식으로 가르치는) 일, 운동에너지, 중력이나 용수철의 힘에 의한 위치에너지가 각자 '에너지 보존법칙'을 만족시키도록 정의된 사실을 발견하는 것, 나는 그것이야말로 미분·적분을 사용하여 물리를 배울 때 느끼는 감동 중 최고가 아닐까 싶다.

운동에너지와 일

먼저 단순화를 위해 x축 위의 운동을 생각한다. 여기서는 위치(x), 속도(v), 가속도(a), 힘(F) 모두 x성분만 갖고 있다고 하자.

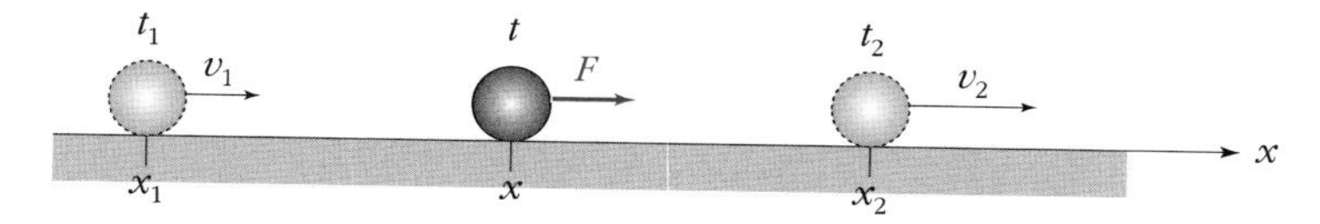

〈그림 2-24〉 x축 방향으로 힘 F를 받는 물체의 운동

x축 방향으로 힘 F를 받는 질량 m인 물체의 위치와 속도가 시각 t_1에서는 각각 x_1과 v_1이며, 시각 t_2에서는 각각 x_2와 v_2라고 하자. 또한 힘 F는 시각 t_1에서 시각 t_2 동안 일정할 필요는 없다.

이 운동의 (각각의 순간에서) 운동방정식은

$$ma = F \tag{2-76}$$

(2-76)의 양변에 대해 x_1부터 x_2까지의 정적분을 구해보자.

$$\int_{x_1}^{x_2} ma\, dx = \int_{x_1}^{x_2} F dx \tag{2-77}$$

가속도 a를 $\dfrac{dv}{dt}$로 바꿔 쓰면

$$\int_{x_1}^{x_2} m \frac{dv}{dt} dx = \int_{x_1}^{x_2} F\, dx \tag{2-78}$$

이제 $v = \dfrac{dx}{dt}$인 점을 이용하여 (2-78)을

$$\frac{dx}{dt} = v \;\;\Rightarrow\;\; dx = v dt \tag{2-79}$$

로 형식적으로 변형한다. 이렇게 하면 적분변수가 위치 x에서 시각 t로 변환되므로, 대응을 표로 만들어둔다. 〈그림 2-24〉에서

x	$x_1 \rightarrow x_2$
t	$t_1 \rightarrow t_2$

이다. 다음으로 (2-79)를 (2-78)의 좌변에만 대입한다.

$$\int_{t_1}^{t_2} m\frac{dv}{dt} \cdot vdt = \int_{x_1}^{x_2} F\,dx \tag{2-80}$$

여기서

$$\frac{d}{dt}(v^2) = \frac{dv}{dt} \cdot \frac{d}{dv}(v^2) = \frac{dv}{dt} \cdot 2v \quad \boxed{\frac{dy}{dt} = \frac{du}{dt} \cdot \frac{dy}{du}} \quad \boxed{(x^n)' = nx^{n-1}}$$

$$\Rightarrow \frac{dv}{dt} \cdot v = \frac{1}{2}\frac{d}{dt}(v^2) = \frac{d}{dt}\left(\frac{1}{2}v^2\right) \quad \boxed{kf'(x) = \{kf(x)\}'} \tag{2-81}$$

이므로 (2-81)을 (2-80)에 대입하면

$$\int_{t_1}^{t_2} m\frac{dv}{dt} \cdot v\,dt = \int_{t_1}^{t_2} m\frac{d}{dt}\left(\frac{1}{2}v^2\right)dt = \int_{x_1}^{x_2} F\,dx$$

$$\boxed{kf'(x) = \{kf(x)\}'}$$

$$\Rightarrow \int_{t_1}^{t_2} \frac{d}{dt}\left(\frac{1}{2}mv^2\right)dt = \int_{x_1}^{x_2} F\,dx \tag{2-82}$$

$\frac{d}{dt}\left(\frac{1}{2}mv^2\right)$은 $\frac{1}{2}mv^2$을 (t로) 미분한 것이므로 $\frac{1}{2}mv^2$은 $\frac{d}{dt}\left(\frac{1}{2}mv^2\right)$의 부정적분(원시함수)이다.

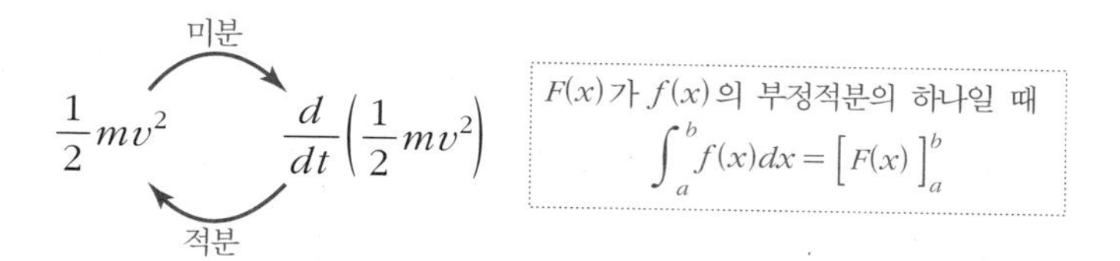

따라서 (2-82)의 좌변은

$$\int_{t_1}^{t_2} \frac{d}{dt}\left(\frac{1}{2}mv^2\right)dt = \left[\frac{1}{2}mv^2\right]_{t_1}^{t_2} \qquad (2\text{-}83)$$

로 변형할 수 있다. 또한 속도 v는 시각 t의 함수이며 $v(t_1)=v_1$, $v(t_2)=v_2$이므로 (2-83)은

$$\left[\frac{1}{2}mv^2\right]_{t_1}^{t_2} = \left[\frac{1}{2}m\{v(t)\}^2\right]_{t_1}^{t_2}$$

$\left[F(x)\right]_a^b = F(b) - F(a)$

$$= \frac{1}{2}m\{v(t_2)\}^2 - \frac{1}{2}m\{v(t_1)\}^2$$

$$= \frac{1}{2}m{v_2}^2 - \frac{1}{2}m{v_1}^2 \qquad (2\text{-}84)$$

이라고 쓸 수 있다. (2-82), (2-83), (2-84)에서

$$\frac{1}{2}m{v_2}^2 - \frac{1}{2}m{v_1}^2 = \int_{x_1}^{x_2} F\,dx \qquad (2\text{-}85)$$

상당히 기교적인 변형이었는데 잘 따라와주었다. 운동방정식에서 출발하여 식 (2-85)까지 여러분 스스로 이끌어낼 수 있다면, 지금까지 살펴본 이 책 내용을 완전히 이해한 것이다!

자, (2-85)는 힘 F에 의해 물체의 속도가 v_1에서 v_2까지 변화했을 때 **$\frac{1}{2}mv^2$이라는 양의 변화량이 $\int_{x_1}^{x_2} F\,dx$와 같다**는 것을 나타낸다. 거기서 '물체의 에너지 변화량은 물체가 해낸(작용된) 일과 같다'라는 원칙에 따라 **운동에너지**와 **일**을 다음과 같이 정의한다.

$$\textbf{운동에너지}\quad K = \frac{1}{2}mv^2 \tag{2-86}$$

$$\textbf{일}\quad W = \int_{x_1}^{x_2} F\,dx \tag{2-87}$$

> **주** (2-86)과 같이 운동에너지(kinetic energy)를 나타내는 K는 영어의 머리글자에서 유래하였다.

힘 F에 의한 일 W는 (2-87)과 같이 정의되므로, **일 W는 $F-x$ 그래프 아랫부분의 면적**이 된다(〈그림 2-25〉).

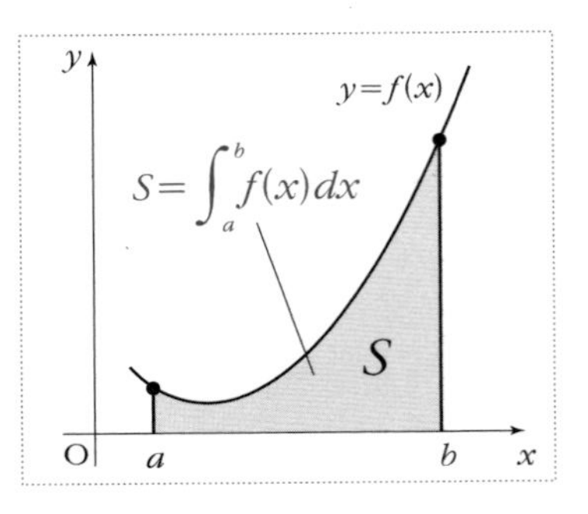

특히 힘 F가 일정한 경우는 다음과 같다.

$$W = \int_{x_1}^{x_2} F\,dx = F(x_2 - x_1) = F\Delta x \quad [\Delta x = x_2 - x_1] \tag{2-88}$$

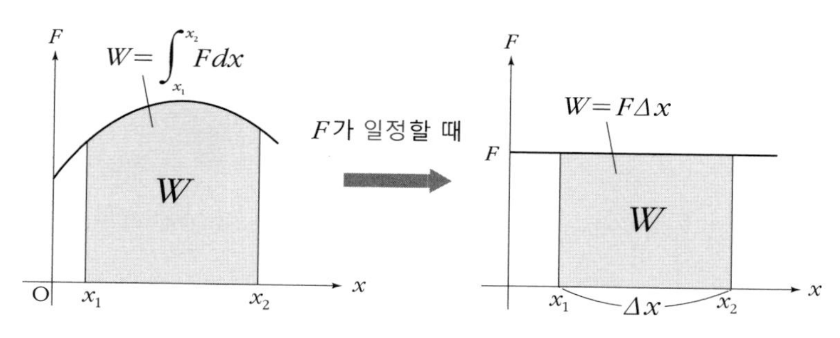

〈그림 2-25〉 일 W는 $F-x$ 그래프 아랫부분의 면적

> **주**
>
> 고등학교 물리 교과서에는 힘 F에 의해 물체가 Δx만큼 이동했을 때, 힘 F가 한 일 W는
>
> $$W = F\Delta x$$
>
> 라고 적혀 있다. 이것은 특별히 이동 중 F가 일정한 경우다.

F가 일정할 때 (2-85)와 (2-88)에서 다음 식이 나온다.

$$\frac{1}{2}mv_2^2 - \frac{1}{2}mv_1^2 = F(x_2 - x_1) = F\Delta x \quad [\Delta x = x_2 - x_1] \tag{2-89}$$

운동에너지와 일의 관계

$$\frac{1}{2}mv_2^2 - \frac{1}{2}mv_1^2 = \int_{x_1}^{x_2} F\,dx$$

특히 F가 일정한 경우

$$\frac{1}{2}mv_2^2 - \frac{1}{2}mv_1^2 = F(x_2 - x_1) = F\Delta x \quad [\Delta x = x_2 - x_1]$$

(2-85)나 (2-89)는 '물체의 에너지 변화량은 물체에 작용된 일과 같다'라는 원칙을 수식으로 나타낸 것이다. 이들 수식에서 **'일'이란 운동에너지를 변화시키는 능력**이라고 바꿔 말할 수도 있다.

앞에서 썼듯이 에너지는 운동에너지 이외에도 여러 가지가 있다. 예를 들면 실에 묶인 채 어떤 높이에 매달린 물체는 정지해 있으므로 운동에너지를 갖지 않지만, 실이 끊어지면 낙하함으로써 운동에너지를 만들어낸다. 그리고 운동하는 물체가 다른 물체에 충돌할 경우, 이것은 다른 물체가 일을 하게 만든다(다른 물체의 운동에너지를 변화시킨다). 실에 묶여 매달려 있는 물체도 '일로 변환할 수 있는 물리량', 즉 에너지를 갖고 있다는 말이다. 이 내용을 알아보자.

중력의 위치에너지

이번에는 질량 m인 물체가 낙하하는 경우를 생각해보자. y축을 수직 방향(추를 매달아 늘어뜨린 실이 가리키는 방향=수평면과 수직인 방향) 위쪽이 양의 방향이 되도록 설정한다.

〈그림 2-26〉과 같이 일정한 중력 $-mg$가 작용하므로(중력의 방향은 y축의 정방향과 반대이므로 $-mg$), 운동방정식은

$$ma = -mg \tag{2-90}$$

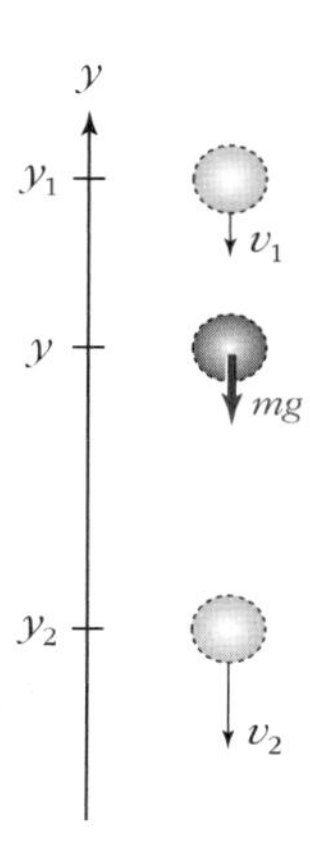

〈그림 2-26〉 낙하하는 물체의 운동

257쪽의 (2-76)과 비교해보면 $F=-mg$인 데다 심지어 F는 일정하다. 따라서 (2-89)에서

$$\frac{1}{2}mv_2{}^2-\frac{1}{2}mv_1{}^2=-mg(y_2-y_1)$$

$$\Rightarrow \quad \frac{1}{2}mv_2{}^2-\frac{1}{2}mv_1{}^2=mg(y_1-y_2) \tag{2-91}$$

(2-91)은 질량 m인 물체가 $\Delta y=y_1-y_2$만큼 낙하하면 중력이 **$mg\Delta y$에 상당한 양만큼 일을 한다**(물체의 운동에너지를 변화시킨다)는 것을 나타낸다. 즉 어떤 높이에 위치한 물체는 당연히 잠재적으로 '일로 변환할 수 있는 물리량=에너지'를 갖고 있다. 이것을 **중력에 의한 위치에너지** 또는 **퍼텐셜**(잠재적인) **에너지**라고 말한다.

일반적으로 원점(기준점)에서 높이 h인 위치에 있는 질량 m인 물체는 g를 중력가속도로 하여 다음 식으로 정해지는 중력에 의한 위치에너지(퍼텐셜 에너지)를 갖는다.

중력에 의한 위치에너지 $U = mgh$ (2-92)

> **주** 위치에너지를 표시할 때 U를 사용하는 이유는 여러 설이 있어서 명확하지 않다…. 일반적으로 위치에너지를 U로 표시한다.

또한 (2-91)은 y축의 원점(기준점) 위치에 상관없이 성립하므로 중력에 의한 위치에너지를 취급할 때 그 원점(기준점)은 임의의 장소로 설정할 수 있다.

(2-91)을 이항하여 정리하면 다음과 같다.

$$\frac{1}{2}m{v_1}^2 + mgy_1 = \frac{1}{2}m{v_2}^2 + mgy_2 \qquad (2\text{-}93)$$

(2-93)은 운동방정식이 (2-90)일 때, **운동에너지와 중력에 의한 위치에너지의 합이 일정**해진다는 에너지 보존법칙을 나타낸다.

탄성력에 의한 위치에너지

한쪽 끝을 고정시킨 수평한 용수철의 다른 한쪽 끝에 매달린 질량 m인 물체의 운동을 생각해보자. 일반적으로 힘이 가해져 변형된 물체가 원래대로 돌아가려 하는 힘을 **탄성력**이라고 한다. 물체의 변형량이 어떤 일정한 범위 내에 있을 때, **탄성력의 크기는 물체의 변형량에 비례**한다. 이것이 '훅(Hooke)의 법칙'이다. 용수철의 탄성력 F도 훅의 법칙에 따라 용수철의 자연 길이(힘이 가해지지 않은 상태의 길이, 즉 늘어나거나 줄어들지 않은 용수철의 원래 길이)에서 늘어

나고 줄어드는 것이 $x(>0)$일 때

$$F = kx \tag{2-94}$$

가 성립한다. 이때 비례상수 k를 용수철 상수라고 한다.

단, 〈그림 2-27〉과 같이 평형위치를 원점으로 하여 좌표축을 취한 경우는 주의가 필요하다. 용수철의 **'늘어남'과 '줄어듦'은 언제나 양수 값이므로 좌표축 위에서는 절댓값으로 생각**할 필요가 있다.

■ 용수철이 평형위치보다 늘어났을 때

- 용수철이 평형위치에서 '늘어남' : $|x| = x$
- 용수철의 탄성력 F의 방향 : x축의 음의 방향

따라서 $F = -k|x| = -kx$ (2-95)

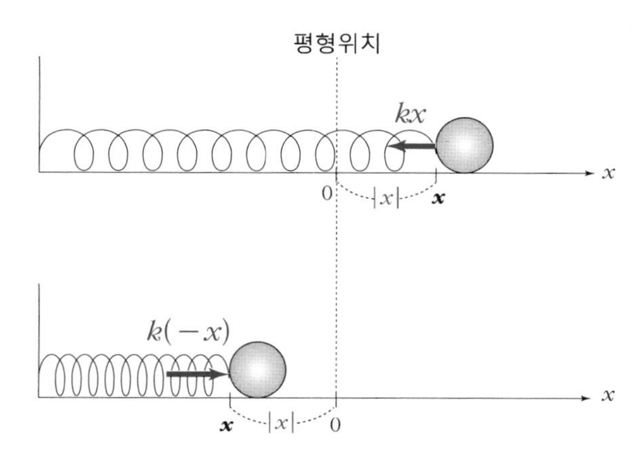

〈그림 2-27〉 용수철의 탄성력을 받는 물체의 운동

■ **용수철이 평형위치보다 줄어들었을 때**

- 용수철이 평형위치에서 '줄어듦' : $|x| = -x$
- 용수철의 탄성력 F의 방향 : x축의 양의 방향

따라서 $F = k|x| = k(-x) = -kx$ (2-96)

결국 (2-95)와 (2-96)에서 **용수철이 늘어났을 때도, 줄어들었을 때도 용수철의 탄성력은 $F = -kx$**가 됨을 알 수 있다.

따라서 〈그림 2-27〉일 때, 어떤 경우에도 운동방정식은

$$ma = -kx \tag{2-97}$$

〈그림 2-28〉과 같이 $x = x_1$일 때 $v = v_1$이고, $x = x_2$일 때 $v = v_2$라고 하면 $F = -kx$다. (2-85)에서

$$\frac{1}{2}m{v_2}^2 - \frac{1}{2}m{v_1}^2 = \int_{x_1}^{x_2}(-kx)\,dx \qquad \boxed{\frac{1}{2}m{v_2}^2 - \frac{1}{2}m{v_1}^2 = \int_{x_1}^{x_2}F\,dx}$$

$$= -\int_{x_1}^{x_2}kx\,dx = -\left[\frac{1}{2}kx^2\right]_{x_1}^{x_2}$$

$$= -\frac{1}{2}k({x_2}^2 - {x_1}^2)$$

$$= \frac{1}{2}k({x_1}^2 - {x_2}^2) \tag{2-98}$$

(2-98)은 용수철의 탄성력이 $-\left[\frac{1}{2}kx^2\right]_{x_1}^{x_2}$에 해당하는 양만큼 일한(물체의 운동에너지를 변화시킨) 것을 나타낸다. 즉 용수철에 매달린

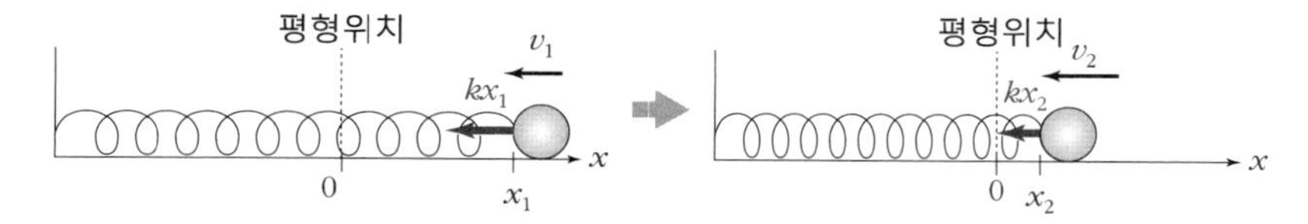

〈그림 2-28〉 용수철의 탄성에너지

물체가 평형위치가 아닌 위치에 있으면 잠재적으로 '일로 변환할 수 있는 물리량=에너지'를 가졌다는 뜻이다. 따라서 $\frac{1}{2}kx^2$을 **탄성력에 의한 위치에너지** 또는 **용수철의 탄성에너지**라고 한다.

탄성력에 의한 위치에너지

$$U=\frac{1}{2}kx^2 \quad [k\text{는 상수}] \tag{2-99}$$

(2-98)을 이항하여 정리하면 다음 식을 얻는다.

$$\frac{1}{2}mv_1{}^2+\frac{1}{2}kx_1{}^2=\frac{1}{2}mv_2{}^2+\frac{1}{2}kx_2{}^2 \tag{2-100}$$

(2-100)은 운동방정식이 (2-97)일 때, **운동에너지와 탄성력에 의한 위치에너지의 합이 일정**해진다는 **에너지 보존법칙**을 나타낸다. 일반적으로 물체가 가진 **운동에너지 K와 위치에너지 U의 합계**를 **역학적 에너지**라고 한다. (2-93)이나 (2-100)에서 물체의 운동방정식에 중력이나 탄성력 이외의 힘이 등장하지 않을 때, 다음의 **역학적 에너지 보존법칙**이 성립한다.

역학적 에너지 보존법칙

물체에 중력이나 탄성력 이외의 힘이 작용하지 않을 때 운동에너지를 K, 위치에너지를 U라고 하면

$$K+U=\text{일정}$$

주

- 운동에너지 : $K=\frac{1}{2}mv^2$
- 중력에 의한 위치에너지 : $U=mgh$
- 탄성력에 의한 위치에너지 : $U=\frac{1}{2}kx^2$

역학에서, 운동에너지 보존법칙만큼이나 중요한 보존법칙이 운동방정식을 시각 t로 적분했을 때 얻을 수 있는 **운동량 보존법칙**이다. 지금부터 살펴보자.

운동량도 에너지에서의 일과 마찬가지로, 고등학교에서는 '이것을 운동량이라고 한다'라는 것에서 시작하므로 갑자기 등장한 물리량처럼 느끼는 사람이 적지 않을 것이다. 앞으로 보게 되듯이, 운동방정식을 시각 t로 정적분했을 때 나오는 양이야말로 운동량이며, 그 변화량과 같은 물리량(충격량)을 정적분의 형태로 정의하는 것도 자연스러운 흐름 속에서 이해할 수 있을 것이다.

운동량과 충격량

일이나 역학적 에너지는 운동방정식을 위치(x)에 대하여 정적분함으로써 이끌어낼 수 있다. 이번에는 운동방정식을 시간(t)에 대하여 정적분을 해보자. 운동방정식은 일반적으로

$$m\vec{a} = \vec{F} \tag{2-101}$$

(2-101)의 양변에 대하여 t_1에서 t_2까지 정적분을 해보자.

$$\int_{t_1}^{t_2} m\vec{a}\, dt = \int_{t_1}^{t_2} \vec{F}\, dt \tag{2-102}$$

또한 (2-102)는 피적분함수가 벡터인데, 이것은(평면 운동인 경우) x방향의 운동방정식의 정적분과 y방향의 운동방정식의 정적분을 일괄한 표현이다. 즉 $\vec{a} = (a_x,\ a_y)$, $\vec{F} = (F_x,\ F_y)$라고 할 때

$$x\text{방향 } ma_x = F_x \ \Rightarrow\ \int_{t_1}^{t_2} ma_x\, dt = \int_{t_1}^{t_2} F_x\, dt$$

$$y\text{방향 } ma_y = F_y \ \Rightarrow\ \int_{t_1}^{t_2} ma_y\, dt = \int_{t_1}^{t_2} F_y\, dt$$

이다. 이것은 다음과 같이 쓸 수 있다.

$$\int_{t_1}^{t_2} m\vec{a}\, dt = \left(\int_{t_1}^{t_2} ma_x\, dt,\ \int_{t_1}^{t_2} ma_y\, dt\right)$$

$$= \left(\int_{t_1}^{t_2} F_x\, dt,\ \int_{t_1}^{t_2} F_y\, dt\right) dt = \int_{t_1}^{t_2} \vec{F}\, dt$$

(2-102)에서 가속도 $\vec{a}$를 $\dfrac{d\vec{v}}{dt}$로 바꿔 쓰면

$$\int_{t_1}^{t_2} m\frac{d\vec{v}}{dt}dt = \int_{t_1}^{t_2} \vec{F}\,dt$$

$kf'(x) = \{kf(x)\}'$

$$\Rightarrow \int_{t_1}^{t_2} \frac{d}{dt}(m\vec{v})dt = \int_{t_1}^{t_2} \vec{F}\,dt \qquad (2\text{-}103)$$

이다음은 (2-83)을 이끌어낼 때와 마찬가지다.

$\dfrac{d}{dt}m\vec{v}$는 $m\vec{v}$를 (t로) 미분한 것이므로 $m\vec{v}$는 $\dfrac{d}{dt}m\vec{v}$의 부정적분(원시함수)이다.

미분

$m\vec{v}$ $\qquad \dfrac{d}{dt}(m\vec{v})$

적분

$F(x)$가 $f(x)$의 부정적분의 하나일 때

$$\int_a^b f(x)dx = \Big[F(x)\Big]_a^b$$

즉 (2-103)의 좌변은 다음과 같이 변형된다.

$$\int_{t_1}^{t_2} \frac{d}{dt}(m\vec{v})dt = \Big[m\vec{v}\Big]_{t_1}^{t_2} \qquad (2\text{-}104)$$

더욱이 속도 $\vec{v}$는 시각 t의 함수이며 $\vec{v}(t_1) = \vec{v}_1$, $\vec{v}(t_2) = \vec{v_2}$인 (2-104)는 다음과 같이 쓸 수 있다.

$$\Big[m\vec{v}\Big]_{t_1}^{t_2} = \Big[m\vec{v}(t)\Big]_{t_1}^{t_2}$$

$\Big[F(x)\Big]_a^b = F(b) - F(a)$

$$= m\vec{v}(t_2) - m\vec{v}(t_1)$$

$$= m\overrightarrow{v_2} - m\overrightarrow{v_1} \tag{2-105}$$

(2-103), (2-104), (2-105)에서

$$m\overrightarrow{v_2} - m\overrightarrow{v_1} = \int_{t_1}^{t_2} \vec{F}\, dt \tag{2-106}$$

여기서 (2-106)의 물리적인 의미를 생각해보자.

예를 들어 속도가 같은 탁구공과 단단한 야구공을 배트로 쳐내는 모습을 상상해보자. 손이 받는 충격은 단단한 야구공 쪽이 훨씬 클 것이다. 또한 같은 단단한 공이라도 속도가 다를 경우, 빠른 공이 충격을 더 줄 것이다. 더욱이 속도가 같은 단단한 공을 쳐낼 때, 파울볼처럼 배트에 공이 살짝 닿는(공의 방향이 거의 변하지 않는) 경우와 정면 방향으로 쳐내는(공의 방향이 180° 가깝게 변하는) 경우에는 어떨까? 역시 후자가 손에 느껴지는 충격이 클 것이다.

이 내용에서 **운동의 '충격'의 크기에는 질량과 속도와 방향이 관계한다**는 것을 알 수 있다. 그래서 운동 중인 물체의 격렬함(기세)을 나타내는 물리량으로서 (2-106)의 좌변에 등장하는 벡터량 $m\vec{v}$를 **운동량**이라고 부르게 되었다.

$$\textbf{운동량}\ \vec{P} = m\vec{v} \tag{2-107}$$

주 운동량은 영어로 '기세'라는 뜻도 가진 '모멘텀(momentum)'이다. 그런데 운동량을 나타내는 기호로는 $\vec{P}$를 사용하는 일이 많다.

일설에는 머리글자인 m은 질량과 혼동되기에 피하고, 알파벳 m 다음에 오는 n도 수직항력에서 이미 사용하고 있으므로 피하고, 다음에 오는 o는 원점을 나타내므로 피하고… 그리하여 o 다음에 오는 p가 선택되었다고 한다. 이 얘기도 위치에너지와 마찬가지로 확실한 근거는 없다.

결국 (2-106)의 좌변은 운동량 벡터의 변화량을 나타낸다. 그리고 (2-106)에서 우변의 벡터는 **충격량**이라고 한다. 충격량은 영어로 임펄스(impulse)이며, 충격량을 기호로 나타낼 때는 $\vec{I}$를 사용한다. 다시 말해

$$\textbf{충격량}\ \vec{I} = \int_{t_1}^{t_2} \vec{F}\,dt \tag{2-108}$$

이상에서 (2-106)은 '**두 시간 사이의 운동량의 변화는 그동안 물체에 가해진 충격량과 같다**'라는 물리적 의미를 지녔음을 알 수 있다. 특히 $\vec{F}$가 일정할 때

$$\begin{aligned} \vec{I} &= \int_{t_1}^{t_2} \vec{F}\,dt = \vec{F}\int_{t_1}^{t_2} 1dt \\ &= \vec{F}\Big[\,t\,\Big]_{t_2}^{t_1} = \vec{F}(t_2 - t_1) \\ &= \vec{F}\varDelta t \quad [\varDelta t = t_2 - t_1] \end{aligned} \tag{2-109}$$

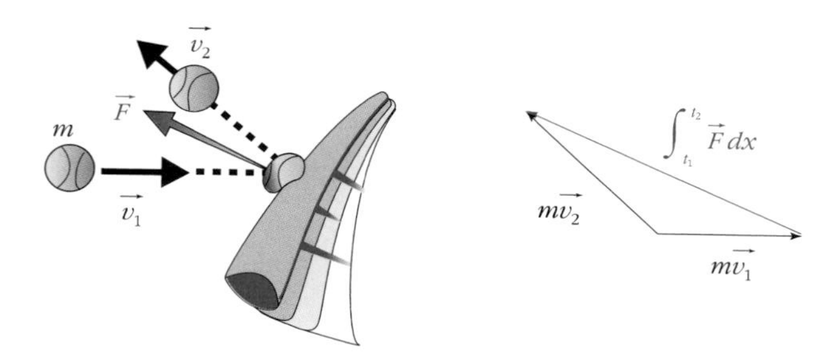

〈그림 2-29〉 운동량의 변화와 충격량

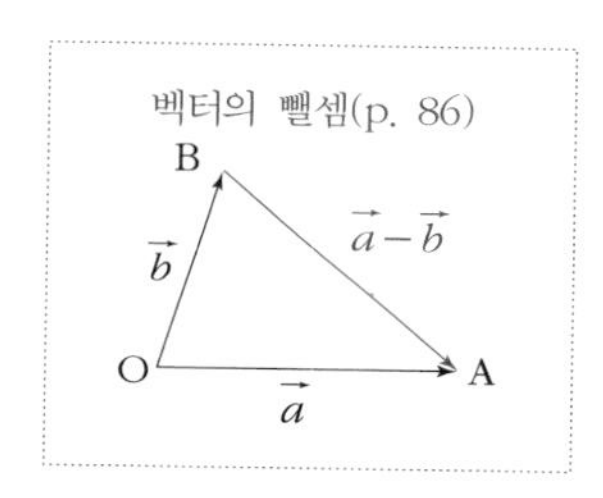

운동량 보존법칙

질량 m인 물체와 질량 M인 물체의 상호작용을 생각해보자. 〈그림 2-30〉과 같이 질량 m인 물체와 질량 M인 물체가 각각 속도 $\overrightarrow{v_1}$과 속도 $\overrightarrow{V_1}$으로 접근하여 시각 t_1에서 시각 t_2까지 상호작용했다고 하자. 이때

질량 m인 물체가 질량 M인 물체로부터 받는 힘을 $\overrightarrow{F_M}$

질량 M인 물체가 질량 m인 물체로부터 받는 힘을 $\overrightarrow{F_m}$

이라고 하면 작용·반작용의 법칙(p. 123)에 따라

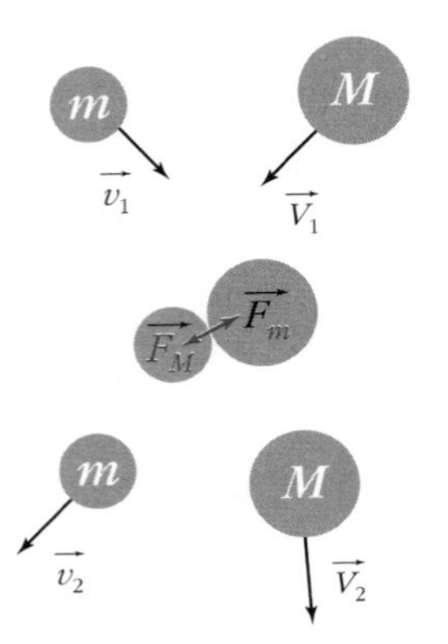

〈그림 2-30〉 질량이 다른 두 물체의 상호작용

$$\overrightarrow{F_m} = -\overrightarrow{F_M} \tag{2-110}$$

(2-106)에서 질량 m인 물체에 대하여

$$m\overrightarrow{v_2} - m\overrightarrow{v_1} = \int_{t_1}^{t_2} \overrightarrow{F_M}\, dt \tag{2-111}$$

질량 M인 물체에 대해서도 마찬가지로

$$M\overrightarrow{V_2} - M\overrightarrow{V_1} = \int_{t_1}^{t_2} \overrightarrow{F_m}\, dt \tag{2-112}$$

(2-111)+(2-112)에서

$$\begin{aligned} & m\overrightarrow{v_2} - m\overrightarrow{v_1} + M\overrightarrow{V_2} - M\overrightarrow{V_1} \\ &= \int_{t_1}^{t_2} \overrightarrow{F_M}\, dt + \int_{t_1}^{t_2} \overrightarrow{F_m}\, dt \\ &= \int_{t_1}^{t_2} \overrightarrow{F_M}\, dt + \int_{t_1}^{t_2} (-\overrightarrow{F_M})\, dt \end{aligned}$$

(2-110)에 따라

$$= \int_{t_1}^{t_2} \overrightarrow{F_M}\, dt - \int_{t_1}^{t_2} \overrightarrow{F_M}\, dt = \vec{0} \qquad (2\text{-}113)$$

(2-113)을 이항하여 정리하면

$$m\overrightarrow{v_1} + M\overrightarrow{V_1} = m\overrightarrow{v_2} + M\overrightarrow{V_2} \qquad (2\text{-}114)$$

(2-114)는 **두 물체 사이에 작용하는 힘이 오로지 상호작용뿐일 때**(외부로부터 힘이 작용하지 않을 때) **전체 운동량이 보존된다**(일정해진다)는 것을 나타낸다. 이것을 운동량 보존법칙이라고 한다.

운동량 보존법칙

두 물체 사이에 외부로부터의 힘이 작용하지 않고 오로지 상호작용력만이 작용할 때, 운동량의 합은 보존된다.

$$m\overrightarrow{v_1} + M\overrightarrow{V_1} = m\overrightarrow{v_2} + M\overrightarrow{V_2}$$

주 '두 물체 사이에 상호작용력만이 작용할 때'라는 말은 구체적으로 다음의 셋 중 하나인 경우다.

• 충돌 • 분리 • 결합

기출문제

문제 7 **일본 대학입시센터**

〈그림 1〉처럼 마루 위에 수직으로 고정시킨 가벼운 용수철이 있다. 평형위치에서의 길이는 l이다. 이 용수철 위에 질량 m인 작은 공을 올린 뒤 손으로 눌렀다. 〈그림 2〉와 같이 용수철의 수축을 x라고 한다. 그런 다음 조용히 손을 뗐다. 용수철이 평형위치에 도달했을 때 작은 공은 용수철을 떠나 속도 v로 수직 위쪽으로 운동했다. 그 직후에 용수철을 마루에서 치웠다. 작은 공은 최고점에 오른 뒤 마루에 떨어졌다. 용수철 상수를 k, 중력가속도의 크기를 g라고 한다.

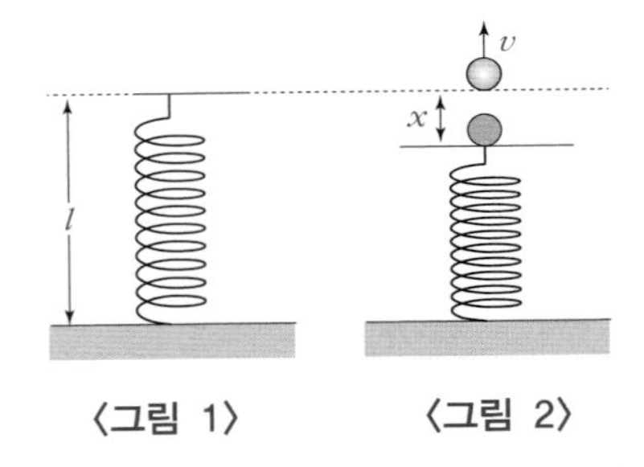

〈그림 1〉 〈그림 2〉

x와 v의 관계를 나타내는 식, 그리고 작은 공이 용수철에서 솟아오르기 위해 x가 만족해야 하는 조건을 나타내는 식의 조합으로 가장 적당한 것을 다음 ①~⑥ 중에서 하나 고르시오.

	x와 v의 관계식	x의 조건식
①	$\frac{1}{2}mv^2 = \frac{1}{2}kx^2 - mgx$	$x > 0$
②	$\frac{1}{2}mv^2 = \frac{1}{2}kx^2 - mgx$	$x > \frac{mg}{k}$
③	$\frac{1}{2}mv^2 = \frac{1}{2}kx^2 - mgx$	$x > \frac{2mg}{k}$
④	$\frac{1}{2}mv^2 = \frac{1}{2}kx^2 + mgx$	$x > 0$
⑤	$\frac{1}{2}mv^2 = \frac{1}{2}kx^2 + mgx$	$x > \frac{mg}{k}$
⑥	$\frac{1}{2}mv^2 = \frac{1}{2}kx^2 + mgx$	$x > \frac{2mg}{k}$

해설

이 운동은 중력과 탄성력 이외의 힘이 작용하지 않으므로 역학적 에너지 보존법칙이 성립한다.

해답

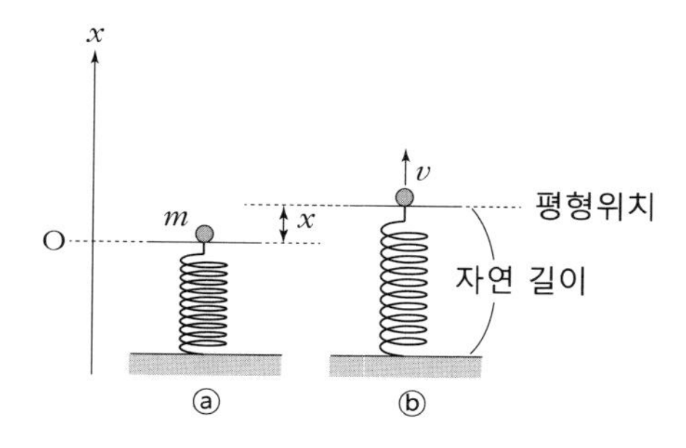

ⓐ는 작은 공을 눌렀던 손을 치운 순간이고, ⓑ는 용수철이 평형위치로 돌아왔을 때다. ⓐ와 ⓑ의 상태에서 역학적 에너지 보존법칙이 성립한다.

역학적 에너지 $= K + U =$ 일정

ⓐ에서 물체의 위치를 위치에너지의 원점(기준점)이라고 한다.
ⓐ에서 속도 $v = 0$, 기준면으로부터의 높이 $h = 0$ 이고 ⓑ에서 용수철의 늘어남(줄어듦) $x = 0$ 이라는 것을 알면,

$$K + U = \underbrace{\frac{1}{2}m \cdot 0^2 + mg \cdot 0 + \frac{1}{2}kx^2}_{ⓐ} = \underbrace{\frac{1}{2}mv^2 + mgx + \frac{1}{2}k \cdot 0^2}_{ⓑ}$$

$$\Rightarrow \frac{1}{2}kx^2 = \frac{1}{2}mv^2 + mgx$$

$$\Rightarrow \boldsymbol{\frac{1}{2}mv^2 = \frac{1}{2}kx - mgx}$$

$K = \frac{1}{2}mv^2$
$U = mgh$
$U = \frac{1}{2}kx^2$

또한 작은 공이 용수철에서 들어 올려져 위로 올라가기 위해서는 ⓑ의 상태에서 운동에너지가 존재해야 한다. 따라서 위의 식에서

$$\frac{1}{2}mv^2 = \frac{1}{2}kx^2 - mgx = \left(\frac{1}{2}kx - mg\right)x > 0$$

$x > 0$ 이므로

$$\frac{1}{2}kx - mg > 0 \quad \Rightarrow \quad \boldsymbol{x > \frac{2mg}{k}}$$

이상에서 **정답은** ③

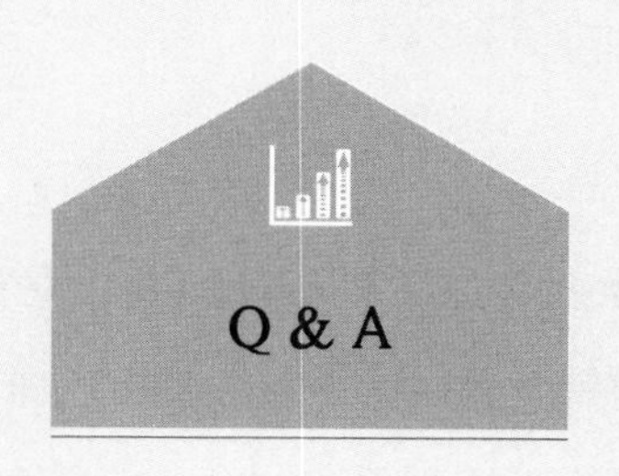

Q & A

학생 : '물체에 중력과 탄성력 이외의 힘이 작용하지 않을 때'라는 것이 역학적 에너지가 보존되기 위한 조건이라고 하셨죠. 그런데 〈그림 2-27〉의 운동만 봐도 탄성력과 중력 이외에 마루에서 수직항력을 받고 있잖아요…. 그래도 역학적 에너지는 보존되는 건가요?

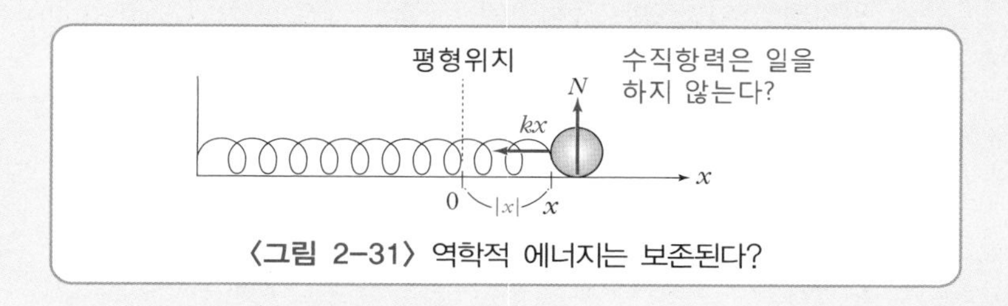

〈그림 2-31〉 역학적 에너지는 보존된다?

선생 : 오, 멋진 질문이에요! 결론부터 말하면, **중력과 탄성력 이외의 힘이 작용하고 있더라도 그것이 물체의 이동 방향에 대하여 수직이라면 역학적 에너지는 보존됩니다.** 앞에서 운동에너지를 변화시키는 능력이 '일'이며, 일로 변환할 수 있는 물리량이 에너지라고 말했었죠. 그런데 〈그림 2-31〉의 수직항력처럼 운동 방향에 대하여 수직인 힘은 운동에너지를 변화시키지 않으므로 '일'을 할 수 없으며, 결과적으로 역학적 에너지의 총합에 영향을 미치지 못합니다.

학생 : 진행 방향에 수직으로 작용하는 힘이 있어도 속도는 변하지 않으므로 역학적 에너지가 보존된다는 얘기군요. 그러면 중력이나 탄성력 외에 역학적 에너지가 보존되는 힘이 있나요?

선생 : 물론 있죠. **만유인력**(p. 126)이나 **쿨롱**(Coulomb)**의 힘**(정전기력) 등은 역학적 에너지 보존법칙을 성립시키는 힘이에요.

학생 : 역학적 에너지가 보존되는 힘의 공통점은 뭔가요?

선생 : 역학적 에너지 보존법칙을 성립시키는 힘을 **보존력**이라고 합니다. 물체에 보존력만이 작용하는 경우 보존력에 역행하여 두 점 사이를 천천히 이동하는 외력이 하는 일은 두 점의 위치의 차이만으로 정해지며, 도중의 경로는 상관없습니다.

학생 : 그게 왜 역학적 에너지가 보존되는 근거인데요?

선생 : 한 예로, 지면이 기준점이고 크레인에 매달린 질량 m의 각목이 지면에서 높이 L인 위치에 있다고 생각해보죠. 이 각목은 (2-92)에서처럼 $U = mgL$의 위치에너지를 갖죠. 단, 이 각목을 지면에서 이 위치까지 갖고 온 것은 크레인의 힘입니다. 크레인의 힘이 중력과 균형을 이루면서 아주 천천히 각목을 들어 올렸다면 각목의 속도는 거의 0이겠죠? 즉 각목은 운동에너지를 갖지 않으며 위치에너지만 가집니다.

학생 : 잠깐만요, 크레인의 힘이 중력과 균형을 이루면 각목은 움직이지 않잖아요?

선생 : 그렇죠. 엄밀하게는 그렇지만 물리에서는 물체에 미친 일과 위치에너지를 같게 만들고 싶을 때 '힘의 균형을 이루면서 영원한 시간이 걸려 이동시킨다' 등으로 표현합니다. 외력

이 중력에 한없이 가까울 때 외력에 의한 일은 한없이 위치에너지에 가까워진다는 의미인 셈이죠.

학생 : (오랜만에 나왔네요!) 극한(p. 23)이군요!

선생 : 그렇죠. 아무튼 이 각목이 가진 위치에너지는 영원한 시간이 걸려 이동시킨 크레인의 힘이 한 일과 같습니다. 지금부터가 중요한 내용입니다. 만약 각목을 들어 올리는데, 똑바로 들어 올릴 때와 빙빙 돌리면서 들어 올릴 때 크레인이 하는 일이 달라진다면 어떨까요?

학생 : 각목이 가진 위치에너지도 달라지겠죠.

선생 : 그렇죠. 줄이 끊겨서 각목이 낙하할 때 높이가 변하지 않는다면 낙하하는 각목이 지면에 스칠 정도에서 갖는 운동에너지는 일정하겠죠. 그런데 위치에너지만 여러 값을 갖게 돼버려, '운동에너지+위치에너지=일정'이라는 역학적 에너지 보존법칙이 무너져 버리겠죠.

학생 : 그건 있을 수 없죠….

선생 : 그러므로 크레인이 하는 일은 경로에 상관없이 일정하며, 중력은 보존력인 것입니다.

학생 : 운동에너지는 일정해진다는 것을 어떻게 알 수 있나요?

선생 : '운동의 기본식'에 따라 계산하면, 높이 L에서 자유낙하하는 각목이 지면에 스칠 정도의 위치에서 속도는 $v=\sqrt{2gL}$이 되어 일정해지는 것에서 알 수 있죠. 한번 풀어보세요.

운동의 기본식

$v = v_0 + at,\ x = x_0 + v_0 t + \frac{1}{2}at^2$

학생 : (윽!) … 운동에너지의 정의식은 $\frac{1}{2}mv^2$ 이었죠.

선생 : 물체에 작용하는 힘이 보존력일 경우 역학적 에너지가 보존된다는 내용을 진정한 의미에서 이해하려면 경로적분이라는 대학 수준의 수학 지식이 필요합니다. 여기서는 깊이 들어가지 않고 결론만 소개하죠.

보존력에 대해서는 중력이나 탄성력일 때와 마찬가지로(최초와 최후의 위치만으로 정해지는) 위치에너지를 정의할 수 있어, 경로적분을 하면 위치에너지의 감소량(또는 증가량)과 운동에너지의 증가량(또는 감소량)이 일치함을 알 수 있습니다. 이것은 보존력에 의한 위치에너지가 운동에너지를 만들어낼 잠재적 능력을 갖고 있다는 의미며, 역학적 에너지의 총합이 일정해진다는 뜻이죠.

학생 : (점점 어려운 이야기가 펼쳐지잖아…) 그러면 보존력이 아닌 힘에는 어떤 것이 있나요?

선생 : 보존력이 아닌 힘은 **비보존력**이라 하며, 대표적으로 마찰력과 저항력이 있습니다. 물체에 비보존력이 작용할 때는 외력에 의해 똑같이 두 점 사이를 이동하는 경우에도 경로에 따라 일이 다르므로, 역학적 에너지 보존법칙이 성립하지 않습니다.

학생 : 하지만 에너지의 총합으로서는 일정해지죠?

선생 : 그렇죠. 마찰력이 있는 경우, 에너지 일부는 열에너지 등으로 바뀌므로 역학적 에너지의 총합은 감소하여 역학적 에너지 보존법칙은 성립하지 않습니다. 하지만 열에너지 등의 양까지 합쳐진 에너지의 총합은 변하지 않습니다.

3장

미분방정식

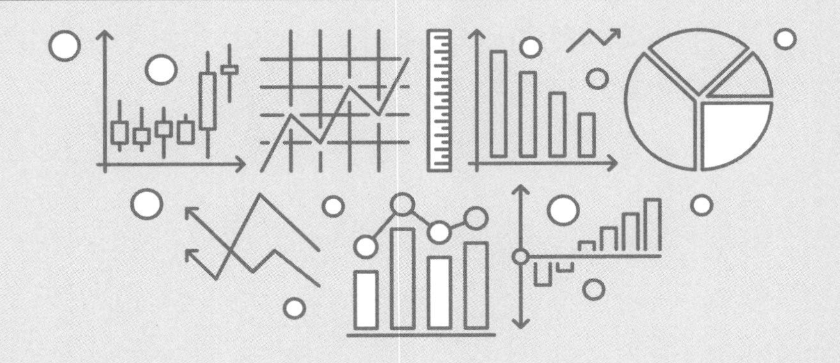

01 _ 미분방정식과 모델화

현실의 모델화, 미래 예측법

미분(제1장)과 적분(제2장)에 이어 드디어 '**미분방정식**' 차례가 되었다. '방정식이란 무엇인가를 설명하시오'라는 말을 들으면 여러분은 자신 있게 대답할 수 있는가? '방정식'이라는 말은 중학교 1학년 수학에 등장한다. 일상생활에서도 '승리의 방정식'이라든지 '성공의 방정식' 등으로 많이 사용된다. 하지만 다들 정확한 의미는 잘 모르는 것 같다. 확인해보자.

$$2x + 1 = 5$$

위와 같이 **문자에 특정값**(여기서는 $x = 2$)**을 대입했을 때만 성립하는 등식**을 방정식이라고 하며, 이 특정값을 방정식의 근(해)이라고 한다.

주

$$x + x + 1 = 2x + 1$$

이처럼 **x값에 상관없이 언제나 성립하는 등식**을 '항등식'이라고 한다. 방정식과 항등식은 대조적이므로 세트로 이해하면 좋다.

'승리의 방정식'이라든지 '성공의 방정식' 등은 승리하거나 성공하기 위한 방법을 말할 때 주로 사용되므로 의미상 틀린 것은 아니다. 특히 아래의 식처럼 미지의 함수 $y=f(x)$와 그것의 도함수 $\frac{dy}{dx}$, $\frac{d^2y}{dx^2}$, $\frac{d^3y}{dx^3}$, … 및 독립변수 x를 포함하는 방정식을 미분방정식이라고 한다.

$$\frac{d^2y}{dx^2}+3\frac{dy}{dx}+x=0 \tag{3-1}$$

여기서 기호와 그 의미에 대해 확인해보자. $\frac{d^2y}{dx^2}$는

$$\frac{d^2y}{dx^2}=\frac{d}{dx}\left(\frac{dy}{dx}\right)$$

와 같이 함수 $y=f(x)$의 도함수 $\frac{dy}{dx}$를 다시 미분해서 얻은 도함수로, 이계도함수 또는 제2차 도함수라고 한다(p. 56). 앞에서 이계도함수(제2차 도함수)는 $\frac{d^2y}{dx^2}$ 이외에 $\boldsymbol{f''(x)}$, $\boldsymbol{y''}$, $\boldsymbol{\frac{d^2}{dx^2}f(x)}$ 등의 기호로 표시한다고 했다.

$\frac{d^3y}{dx^3}$는

$$\frac{d^3y}{dx^3}=\frac{d}{dx}\left(\frac{d^2y}{dx^2}\right)=\frac{d}{dx}\left\{\frac{d}{dx}\left(\frac{dy}{dx}\right)\right\}$$

와 같이 함수 $y=f(x)$의 이계도함수(제2차 도함수) $\frac{d^2y}{dx^2}$를 미분하여 얻은 도함수로, **삼계도함수** 또는 **제3차 도함수**라고 한다.

삼계도함수(제3차 도함수)는 $\frac{d^3y}{dx^3}$ 이외에 $f'''(x)$, y''', $\frac{d^3}{dx^3}f(x)$ 등으로도 나타내는데, ' '(프라임) '이 많으면 보기 힘들므로 $f^{(3)}(x)$, $y^{(3)}$이라는 기호를 사용하는 일이 많다.

일반적으로 함수 $y=f(x)$를 n회 미분한 도함수를 **n계도함수** 또는 **제n차 도함수**라고 하며 $\frac{d^ny}{dx^n}$, $f^{(n)}(x)$, $y^{(n)}$, $\frac{d^n}{dx^n}f(x)$ 등으로 나타낸다.

미분방정식에 포함되는 미지함수의 도함수 중에서 가장 높은 미분의 계수가 n일 때, 이 미분방정식을 **n계 미분방정식**이라고 한다.

예를 들면 앞의 (3-1)은 이계 미분방정식이며, 아래 식은 일계 미분방정식이다.

$$\frac{dy}{dt}=ky \tag{3-2}$$

미분방정식의 근

함수 $y=f(x)$에 대한 미분방정식을 푼다는 것은 도함수를 포함하는 등식에서, 그 등식을 만족하는(도함수를 포함하지 않는) x와 y의 관계식을 이끌어낸다는 것을 의미한다. 예를 들면

$$\frac{dy}{dx}-2x=0 \tag{3-3}$$

이라는 미분방정식은 다음과 같이 변형할 수 있다.

$$\frac{dy}{dx}-2x=0 \quad \Rightarrow \quad \frac{dy}{dx}=2x \tag{3-4}$$

(3-4)는 함수 $y=f(x)$를 한 번 미분하면 $2x$가 되는 것을 나타내므로,

$$y=x^2+C \quad [C\text{는 임의 상수}] \tag{3-5}$$

임을 알 수 있다.

(3-3)에서 (3-5)를 끌어내는 계산이

$$\frac{dy}{dx}=2x \quad \Rightarrow \quad \int\frac{dy}{dx}dx=\int 2x dx \quad \Rightarrow \quad y=x^2+C$$

라는 것에서 알 수 있듯이, 미분방정식의 근을 구하는 계산의 본질은 적분이다. 실제로 여러 나라에서는 '미분방정식을 푼다'와 '적분을 한다'를 같은 단어로 나타내기도 한다.

일반적으로 미분방정식을 만족하고, 도함수를 포함하지 않는 함수식을 그 미분방정식의 근이라고 한다. (3-5)는 (3-3)에서 주어진 미분방정식의 근이다. 또한 (3-5)와 같이 **임의 상수를 포함하는 근을** 일반근, 일반근의 **임의 상수에 특정값을 대입한 근**을 특수근이라고 한다.

예를 들면 '$y=x^2+1$'은 (3-3)의 특수근이다.

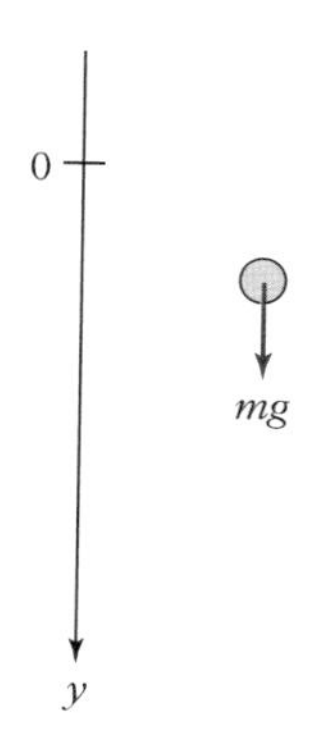

질량 m인 물체가 낙하할 때, 수직 방향 아래쪽을 양으로 삼아 좌표축(여기서는 y축)을 잡으면 그 물체의 운동방정식은

$$ma = mg \tag{3-6}$$

$a = \dfrac{d^2y}{dt^2}$ 임을 생각하면 (3-6)은 **미분방정식**이다. 이것은 (2-44)를 이끌어냈을 때(p. 227)와 마찬가지로 풀이할 수 있다.

$$m\frac{d^2y}{dt^2} = mg \quad \Rightarrow \quad \frac{d^2y}{dt^2} = g$$

$$\Rightarrow \quad \frac{d}{dt}\left(\frac{dy}{dt}\right) = g$$

$$\Rightarrow \quad \frac{dy}{dt} = gt + C_1$$

$$\Rightarrow \quad y = \frac{1}{2}gt^2 + C_1t + C_2 \tag{3-7}$$

(3-7)은 임의 상수 C_1과 C_2를 포함하므로, (3-6)의 일반근이다.

시각 $t=0$에서의 속도(처음 속도)를 v_0, 처음 위치를 y_0로 두면

$$v = \frac{dy}{dt} = gt + C_1 \underset{t=0}{\Longrightarrow} v_0 = C_1 \tag{3-8}$$

$$y = \frac{1}{2}gt^2 + C_1 t + C_2 \underset{t=0}{\Longrightarrow} y_0 = C_2 \tag{3-9}$$

이므로 이것들을 (3-7)에 대입하면 아래 식을 얻는다.

$$y = \frac{1}{2}gt^2 + v_0 t + y_0 \tag{3-10}$$

v_0나 y_0가 구체적인 값이라면 (3-10)은 (3-6)의 특수근이다.

운동방정식을 '푸는' 묘미

운동방정식에 의해 가속도가 주어지더라도 운동을 곧바로 정할 수는 없다. 운동을 정하려면 처음 속도와 처음 위치라는 초기 조건이 필요하다. 이것은 **운동방정식이라는 미분방정식의 일반근에는 두 개의 초기 조건(처음 속도와 처음 위치)을 자유롭게 적용시킬 수 있는 두 개의 임의 상수가 필요하다는 것을 의미한다.**

실제로 (3-7)이 운동방정식 (3-6)의 일반근으로 설정된 이유는 두 임의 상수를 포함하고, 그것들에 두 개의 초기 조건을 부여함으로써 (3-6)에서 주어진 운동의 모든 것을 기술할 수 있어서다.

나의 고등학교 물리 선생님은 "물리는 미래를 예측하는 학문이다"라고 하셨다. 확실히 운동방정식이라는 미분방정식을 풂으로써

물체의 위치가 시각 t의 함수로서 얻어진다면, 그리고 그 근이 모든 초기 조건에 대응할 수 있는 두 개의 임의 상수를 포함한다면 그 물체의 운동은(운동방정식이 변하지 않는 한) 영원히 완전하게 예측할 수 있다. 이것이야말로 운동방정식이라는 미분방정식을 푸는 최대의 묘미가 아닐까?

18세기에서 19세기에 걸쳐 활약했고 현대 확률론의 지평을 연 수학자이자 위대한 물리학자인 피에르 시몽 라플라스(Pierre Simon de Laplace, 1749~1827)는 자신의 저서 《확률 해석론》(1812)에 다음과 같이 썼다.

> 만약 어떤 순간에 모든 물질의 역학적 상태와 힘을 알 수 있고, 또 그것들의 데이터를 해석할 수 있을 만큼 능력의 지성이 존재한다면 그 지성에는 불확실한 게 아무것도 없으며, 그의 눈에는 미래가(과거와 마찬가지로) 모두 보일 것이다.

라플라스가 말한 '지성'은 '전지전능=신'으로 이어지기에 사람들은 그의 생각에 '라플라스의 악마'라는 이름을 붙였다.

현대인에게도 물론 '라플라스의 악마'는 극단적인 생각으로 비친다. 하지만 운동방정식=미분방정식의 일반근이 구해지면, 그 물체의 운동을 완전하게 기술할 수 있다. 따라서 그것을 '미래가 모두 보인다'고 표현해도 결코 지나친 말이 아니다. 뉴턴이 제시한 운동방정식을 미분방정식으로 푼다는 것은 그만큼 커다란 가능성을 품고 있다. 이 점을 깨닫고 감동한 사람들 중에서 라플라스처럼 생각한 사람이 등장하는 것은 오히려 자연스러운 일이라고 생각한다.

주 양자역학의 불확정성 원리에 따르면, '원자의 위치와 운동량을 동시에 바르게 아는 것은 불가능'하다. 그러므로 우리가 아무리 지성을 갈고 닦는다 해도 전지전능한 '라플라스의 악마'를 얻을 수는 없을 것이다.

모델화란?

그런데 (3-10)은 정말로 옳은 것일까? 지금까지 운동방정식의 가능성을 신나게 펼쳐놓고 이제 와서 이런 뜬금없는 질문을 하다니, 미안하다. 내가 말하고 싶은 이야기는 운동방정식의 근의 옳고 그름이 아니라 애초에 낙하하는 물체의 운동방정식은 정말로 (3-6)이면 되는가, 하는 것이다.

만약 낙하하는 물체가 질량 m인 쇠구슬이라면 (3-10)은 현실의 측정 결과와 딱 맞아떨어질 것이다. 하지만 낙하하는 물체가 질량 m인 신문지라면 (3-10)과 현실의 측정 결과는 크게 빗나갈 것

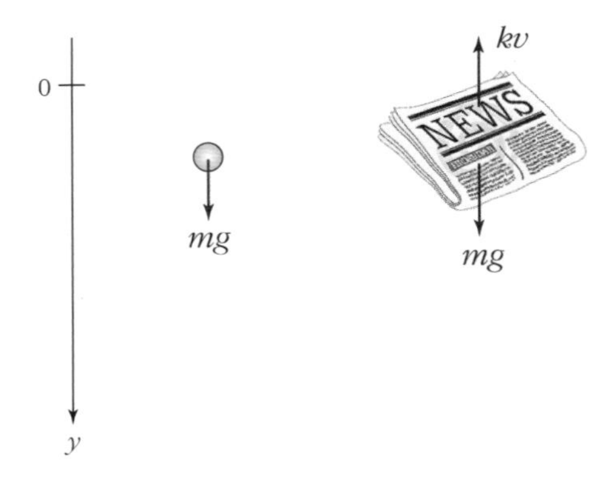

〈그림 3-1〉 쇠구슬과 신문지 낙하의 차이

이다. 후자의 경우 공기저항이 클 것이므로 (3-6)을 이 운동의 운동 방정식이라고 생각하는 것은 적절치 않다.

공기저항은 속도에 비례한다는 생각이 일반적이므로, 낙하하는 신문지의 운동방정식은 공기저항의 비례상수를 k로 하여,

$$ma = mg - kv \Rightarrow m\frac{d^2y}{dt^2} = mg - k\frac{dy}{dt} \tag{3-11}$$

$a = \frac{d^2y}{dt^2}$, $v = \frac{dy}{dt}$

라고 쓸 수 있다(이 운동방정식=미분방정식의 풀이법은 뒤에서 설명한다).

단, 신문지가 회전하면서 낙하하는 경우 k는 상수가 아니다. 또한 바람의 영향도 결코 적지 않을 것이므로 (3-11)과 같이 생각하는 것조차 부적절해진다. 회전이나 바람의 영향까지 고려하여 운동 방정식을 만들거나 푸는 것은 대학의 전문 과정에서 물리를 배우더라도 아주 어려운(또는 풀 수 없는) 문제다.

현실의 물체는 질량과 형태(그리고 전하)를 갖는데, 이 책에서는 물체의 형태에 대해서는 고려하지 않았다. 나는 지금까지 '물체'를 **질량과 위치만을 가지며 크기는 갖지 않는 점**으로 취급해왔다. 이런 '점'을 **질점(파티클)**이라고 한다. 질점은 물체를 이상화(추상화)된 극한으로서 표현하기 위해 도입된 개념이며, 현실에서는 존재하지 않는다. '현실에 존재하지도 않는 것을 생각해봤자 아무 의미가 없다'라고 생각하지는 말자.

확실히 앞쪽에서 설명한 신문지의 운동은 질량이 같은 질점의 운동과는 크게 다르다. 그러나 중력에 따라 물체가 낙하한다는 현

상의 본질은 역시 (3-6)의 운동방정식으로 표현된다. 공기저항이 나 바람의 영향은 거기에 새로운 요소가 더해진 거라고 생각할 수 있다.

오래전, 고대 그리스의 아리스토텔레스는 무거운 물체일수록 빨리 낙하한다고 주장했다. 확실히 동전과 나뭇잎을 같은 높이에서 동시에 떨어뜨리면 동전이 나뭇잎보다 먼저 땅에 떨어진다. 그 이유는 나뭇잎이 공기저항을 크게 받기 때문이다. 한편 진공 속에서는 질량과 상관없이 물체가 낙하하는 속도가 일정하다. 이것을 최초로 주장한 사람은 갈릴레오 갈릴레이였다. 진공을 만들 수 없었던 시대에 낙하의 본질을 꿰뚫어본 갈릴레오의 혜안이 그저 놀라울 따름이다.

물리학에서는 언제나 복잡한 자연현상에서 본질적인 물리법칙을 끌어내기 위해 여러 문제를 분리하고, 이상화시킨 극한으로서 물체를 취급한다. 말하자면 자연현상을 **모델화**하는 것이다. 물리학자에게 가장 중요한 것은 '모델화를 위해 무엇을 남기고 무엇을 버릴 것인가' 하는 취사선택의 센스가 아닐까?

> **주** 물체를 나타내는 이상화된 개념에는 질점 이외에 **강체**(크기를 갖지만 결코 변형되지 않는 물체), **탄성체**(힘을 가하면 변형되고 힘을 제거하면 완전히 원래대로 돌아오는 물체), **이상유체**(경계면에서, 접촉면에 평행력이 작용하지 않는 액체나 기체) 등이 있다.

"자연이라는 책은 수학의 언어로 쓰여 있다"라는 갈릴레오의 말은 아주 유명한데, 실제로는 '**수학으로 기술할 수 있도록 자연계를 모델화하는 기술을 인류가 얻었다**'라는 표현이 정확할 것이다. 운동방정식이라는 미분방정식도 그야말로 그 성과다. 단, 1차 방정식이나 2차 방정식과 달리 **미분방정식은 늘 풀리지는 않는다.**

앞에서 나는 "어떤 함수를 미분한다는 것은 결국 함수를 세세하게 나누고, (중략) 함수의 값에 변화를 불러오는 것의 정체를 알아내려 하는 계산"이라고 적었다(p. 54).

미분방정식 풀이의 어려움은 **거의 순간이라고 부를 만한 아주 짧은 시간의 극히 작은 변화를 조사함으로써 영원한 변화의 모습을 완전히 예측하려 하는 것**이다. 이런 말을 들으면 '그게 가능하겠나?'라고 생각할 것이다. 그렇다. 나의 대학 시절 스승은 "세상에 존재하는 99%의 미분방정식은 풀 수 없다"라고 말씀하셨다.

바로 그렇기 때문에 미분방정식을 공부할 때는 '어떤 형태여야 풀 수 있는가'를 배우는 것이 중요하다. 미분방정식의 분류에 대해서는 다음에 설명한다.

먼저 미분방정식을 풀 수 있다는 것의 은혜를 느끼기 위해서라도 용수철에 매달린 물체의 운동을 나타내는 운동방정식=미분방정식의 근(물체의 위치를 시각 t의 함수로 나타낸 것)이 삼각함수 하나로 나타나는 진동(단진동)이 되는 것을 배워보자. 단진동은 쉬운 내용이 아니다. 하지만 운동방정식을 미분방정식으로 취급하고, 이것을 풂으로써 일원적으로 이해할 수 있으므로 기대해도 좋다!

용수철에 매달린 물체의 운동

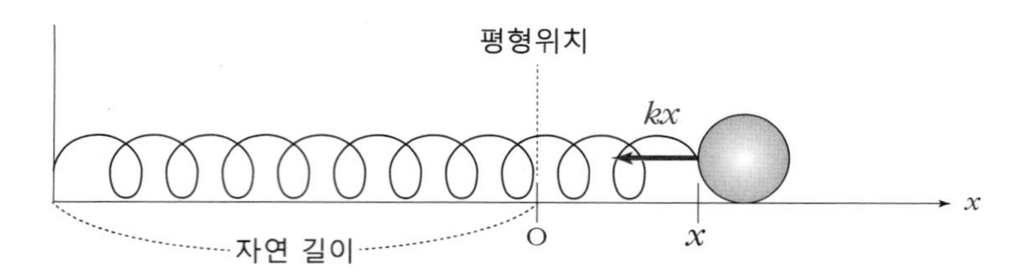

〈그림 3-2〉 용수철에 매달린 물체의 운동

한쪽 끝을 고정시킨 수평한 용수철의 다른 쪽 끝에 매달린 질량 m인 물체(질점)의 운동방정식을 생각해보자. 〈그림 3-2〉와 같이 수평 방향을 x축으로 삼고 평형위치를 원점으로 잡으면, 운동방정식은 용수철이 늘어나든 줄어들든(x의 양음에 상관없이)

$$ma = -kx \qquad (2\text{-}97)$$

다(p. 266). 앞에서와 마찬가지로 $a = \dfrac{d^2x}{dt^2}$라는 것을 생각하면 (2-97)은 미분방정식이며,

$$m\frac{d^2x}{dt^2} = -kx \Rightarrow \frac{d^2x}{dt^2} = -\frac{k}{m}x \qquad (3\text{-}12)$$

여기서 $\dfrac{k}{m} = \omega^2$이라고 하면 (3-12)는

$$\frac{d^2x}{dt^2} = -\omega^2 x \quad [\omega\text{는 상수}] \qquad (3\text{-}13)$$

라고 쓸 수 있다.

> **주** 'ω'는 '오메가'라고 읽는 그리스 문자로, 물리에서 자주 쓰이는 기호다. (3-13)에서 ω가 아니라 ω^2이라고 쓴 이유는 나중에 알 수 있다.

이 미분방정식을 만족하는 x를 생각해야 하는데, 좌변의 $\frac{d^2x}{dt^2}$는 x를 t로 두 번 미분한다는 의미다. 한편, 우변의 $-\omega^2 x$는 x를 상수배(ω^2배)한 뒤 부호를 반대로 바꾼 것이다.

여기서 떠올릴 공식은 삼각함수의 미분(p. 150)이다.

$$(\sin\theta)' = \cos\theta \quad \Rightarrow \quad \frac{d}{d\theta}\sin\theta = \cos\theta \tag{3-14}$$

$$(\cos\theta)' = -\sin\theta \quad \Rightarrow \quad \frac{d}{d\theta}\cos\theta = -\sin\theta \tag{3-15}$$

(3-14)를 (3-15)에 대입하여 $\cos\theta$를 없앤다.

$$\frac{d}{d\theta}\left(\frac{d}{d\theta}\sin\theta\right) = -\sin\theta \tag{3-16}$$

(3-16)은 $\sin\theta$를 θ로 두 번 미분하면 $-\sin\theta$가 됨을 나타낸다. 그리고 θ와 t를 바꿔넣으면

$$\frac{d}{dt}\left(\frac{d}{dt}\sin t\right) = -\sin t \quad \Rightarrow \quad \frac{d^2}{dt^2}\sin t = -\sin t \tag{3-17}$$

이다. 여기서

$$x = \sin t \tag{3-18}$$

라고 하면 (3-18)은 다음 식을 만족한다.

$$\boldsymbol{\frac{d^2x}{dt^2} = -x} \tag{3-19}$$

즉 $x = \sin t$는 미분방정식 (3-19)의 근이다. 또한 (3-14)와 (3-15)에서 $\sin\theta$를 없애면 똑같은 과정으로 다음 식이 얻어지므로

$$\frac{d^2}{dt^2}\cos t = -\cos t \tag{3-20}$$

$x = \cos t$도 미분방정식 (3-19)의 근이다.

단, $x = \sin t$나 $x = \cos t$는 임의 상수를 포함하지 않는 '특수근'이므로 이것들을 단서로 삼아 (3-19)의 일반근을 찾아보자.

앞에서 말했듯이, **운동방정식의 일반근은 모든 처음 속도와 처음 위치에 대응하기 위한 두 임의 상수를 포함할 필요가 있다.**

알파(α)와 베타(β)가 상수일 때, 도함수의 성질(p. 50)에서

$$\frac{d}{dt}\{\alpha p(t) + \beta q(t)\} = \alpha\frac{d}{dt}p(t) + \beta\frac{d}{dt}q(t) \tag{3-21}$$

$\{kf(x) + lg(x)\}' = kf'(x) + lg'(x)$

이것을 반복해 사용함으로써

$$\frac{d^2}{dt^2}\{\alpha p(t)+\beta q(t)\}=\frac{d}{dt}\left[\frac{d}{dt}\{\alpha p(t)+\beta q(t)\}\right]$$

$$=\frac{d}{dt}\left[\alpha\frac{d}{dt}p(t)+\beta\frac{d}{dt}q(t)\right]$$

$$=\alpha\frac{d}{dt}\left\{\frac{d}{dt}p(t)\right\}+\beta\frac{d}{dt}\left\{\frac{d}{dt}q(t)\right\}$$

$$=\alpha\frac{d^2}{dt^2}p(t)+\beta\frac{d^2}{dt^2}q(t) \qquad (3-22)$$

를 얻는다. 여기서

$$\frac{d^2}{dt^2}\sin t=-\sin t$$

$$\frac{d^2}{dt^2}\cos t=-\cos t$$

$$p(t)=\sin t,\quad q(t)=\cos t$$

라고 하면 (3-17), (3-20), (3-22)에서

$$\frac{d^2}{dt^2}(\alpha\sin t+\beta\cos t)=\alpha\frac{d^2}{dt^2}\sin t+\beta\frac{d^2}{dt^2}\cos t$$

$$=\alpha(-\sin t)+\beta(-\cos t)$$

$$=-(\alpha\sin t+\beta\cos t) \qquad (3-23)$$

여기서

$$g(t)=\alpha\sin t+\beta\cos t \qquad (3-24)$$

라고 하면 (3-23)은 $x=g(t)$가 미분방정식 (3-19)의 근이라는 것을 나타낸다. 심지어 $g(t)$는 임의 상수 α와 β를 포함하므로 이것은 일반근이다! 아직 기뻐하기는 좀 이르다. 우리가 근을 구하고 싶은 것은 (3-19)의 미분방정식이 아니라 (3-13)의 미분방정식

이다(p. 298). 아직 우변에 ω^2(상수)이 부족하다.

잠깐, 합성함수의 미분(p. 157)에서 '기억해두면 손해 볼 일은 없다'라고 예고했었던 다음 식을 떠올려보자.

$$\{g(ax+b)\}' = ag'(ax+b) \tag{1-98}$$

(1-98)의 독립변수를 x에서 t로 바꾸고, $b=0$이라고 하면

$$\frac{d}{dt}g(at) = ag'(at) \tag{3-25}$$

이다. 이것을 두 번 사용하면 다음 식을 얻을 수 있다.

$$\begin{aligned}\frac{d^2}{dt^2}g(at) &= \frac{d}{dt}\left\{\frac{d}{dt}g(at)\right\} \\ &= \frac{d}{dt}\{ag'(at)\} \\ &= a\frac{d}{dt}g'(at) = a \cdot ag''(at) \\ &= a^2 g''(at)\end{aligned} \tag{3-26}$$

(3-23)과 (3-24)에서

$$\begin{aligned}&\frac{d^2}{dt^2}(\alpha \sin t + \beta \cos t) = -(\alpha \sin t + \beta \cos t) \\ \Rightarrow\ &\frac{d^2}{dt^2}g(t) = -g(t) \\ \Rightarrow\ &g''(t) = -g(t)\end{aligned} \tag{3-27}$$

(3-26)에 (3-27)을 사용하면

$$\frac{d^2}{dt^2}g(at) = a^2 g''(at) = a^2\{-g(at)\} = -a^2 g(at)$$

$$\Rightarrow \quad \frac{d^2}{dt^2}g(at) = -a^2 g(at) \tag{3-28}$$

마지막으로(이제 곧 끝난다!)

$$a = \omega \tag{3-29}$$

라고 하면, (3-28)에서

$$\frac{d^2}{dt^2}g(\omega t) = -\omega^2 g(\omega t) \tag{3-30}$$

$$\frac{d^2x}{dt^2} = -\omega^2 x \qquad (3-13)$$

이므로

$$\boldsymbol{x = g(\omega t) = \alpha \sin \omega t + \beta \cos \omega t} \quad [\alpha, \beta\text{는 임의의 상수}] \tag{3-31}$$

이것이야말로 미분방정식 (3-13)의 일반근임을 알 수 있다!

주

298쪽에서 $\frac{k}{m} = \omega^2$이라 한 것은 단위 때문이기도 하지만, 여기서는 (3-29)의 치환을 간단하게 하기 위해서라고 생각하자.

"하지만 (3-31)은 삼각함수가 두 개예요. 아까 용수철에 매달린 물체의 운동은 삼각함수 하나로 나타내진 '단진동'이 된다고 하지 않았나요?" 분명 그렇다. 그러나 (3-31)은 다음에 소개하는 '삼각함수의 합성'이라는 조작을 할 경우 하나의 삼각함수로 나타낼 수 있다.

삼각함수의 합성

여기서의 목표는 α, β, θ가 주어졌을 때

$$\alpha \sin \theta + \beta \cos \theta = A \sin(\theta + \varphi) \quad [A > 0] \tag{3-32}$$

를 만족하는 A와 φ를 찾아내는 것이다.

(3-32)의 우변을 덧셈정리(p. 141)를 사용해 전개한다.

$\sin(\alpha+\beta) = \sin \alpha \cos \beta + \cos \alpha \sin \beta$

$$\begin{aligned} 우변 &= A \sin(\theta + \varphi) \\ &= A(\sin \theta \cos \varphi + \cos \theta \sin \varphi) \\ &= A \cos \varphi \sin \theta + A \sin \varphi \cos \theta \end{aligned} \tag{3-33}$$

한편, (3-32)의 좌변은

$$좌변 = \alpha \sin \theta + \beta \cos \theta \tag{3-34}$$

좌변과 우변이 같아지려면

$$A \cos \varphi = \alpha, \quad A \sin \varphi = \beta \tag{3-35}$$

여야 함을 알 수 있다. (3-35)를

$$\cos\varphi = \frac{\alpha}{A} \quad \sin\varphi = \frac{\beta}{A} \tag{3-36}$$

로 변형하여 삼각함수의 상호관계(p. 139), 즉 '$\cos^2\varphi + \sin^2\varphi = 1$'에 대입하면

$$\begin{aligned}
\cos^2\varphi + \sin^2\varphi = 1 \quad &\Rightarrow \quad \left(\frac{\alpha}{A}\right)^2 + \left(\frac{\beta}{A}\right)^2 = 1 \\
&\Rightarrow \quad \frac{\alpha^2}{A^2} + \frac{\beta^2}{A^2} = 1 \\
&\Rightarrow \quad A^2 = \alpha^2 + \beta^2 \\
A>0 \quad &\Rightarrow \quad \boldsymbol{A = \sqrt{\alpha^2 + \beta^2}}
\end{aligned} \tag{3-37}$$

이때 (3-36)에서 φ는 다음 식을 만족한다.

$$\cos\varphi = \frac{\alpha}{A} = \frac{\alpha}{\sqrt{\alpha^2+\beta^2}}, \quad \sin\varphi = \frac{\beta}{A} = \frac{\beta}{\sqrt{\alpha^2+\beta^2}} \tag{3-38}$$

삼각함수의 합성

$$\boldsymbol{\alpha \sin\theta + \beta\cos\theta = A\sin(\theta+\varphi)}$$

단, A와 φ는 다음 식을 만족한다.

$$A = \sqrt{\alpha^2+\beta^2}, \ \cos\varphi = \frac{\alpha}{A} = \frac{\alpha}{\sqrt{\alpha^2+\beta^2}}$$

$$\sin\varphi = \frac{\beta}{A} = \frac{\beta}{\sqrt{\alpha^2+\beta^2}}$$

예시 $\sqrt{3}\sin\theta+\cos\theta$를 합성한다.

$\sqrt{3}\sin\theta+\cos\theta=A\sin(\theta+\varphi)$이다.

$$A=\sqrt{\sqrt{3}^2+1^2}=\sqrt{4}=2$$

$$\cos\varphi=\frac{\sqrt{3}}{2},$$

$$\sin\varphi=\frac{1}{2}\quad\Rightarrow\quad\varphi=\frac{\pi}{6}$$

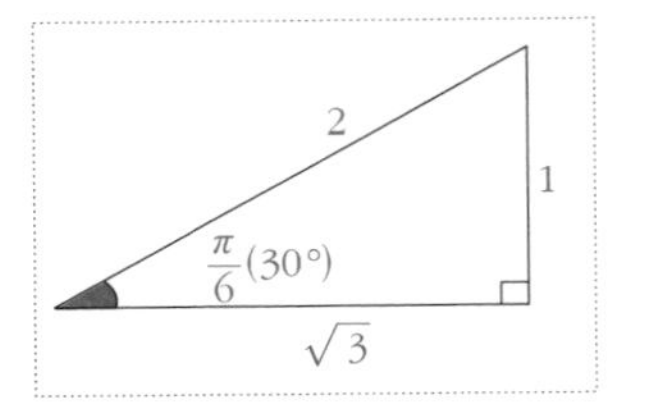

따라서 $\sqrt{3}\sin\theta+\cos\theta=\mathbf{2\sin\left(\theta+\frac{\pi}{6}\right)}$ ✤

단진동의 일반근과 초기 조건의 사용법

단진동 이야기로 돌아가자.

삼각함수의 합성을 이용해 (3-31)을 변형시킨다.

$$A=\sqrt{\alpha^2+\beta^2},\quad\cos\varphi=\frac{\alpha}{A}=\frac{\alpha}{\sqrt{\alpha^2+\beta^2}}$$

$$\sin\varphi=\frac{\beta}{A}=\frac{\beta}{\sqrt{\alpha^2+\beta^2}}$$

이것을 사용하여

$$x=\alpha\sin\omega t+\beta\cos\omega t=A\sin(\omega t+\varphi)\qquad(3\text{-}39)$$

로 정리할 수 있으므로, ω를 원래로 되돌리면

$$x=A\sin\left(\sqrt{\frac{k}{m}}t+\varphi\right)\qquad(3\text{-}40)$$

$\omega^2=\frac{k}{m}$

두 임의 상수 A와 φ를 포함하는 운동방정식(미분방정식)

$$ma = -kx \tag{2-97}$$

의 **일반근**이라는 것을 알 수 있다.

〈그림 3-2〉(p. 298)와 같은 장치에서 물체는 좌우로 진동할 것이라고 누구나 예측할 수 있다. 그리고 그 진동은 (3-40)과 같이 삼각함수 하나로 나타낼 수 있으므로, 운동방정식이 (2-97)로 적히는 물체의 운동을 단진동이라고 한다.

(3-40)을 t로 미분하면 단진동에서 속도가 시각 t의 함수로 얻어진다.

$$\begin{aligned} v &= \frac{dx}{dt} \\ &= \frac{d}{dt}\left\{A\sin\left(\sqrt{\frac{k}{m}}\,t+\varphi\right)\right\} \\ &= A\frac{d}{dt}\left\{\sin\left(\sqrt{\frac{k}{m}}\,t+\varphi\right)\right\} \\ &= A\sqrt{\frac{k}{m}}\cos\left(\sqrt{\frac{k}{m}}\,t+\varphi\right) \end{aligned} \tag{3-41}$$

$\{kf(x)\}' = kf'(x)$

$\{g(ax+b)\}' = ag'(ax+b)$

$\{\sin\theta\}' = \cos\theta$

임의 상수 A와 φ의 값을 초기 조건($t=0$에서 위치와 처음 속도)에 따라 정하는 예를 두 개 정도 다음에 제시한다. 또한 삼각함수의 구체적인 값은 〈그림 3-3〉을 참조한다.

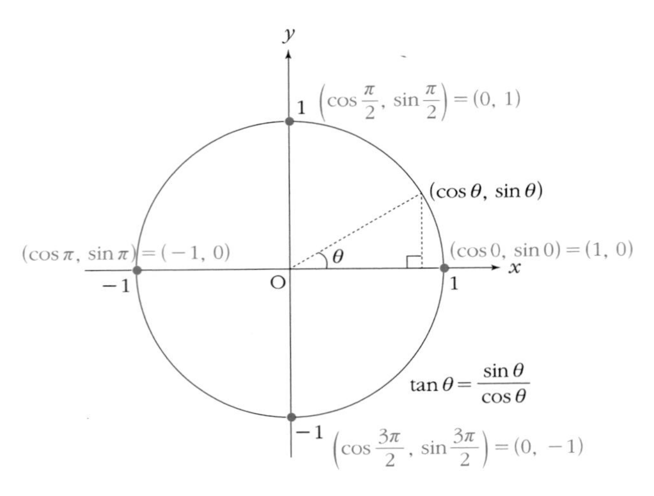

〈그림 3-3〉 삼각함수의 구체적인 값

예시 1 처음에 $x = x_0$까지 늘렸다가 살짝 놓은($v = 0$) 경우

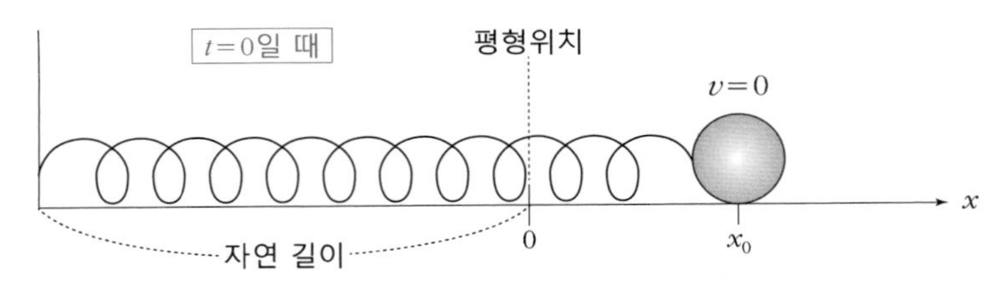

〈그림 3-4〉 초기 조건이 $x = x_0$, $v = 0$인 경우

$t = 0$일 때, $x = x_0$ 그리고 $v = 0$이므로 (3-40)과 (3-41)에 $t = 0$을 대입하면

$$x_0 = A \sin \varphi \tag{3-42}$$

$$0 = A\sqrt{\frac{k}{m}} \cos \varphi \quad \Rightarrow \quad \cos \varphi = 0$$

$$\Rightarrow \varphi = \frac{\pi}{2} \text{ 또는 } \frac{3\pi}{2} \qquad (3\text{-}43)$$

(3-43)에서 $\varphi = \frac{\pi}{2}$ 또는 $\frac{3\pi}{2}$다. $\varphi = \frac{3\pi}{2}$일 때 (3-42)에서

$\sin\frac{3\pi}{2} = -1$

$$\varphi = \frac{3\pi}{2} \Rightarrow x_0 = A \cdot (-1) \Rightarrow A = -x_0 \qquad (3\text{-}44)$$

이것은 $x_0 > 0$, $A > 0$임을 생각할 때 적합지 않다. 따라서 $\varphi = \frac{\pi}{2}$. 이때 (3-42)에서

$\sin\frac{\pi}{2} = 1$

$$\varphi = \frac{\pi}{2} \Rightarrow x_0 = A \cdot 1 \Rightarrow A = x_0 \qquad (3\text{-}45)$$

이상에서

$$x = x_0 \sin\left(\sqrt{\frac{k}{m}}\,t + \frac{\pi}{2}\right) \qquad (3\text{-}46)$$

✣

예시 2 처음에 자연 길이였던 평형위치($x = 0$)에서 마이너스 방향으로 속도 v_0를 주었을 경우

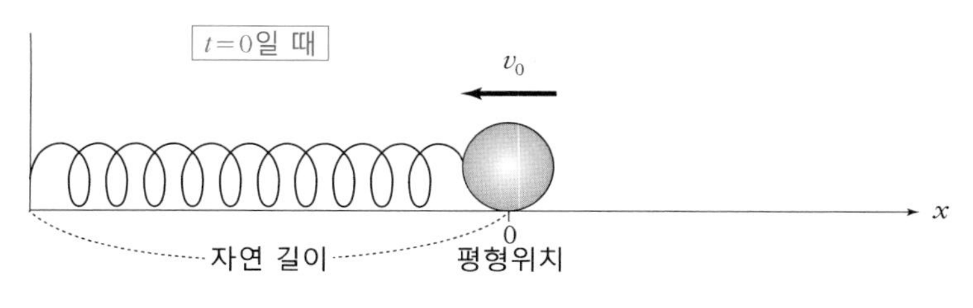

〈그림 3-5〉 초기 조건이 $x = 0$, $v = -v_0$인 경우

$t=0$일 때, $x=0$ 그리고 $v=-v_0$이므로 (3-40)과 (3-41)에 $t=0$을 대입하면

$$0=A\sin\varphi \;\Rightarrow\; \sin\varphi=0 \;\Rightarrow\; \varphi=0 \text{ 또는 } \pi \tag{3-47}$$

$$-v_0=A\sqrt{\frac{k}{m}}\cos\varphi \tag{3-48}$$

(3-47)에서 $\varphi=0$ 또는 π다. $\varphi=0$일 때는 (3-48)에서

$$\varphi=0 \;\Rightarrow\; -v_0=A\sqrt{\frac{k}{m}}\cdot 1$$

$\cos 0=1$

$$\Rightarrow\; A=-v_0\sqrt{\frac{m}{k}} \tag{3-49}$$

이것은 $v_0>0$, $A>0$임을 생각할 때 적합지 않다. 따라서 $\varphi=\pi$. 이때 (3-48)에서

$$\varphi=\pi \;\Rightarrow\; -v_0=A\sqrt{\frac{k}{m}}\cdot(-1)$$

$\cos\pi=-1$

$$\Rightarrow\; A=v_0\sqrt{\frac{m}{k}} \tag{3-50}$$

이상에서

$$x=v_0\sqrt{\frac{m}{k}}\sin\left(\sqrt{\frac{k}{m}}\,t+\pi\right) \tag{3-51}$$

✤

또한 삼각함수의 정의에 따르면, $\sin\theta$와 $\cos\theta$는 각도가 2π

(360°)만큼 나아갈 때마다 같은 값을 취한다. 다시 말해

$$\sin(\theta+2\pi)=\sin\theta,\quad \cos(\theta+2\pi)=\cos\theta$$

단진동하는 물체의 위치 x가 (3-40)에서 주어질 때, 물체가 한 번 왕복하는 데 걸리는 시간을 T라고 하면 (3-40)의 각도에 상당하는 부분($\sqrt{\frac{k}{m}}t+\varphi$)은 T일 때마다 2π씩 나아간다. 즉

$$\sqrt{\frac{k}{m}}(t+T)+\varphi=\sqrt{\frac{k}{m}}t+\varphi+2\pi$$

$$\Rightarrow \sqrt{\frac{k}{m}}T=2\pi \Rightarrow \boldsymbol{T=2\pi\sqrt{\frac{m}{k}}} \qquad (3\text{-}52)$$

이 T를 주기라고 한다. 자, 단진동을 정리해보자.

단진동

운동방정식이 $ma=-kx$일 때,

$$\boldsymbol{x=A\sin\left(\sqrt{\frac{k}{m}}t+\varphi\right)}$$

$$\boldsymbol{v=A\sqrt{\frac{k}{m}}\cos\left(\sqrt{\frac{k}{m}}t+\varphi\right)}$$

여기서 주기 $\boldsymbol{T=2\pi\sqrt{\frac{m}{k}}}$

기출문제

문제 8 **도쿄대학**

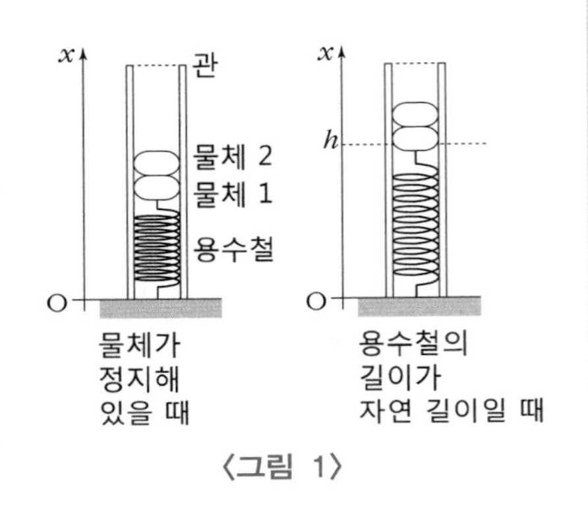

〈그림 1〉

〈그림 1〉과 같이 수직으로 고정한 투명한 관이 있다. 용수철 상수 k인 용수철 아래쪽 끝을 관의 밑면에 고정하고, 위쪽 끝을 질량 m인 물체 1에 연결한다. 질량이 마찬가지로 m인 물체 2를 물체 1의 위쪽에 고정시키지 않고 얹는다. 지면 위의 한 점 O를 원점으로 수직 위쪽 방향으로 x축을 잡는다. 용수철이 자연 길이일 때 물체 1의 x좌표는 h이며, 중력가속도의 크기는 g이다. 물체의 크기는 작고 관과의 마찰이나 공기저항은 무시할 수 있으며, x방향 이외의 운동은 생각지 않는다. 용수철의 질량은 무시할 수 있다. 또한 관은 충분히 길어서 실험 중에 물체가 밖으로 튀어나가는 일은 없다.

[A] 물체 1과 물체 2가 서로 붙은 상태에서, 물체 1의 x좌표가 x_A가 되는 위치까지 눌렀다가 시각 $t=0$에서 처음 속도 0이 될 때 손을 뗀다. 이때 물체 1과 물체 2는 서로 붙은 상태에서 단진동을 시작한다.

(1) 이때 물체 1의 단진동의 중심의 x좌표를 구하시오.

(2) 물체 1과 물체 2의 x방향의 운동방정식을 각각 쓰시오. 각 물체

의 가속도를 a_1, a_2, 물체 1의 위치를 x, 서로 미치는 항력의 크기를 $N(N \geqq 0)$이라고 하자.

(3) x_A의 값에 따라 운동 중에 물체 1과 물체 2가 분리되는 경우가 있다. 〈그림 2〉는 이런 경우 물체 위치의 시간 변화를 나타낸다. 운동방정식을 사용하여 분리 순간에 물체 1의 x좌표를 구하자. 또한 〈그림 2〉에서는 물체의 크기는 무시되고, 붙어 있는 동안의 물체 1과 물체 2의 위치를 하나의 실선으로 나타낸다.

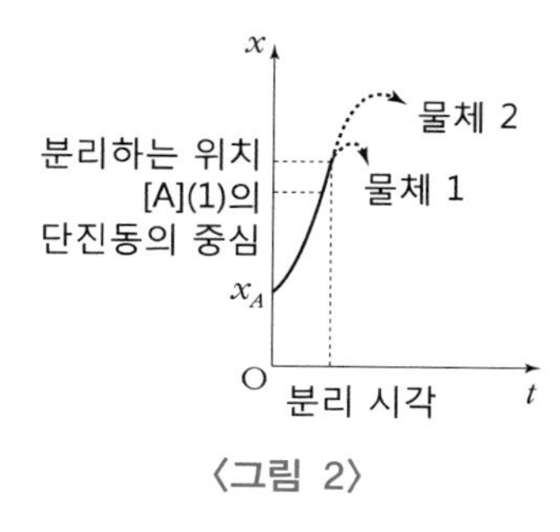

〈그림 2〉

(4) 분리 순간에 물체 1의 속도를 구하시오. 또한 분리되는 것은 시각 $t=0$에서 물체 1의 위치 x_A가 어떤 조건을 만족하는 경우인지 답하시오.

해설

(1)은 문자로 치환하여 '$ma=-kx$' 형태로 변형하는 것이 포인트다.
(2)는 (수직)항력이 물체 1과 물체 2 사이에 작용·반작용의 법칙을 만족하는 것과, 물체 2에는 용수철의 힘이 미치지 않는다는 것을 깨달아야 한다.
(3)은 분리되는 순간은 $N=0$이라는 것 그리고 분리될 때까지의 가속도는 물체 1과 물체 2에서 같아진다는 것을 알면, (2)의 결과를 사용하여 바로 해결할 수 있다.
(4)는 계산하기가 아주 힘들다. 하지만 (1)에서 이끌어낸 식을 미분하여 속도의 식을 구한 다음, 초기 조건을 사용해 식을 열심히 변형해나가면 해답에 이를 수 있다. 열심히 해보자!

해답

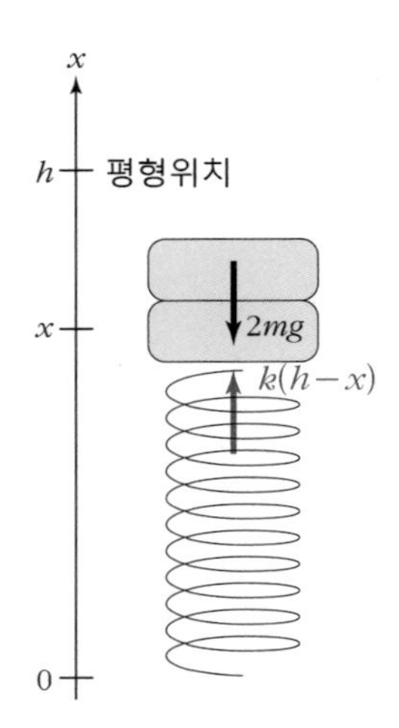

(1) 처음에 물체 1과 물체 2는 일체가 되어 운동하고 있다. 즉 질량 $2m$ 인 물체에 위 그림과 같이 힘이 작용할 경우 운동방정식은

$$2ma = k(h-x) - 2mg$$

$$\Rightarrow \quad 2m\frac{d^2x}{dt^2} = -k\left(x - h + \frac{2mg}{k}\right) \tag{3-53}$$

여기서

$$X = x - h + \frac{2mg}{k} \tag{3-54}$$

라고 하면(**이것이 포인트!**),

$$\frac{d^2X}{dt^2} = \frac{d}{dt}\left(\frac{dX}{dt}\right) = \frac{d}{dt}\left\{\frac{d}{dx}\left(x - h + \frac{2mg}{k}\right)\right\}$$

$$= \frac{d}{dt}\left(\frac{dx}{dt} - 0 + 0\right) = \frac{d^2x}{dt^2} \tag{3-55}$$

(3-54)와 (3-55)를 (3-53)에 대입하면

$$2m\frac{d^2X}{dt^2} = -kX \tag{3-56}$$

단진동 공식(p. 311)에 따르면

$$X = A\sin\left(\sqrt{\frac{k}{2m}}\,t + \varphi\right) \tag{3-57}$$

X를 x로 되돌리면

$$x - h + \frac{2mg}{k} = A\sin\left(\sqrt{\frac{k}{2m}}\,t + \varphi\right)$$

$$\Rightarrow x = h - \frac{2mg}{k} + A\sin\left(\sqrt{\frac{k}{2m}}\,t + \varphi\right) \tag{3-58}$$

(3-58)은 단진동의 중심이 $h - \frac{2mg}{k}$ 임을 나타낸다.

(2)

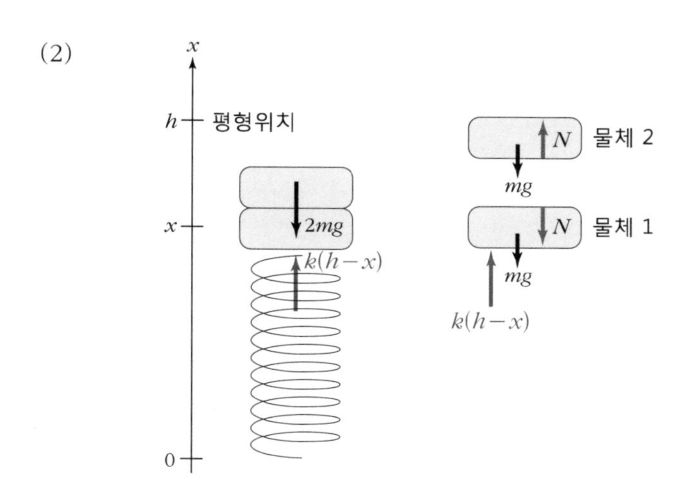

위 그림에서 물체 1의 운동방정식은

$$\boldsymbol{ma_1 = k(h-x) - mg - N} \tag{3-59}$$

물체 2의 운동방정식은

$$ma_2 = N - mg \tag{3-60}$$

(3) 분리되는 순간은 $N=0$이며, 분리되기까지의 가속도는 물체 1과 물체 2가 같으므로 $a_1 = a_2$. 따라서 (3-59)에서 (3-60)을 빼면

$$\begin{aligned} & ma_1 - ma_2 = k(h-x) - mg - N - N + mg \\ \Rightarrow \quad & 0 = k(h-x) \\ \Rightarrow \quad & x = h \end{aligned} \tag{3-61}$$

(4) 분리 순간($x=h$)의 시각을 T라고 하면 (3-58)에서

$$h = h - \frac{2mg}{k} = A\sin\left(\sqrt{\frac{k}{2m}}\,T + \varphi\right)$$

$$\Rightarrow \quad \sin\left(\sqrt{\frac{k}{2m}}\,T + \varphi\right) = \frac{2mg}{Ak} \tag{3-62}$$

또한 (3-58)에서

$\{g(ax+b)\}' = ag'(ax+b)$

$\{\sin\theta\}' = \cos\theta$

$$\begin{aligned} v &= \frac{dx}{dt} \\ &= \frac{d}{dt}\left\{h - \frac{2mg}{k} + A\sin\left(\sqrt{\frac{k}{2m}}\,t + \varphi\right)\right\} \\ &= A\sqrt{\frac{k}{2m}}\cos\left(\sqrt{\frac{k}{2m}}\,t + \varphi\right) \end{aligned} \tag{3-63}$$

여기서 구하는 속도(시각 T에서의 속도)를 V라고 하면

$$V = A\sqrt{\frac{k}{2m}}\cos\left(\sqrt{\frac{k}{2m}}T+\varphi\right)$$

$$\Rightarrow \quad \cos\left(\sqrt{\frac{k}{2m}}T+\varphi\right)=\frac{V}{A}\sqrt{\frac{2m}{k}} \tag{3-64}$$

(3-62)와 (3-64)를 $\sin^2\theta+\cos^2\theta=1$에 대입한다.

$$\sin^2\left(\sqrt{\frac{k}{2m}}T+\varphi\right)+\cos^2\left(\sqrt{\frac{k}{2m}}T+\varphi\right)=1$$

$$\Rightarrow \quad \left(\frac{2mg}{Ak}\right)^2+\left(\frac{V}{A}\sqrt{\frac{2m}{k}}\right)^2=1$$

$$\Rightarrow \quad V^2\frac{2m}{A^2k}=1-\frac{4m^2g^2}{A^2k^2}$$

$$\Rightarrow \quad V^2=A^2\frac{k}{2m}-\frac{2mg^2}{k} \tag{3-65}$$

여기서 A를 구하기 위해 초기 조건을 생각하자. $t=0$일 때 $x=x_A$, $v=0$이므로 (3-58)과 (3-63)에서

$$x_A=h-\frac{2mg}{k}+A\sin\varphi \tag{3-66}$$

$$0=A\sqrt{\frac{k}{2m}}\cos\varphi \tag{3-67}$$

(3-67)에서 $\varphi=\frac{\pi}{2}$ 또는 $\frac{3\pi}{2}$다. 문제의 의미에서 $x_A<h-\frac{2mg}{k}$(진동의 중심)이므로 (3-66)에서 $A\sin\varphi<0$. 따라서 $\varphi=\frac{3\pi}{2}$. 이 때 (3-66)에서

$$x_A = h - \frac{2mg}{k} + A\sin\frac{3\pi}{2}$$

$\sin\frac{\pi}{2}=1 \quad \sin\frac{3\pi}{2}=-1$

$$\Rightarrow \; x_A = h - \frac{2mg}{k} - A$$

$$\Rightarrow \; A = h - x_A - \frac{2mg}{k} \qquad (3\text{-}68)$$

(3-68)을 (3-65)에 대입한다.

$$V^2 = \left(h - x_A - \frac{2mg}{k}\right)^2 \frac{k}{2m} - \frac{2mg^2}{k}$$

$$\Rightarrow V^2 = \left\{(h - x_A)^2 - 2(h - x_A)\frac{2mg}{k} + \frac{4m^2g^2}{k^2}\right\}\frac{k}{2m} - \frac{2mg^2}{k}$$

$$\Rightarrow V^2 = \frac{k}{2m}(h - x_A)^2 - 2(h - x_A)g + \frac{2mg^2}{k} - \frac{2mg^2}{k}$$

$$\Rightarrow V^2 = \left\{\frac{k}{2m}(h - x_A) - 2g\right\}(h - x_A)$$

$$\Rightarrow V = \sqrt{\left\{\frac{k}{2m}(h - x_A) - 2g\right\}(h - x_A)} \qquad (3\text{-}69)$$

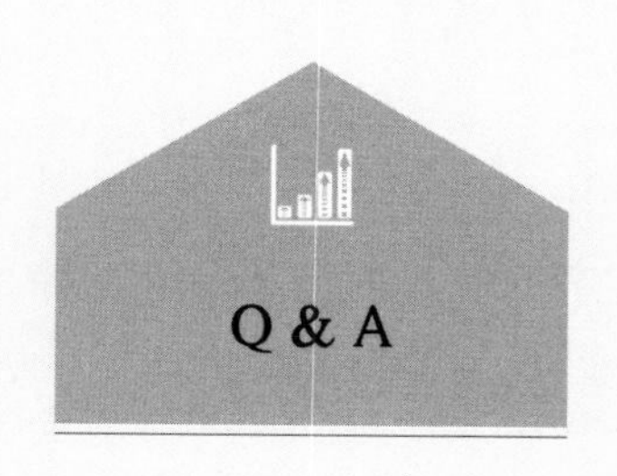

Q & A

학생 : 마지막 계산, 힘들어 죽는 줄 알았어요…. (눈물)

선생 : 고생 많았어요. 하지만 이 도쿄대학 문제처럼 결코 일반적이라고는 말할 수 없는 설정의 문제라도 단진동의 일반근을 공부해둔 덕분에 하나씩 차근차근 계산하면 정답에 도달할 수 있구나, 하는 감동을 꼭 맛보길 바랍니다.

학생 : 아, '일반근'에서 생각났는데, 좀 이해 안 되는 게 있어요. 303쪽의 (3-31)이 단진동의 미분방정식을 만족하는 것을 알았고, 두 개의 임의 상수를 갖는 근이 운동방정식의 일반근이 된다는 것은 물리적인 해석을 통해 알았어요. 하지만 수학적으로는 (3-31)이 일반근이라는 것을 어떻게 알 수 있나요? (3-31)에 이르기까지의 전개가 '$x=1$은 $x^2-1=0$을 만족하므로 $x^2-1=0$의 근은 $x=1$이다' 같은 느낌이 들어서 개운치가 않아요. 왜 (3-31) 이외에도 근이 있을 수 있다는 가능성은 생각하지 않는 건가요?

선생 : 멋져요! 학생이 지금까지 나에게 한 질문들 가운데 최고로 좋은 질문인 것 같아요. 실은 단진동의 운동방정식은 **이계 상수계수 선형 동차 미분방정식**이라고 불리는데….

학생 : 예엣? 뭐라구요?

선생 : 혀가 꼬일 것처럼 긴 이름이죠. 아무튼

$$y'' + ay' + by = 0 \qquad \cdots\cdots \; ☆$$

의 형태를 띤 미분방정식을 이렇게 부릅니다. 단진동의 운동 방정식은 위의 식에서 $a = 0$인 경우죠. 그리고 서로 상수배 관계에 있지 않은 $p(x)$와 $q(x)$가 ☆의 근이라면, ☆의 일반근은 임의 상수 C_1과 C_2를 이용하여

$$y = C_1 p(x) + C_2 q(x)$$

라고 쓸 수 있다는, '선형미분방정식의 근의 존재성과 유일성'에 대한 정리가 있어요. 나중에(p. 385) 설명할게요. 지금은 뭐가 뭔지 몰라도 문제없어요! 아무튼 이 정리 덕분에 $\boldsymbol{p(t) = \sin t}$, $\boldsymbol{q(t) = \cos t}$가 각각 $\omega = 1$인 경우의 미분방정식(p. 300, 3-19)의 근이라는 것을 확인하면, $p(t)$와 $q(t)$는 서로 상수배 관계를 이루고 있지 않다는 것에서 이 두 함수와 상수 C_1, C_2를 사용해 만든

$$g(t) = C_1 p(t) + C_2 q(t)$$

는 (3-19)의 일반근이라고 말할 수 있어요. 그런 다음 (3-31)을 끌어내는 전개는 303쪽에서 설명한 대로입니다.

학생 : 흐음, 무슨 말인지….

선생 : 알아듣지 못하는 기분, 이해해요. 나중을 기대하세요.

02 _ 일계 미분방정식－변수분리형

'풀리는' 미분방정식 기본형

미분방정식의 분류

예고한 대로 여기서는 미분방정식을 분류해보자.

■ 상미분방정식과 편미분방정식

미분방정식은 크게 **상미분방정식과 편미분방정식으로 나뉜다.**

$$y = 2x^2 + 1$$

처럼 y가 x의 **일변수 함수**일(x값만으로 y값이 정해진다) 때, 즉 $y = f(x)$일 때

$$y' = \frac{dy}{dx}, \quad y'' = \frac{d^2y}{dx^2}, \quad y''' = \frac{d^3y}{dx^3} \quad \cdots$$

이것을 포함하는

$$y' = 2x, \quad y'' + 2y' + 3x = 0$$

등의 방정식을 미분방정식이라고 하는 것은 이미 앞에서 소개하였다(p. 288). 그런데 y가 x의 **일변수 함수**일 때의 미분방정식은 더 정확하게는 **상미분방정식**이라고 한다.

또한 $x^2+y^2-1=0$과 같이 $y=f(x)$ 형태가 아니라 $f(x, y)=0$의 형태를 띤 것도 변형하면 (풀리는 범위가 한정적이거나 근이 하나가 아닌 경우는 있지만 → 아래의 〈주〉 참조) $y=f(x)$의 형태가 가능하므로, y는 x의 일변수 함수라고 말할 수 있다. 참고로 $f(x, y)=0$의 형태를 띤 함수를 **음함수**라고 한다.

> **주** 예를 들어 $x^2+y^2-1=0$인 경우, $y=f(x)$ 형태로 만들 수 있는 것은 $-1 \leq x \leq 1$의 범위에 한정된다. 또한 $y=\pm\sqrt{1-x^2}$이며, 근을 하나로 정하는 것은 불가능하다.

이것에 대해서

$$z=x^2-2y^3+1$$

과 같이 z가 **이변수 함수**인(x와 y의 값으로 z의 값이 정해지는) 경우, 즉 $z=f(x, y)$일 때 다음 각각을 **편미분**이라고 한다.

$$\frac{\partial z}{\partial x},\ \frac{\partial z}{\partial y}\ \cdots$$

그리고 이것을 포함하는 미분방정식을 **편미분방정식**이라고 한다. 단, 편미분방정식은 이 책에서 다루지 않으므로, 여기서 말하는 미분방정식은 대개 상미분방정식을 가리킨다.

■ 계수

다음은 계수에 의한 분류다.

미분방정식에서는 이제부터 풀려는 함수를 **미지함수**라고 한다. 미지함수의 도함수 중에서 가장 높은 미분의 계수(미분된 횟수)가 n 일 때, 이 식을 **n계 미분방정식**이라고 한다(p. 289). 예를 들어

$y' = 2x$ 일계 미분방정식

$y'' + 2y' + 3x = 0$ 이계 미분방정식

또한 물리에 등장하는 미분방정식 대부분은 일계 미분방정식과 이계 미분방정식이므로, 이 책에서는 이 둘만 다룬다.

■ 일계 미분방정식의 분류 ① : 변수분리형

$f(x)$를 x만의 함수, $g(y)$를 y만의 함수라고 할 때

$$g(y)\frac{dy}{dx} = f(x) \tag{3-70}$$

이 형태의 미분방정식을 **변수분리형**이라고 한다. 형식적으로 $\frac{dy}{dx}$를 분수처럼 취급하면,

$$g(y)\frac{dy}{dx} = f(x) \quad \Rightarrow \quad g(y)dy = f(x)dx$$

즉 독립변수 x와 종속변수 y를 좌변과 우변으로 '분리'할 수 있기 때문이다.

295쪽에서 살펴본, 낙하하는 물체에 공기 저항력이 생기는 경우

의 운동방정식은 다음과 같다.

$$m\frac{d^2y}{dt^2} = mg - k\frac{dy}{dt} \qquad (3\text{-}11)$$

이것을

$$\frac{dy}{dt} = v, \quad \frac{d^2y}{dt^2} = \frac{d}{dt}\left(\frac{dy}{dt}\right) = \frac{dv}{dt} \qquad (3\text{-}71)$$

라고 하면

$$m\frac{dv}{dt} = mg - kv \quad \Rightarrow \quad \frac{1}{-kv + mg}\frac{dv}{dt} = \frac{1}{m} \qquad (3\text{-}72)$$

로 변형할 수 있으므로 변수분리형이다.

주

(3-72)는 t의 함수인 v에 대하여

$$g(v) = \frac{1}{-kv + mg}, \quad f(t) = \frac{1}{m}$$

이라고 하면(k, m, g는 상수)

$$g(v)\frac{dv}{dt} = f(t)$$

이므로, 변수분리형이 된다. 이 경우 $f(t)$는 상수함수다.

■ 일계 미분방정식의 분류 ② : 동차형

일계 미분방정식 중에서,

$$\frac{dy}{dx}=\frac{2xy+y^2}{x^2} \Rightarrow \frac{dy}{dx}=2\frac{y}{x}+\left(\frac{y}{x}\right)^2 \qquad (3\text{-}73)$$

위의 식과 같이

$$\frac{dy}{dx}=f\left(\frac{y}{x}\right) \qquad (3\text{-}74)$$

의 형태로 변형할 수 있는 것을 **동차형 미분방정식**이라고 한다.

동차형 미분방정식은 다음과 같이 치환함으로써 변수분리형으로 바꿀 수 있다.

$$\frac{y}{x}=u \Rightarrow y=xu \qquad (3\text{-}75)$$

확인해보자.

$$\frac{dy}{dx}=f\left(\frac{y}{x}\right) \Rightarrow \frac{d}{dx}(xu)=f(u) \qquad (3\text{-}76)$$

$\{f(x)g(x)\}'=f'(x)g(x)+f(x)g'(x)$

(3-76)의 좌변은 곱의 미분(p. 116)을 사용하여

$$\frac{d}{dx}(xu)=\frac{dx}{dx}\cdot u+x\cdot\frac{du}{dx}=u+x\frac{du}{dx} \qquad (3\text{-}77)$$

이므로, 이것을 (3-76)에 대입하면

$$\frac{d}{dx}(xu) = f(u) \;\Rightarrow\; u + x\frac{du}{dx} = f(u)$$

$$\Rightarrow\; x\frac{du}{dx} = f(u) - u$$

$$\Rightarrow\; \frac{1}{f(u)-u}\frac{du}{dx} = \frac{1}{x}$$

$$\left[\Rightarrow\; \frac{1}{f(u)-u}du = \frac{1}{x}dx\right] \qquad (3\text{-}78)$$

이것은 명백히 변수분리형이다.

다음은 이계 미분방정식의 분류를 소개한다.

■ 이계 미분방정식의 분류 ① : 선형과 비선형

'**선형**'이란 '**1차의**'라는 의미를 지녔다. $x+y+1=0$과 같은 1차식의 그래프가 직선인 것에서 유래하였다.

y가 x의 함수일 때, 도함수(y'이나 y'')와 종속변수(y)에 관하여 1차식이 되는 미분방정식, 바꿔 말하면 **y, y', y''의 곱**(yy', y'^2 등)**이나 몫**($\frac{y''}{y}$ 등)**을 포함하지 않는 미분방정식**을 **선형미분방정식**이라고 한다. 예를 들어

$$y'' + 5y' + 2xy = 3x^2 + \sin^2 x$$

는 도함수로 y'와 y'', 종속변수로 y가 있지만(x는 독립변수), 이것들에 대해 모두 1차식이므로 선형미분방정식이다.

> **주** $y=f(x)$일 때 x를 '독립변수', y를 '종속변수'라고 한다.

$f(x)$, $g(x)$, $h(x)$를 x만의 함수로 할 때, **이계 선형미분방정식**의 일반형은 다음과 같이 쓸 수 있다.

$$y''+f(x)y'+g(x)y=h(x) \qquad (3\text{-}79)$$

한편, 예를 들어

$$y''y'+x=0$$

은 도함수끼리의 곱 $y''y'$를 포함하므로 **비선형미분방정식**이다.

비선형미분방정식은 형태가 단순하더라도 풀 수 없는 경우가 많으므로, 수치해석(구체적인 숫자를 이용하여 근사근을 찾아내는 수법)을 이용하여 적어도 특수근(주어진 초기 조건만을 만족하는 근)만이라도 구하려 하는 것이다. 비선형미분방정식을 만족하는 미지함수는 종종 초기 조건의 사소한 차이에 의해 그 값이 크게 달라진다. 그러므로 수치해석도 어려운 경우가 드물지 않다. 참고로 이처럼 복잡한 현상을 취급하는 이론을 '카오스이론'이라고 한다.

■ 이계 미분방정식의 분류 ② : 동차와 비동차

이계 선형미분방정식 (3-79) 중에서 $h(x)$가 언제나 0인 것, 즉

$$y''+f(x)y'+g(x)y=0 \qquad (3\text{-}80)$$

이것을 **이계 선형 동차 미분방정식**이라고 한다.

한편, $h(x)\neq 0$인

$$y'' + f(x)y' + g(x)y = h(x) \tag{3-81}$$

는 **이계 선형 비동차 미분방정식**이라고 한다. 예를 들어

$$y'' + xy' + (x^2 + 2x)y = 0$$

이것은 이계 선형 동차 미분방정식이고,

$$y'' + xy' + (x^2 + 2x)y = 3x^2$$

은 이계 선형 비동차 미분방정식이다.

> **주** 같은 '동차'지만, 일계 미분방정식의 '동차형'과는 의미가 다르므로 주의해야 한다(골치 아프죠?).

■ **이계 미분방정식의 분류 ③ : 상수계수와 변수계수**

이계 선형미분방정식 (3-79) 중에서 도함수 y'와 종속변수 y의 계수 $f(x)$와 $g(x)$가 상수인 것, 즉

$$y'' + ay' + by = h(x) \quad [a\text{와 } b\text{는 상수}] \tag{3-82}$$

를 **이계 상수계수 선형미분방정식**이라고 한다. 반면 $f(x)$와 $g(x)$ 모두 상수가 아니면 **이계 변수계수 선형미분방정식**이라고 한다.

$$y'' + 5y' + 2y = 3x^2$$

이것은 이계 상수계수 선형미분방정식이며,

$$y'' + xy' + (x^2 + 2x)y = 3x^2$$

은 이계 변수계수 선형미분방정식이다.

또한 이계 상수계수 선형미분방정식 (3-82) 중에서 $h(x)$가 언제나 0인 것, 즉

$$y'' + ay' + by = 0 \tag{3-83}$$

위 식을 **이계 상수계수 선형 동차 미분방정식**이라고 한다(참 길다…). 이계 미분방정식의 분류를 그림으로 정리해보자.

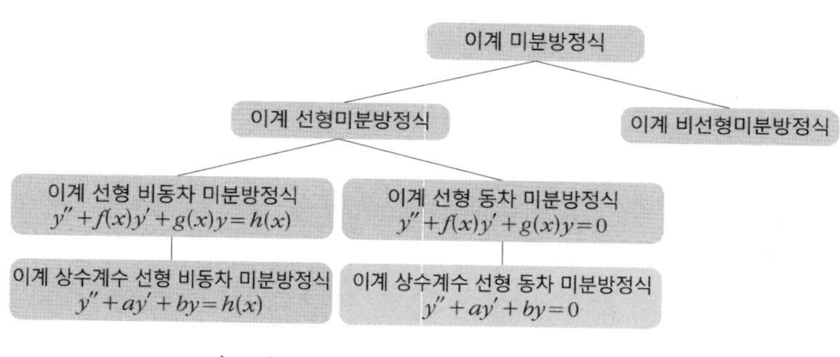

〈그림 3-6〉 이계 미분방정식의 분류

앞에서 힘들게 일반근을 구했던 단진동의 운동방정식(미분방정식)은 다음과 같이 바꿀 수 있다.

$$m\frac{d^2x}{dt^2} = -kx \quad \Rightarrow \quad \frac{d^2x}{dt^2} = -\frac{k}{m}x$$

$$\Rightarrow \quad \frac{d^2x}{dt^2} + \frac{k}{m}x = 0$$

$$\Rightarrow \quad \frac{d^2x}{dt^2}+0\cdot\frac{dx}{dt}+\frac{k}{m}x=0 \qquad (3\text{-}84)$$

위 식에서 이계 상수계수 선형 동차 미분방정식임을 알 수 있다(아래 〈주〉 참조). 뒤쪽에서 이계 상수계수 선형 동차 미분방정식의 일반적인 해법을 부가시킬 예정이다.

주 y가 x의 함수일 때, 이계 상수계수 선형 동차 미분방정식의 일반형 (3-84)는 다음과 같다.

$$y''+ay'+by=0 \Rightarrow \frac{d^2y}{dx^2}+a\frac{dy}{dx}+by=0$$

따라서 (3-84)는 x가 t의 함수일 때 이계 상수계수 선형 동차 미분방정식에서 다음과 같은 경우다.

$$a=0, \quad b=\frac{k}{m}$$

사실, 앞으로 계속 공부하는 데 필요한 함수는 아직 나오지 않았다. 바로 **지수함수**와 **로그함수**다. 좀 길어질지도 모르지만, 내용을 완벽하게 소화하면 변수분리형의 일계 미분방정식과 이계 상수계수 선형 동차 미분방정식을 우아하게 풀 수 있다. 힘내자!

(지수함수와 로그함수를 이미 배운 사람은 p. 357으로 넘어가기 바란다.)

지수의 확장 ①(0 또는 음의 정수인 지수)

양의 수 a가 주어졌을 때,

$$f(x) = a^x \tag{3-85}$$

으로 나타나는 함수를 **지수함수**라고 한다. 우리의 당면 목표는 (3-85)의 함수 $f(x)$가 $-\infty < x < \infty$의 실수 전역에서 정의할 수 있도록 하는 것이다.

중학교에서 같은 수를 반복해서 곱할 때는

$$2 \times 2 = 2^2, \quad 2 \times 2 \times 2 = 2^3$$

과 같이 나타낼 수 있다고 배웠다. 같은 수를 반복해서 곱하는 것은 **거듭제곱**이었고, 숫자의 오른쪽 어깨에 쓰인 작은 숫자는 **거듭제곱의 지수**였다. 이런 식으로 거듭제곱을 이해하는 한 (3-85)는 x의 양의 정수로만 정의할 수 있다.

a^x에서 x(거듭제곱의 지수)에 허용되는 수의 범위를 확장해보자. 단, '지수법칙'이라 불리는 다음 성질이 보존되도록 주의해야 한다.

지수법칙

① $a^m \times a^n = a^{m+n}$

② $(a^m)^n = a^{mn}$

③ $(ab)^n = a^n b^n$

$2^3 \to 2^2 \to 2^1$, 이렇게 지수(어깨의 숫자)를 하나씩 감소시킨다. 그럴 때마다 수가 절반으로 줄어들므로 $2^1 \to 2^0 \to 2^{-1} \to 2^{-2} \to \cdots$. 지수가 0이나 음의 정수가 되더라도 이 성질이 유지되게 하려면,

$$2^0 = 1,\ 2^{-1} = \frac{1}{2^1} = \frac{1}{2},\ 2^{-2} = \frac{1}{2^2} = \frac{1}{4},\ 2^{-3} = \frac{1}{2^3} = \frac{1}{8}$$

과 같이 정하면 된다.

$$\times\frac{1}{2}\quad \times\frac{1}{2}\quad \times\frac{1}{2}\quad \times\frac{1}{2}\quad \times\frac{1}{2}\quad \times\frac{1}{2}$$

$$2^3 \to 2^2 \to 2^1 \to 2^0 \to 2^{-1} \to 2^{-2} \to 2^{-3}$$

$$8 \to 4 \to 2 \to 1 \to \frac{1}{2} \to \frac{1}{4} \to \frac{1}{8}$$

따라서

$$a^0 = 1 \tag{3-86}$$

$$a^{-n} = \frac{1}{a^n} \tag{3-87}$$

그러나 이렇게 정함으로써 지수법칙이 깨진다면 애써 노력한 보람이 없으므로 확인해보자.

지수법칙 ①

$$a^m \times a^0 = a^m \times 1 = a^m = a^{m+0} \qquad \boxed{a^0 = 1}$$

$$a^{-n} \times a^n = \frac{1}{a^n} \times a^n = 1 = a^0 = a^{-n+n}$$

지수법칙 ①
$a^p \times a^q = a^{p+q}$

$a^{-n} = \frac{1}{a^n}$

지수법칙 ②

$$(a^m)^0 = 1 = a^{m \times 0}$$

$a^0 = 1$

$$(a^m)^{-n} = \frac{1}{(a^m)^n} = \frac{1}{a^{mn}} = a^{-(mn)} = a^{m \times (-n)}$$

지수법칙 ②
$(a^p)^q = a^{pq}$

$a^{-n} = \frac{1}{a^n}$

$\frac{1}{a^n} = a^{-n}$

지수법칙 ③

$$(ab)^0 = 1 = 1 \times 1 = a^0 b^0$$

$a^0 = 1$

$$(ab)^{-n} = \frac{1}{(ab)^n} = \frac{1}{a^n b^n} = \frac{1}{a^n} \times \frac{1}{b^n} = a^{-n} b^{-n}$$

지수법칙 ③
$(ab)^p = a^p b^p$

$a^{-n} = \frac{1}{a^n}$

$\frac{1}{a^n} = a^{-n}$

앞의 내용에서 $a^0 = 1$, $a^{-n} = \frac{1}{a^n}$ 로 정하더라도 지수법칙이 성립한다는 사실을 알았다. 이것을 0 또는 음의 정수인 지수의 정의라고 한다.

0 또는 음의 정수인 지수

$$a^0 = 1$$

$$a^{-n} = \frac{1}{a^n} \quad [a \neq 0,\ n\text{은 자연수}]$$

주 지수를 자연수(양의 정수) 이외로 확장하면, 지수는 '같은 수를 곱한 횟수'가 아니게 된다. $f(x) = a^x$를 실수 전체에서 정의하기 위해 지수법칙을 깨트리지 않는 새로운 정의를 생각했다고 이해하기 바란다.

거듭제곱근

지수가 유리수(분수)인 경우를 생각하기 전에 '**거듭제곱근**'을 정의해보자. 일반적으로 양의 정수 n에 대하여 n제곱하면 a가 되는 수, 즉

$$x^n = a \tag{3-88}$$

를 만족하는 x를 '**a의 n제곱근**'이라고 한다. n제곱근을 총칭하여 **거듭제곱근**이라고도 부른다.

주 일반적으로 2제곱근은 (지금까지처럼) '제곱근'이라고 한다.

a의 n제곱근은 (3-88)의 근이므로 $y=x^n$과 $y=a$ 그래프의 교점의 x좌표다. 단, 〈그림 3-7〉과 같이 $y=x^n$ 그래프는 n이 짝수일 때와 n이 홀수일 때가 크게 다르므로 주의하자.

n이 짝수인 경우 교점(a의 n제곱근)은 두 개, n이 홀수인 경우 교점(a의 n제곱근)은 하나다.

n이 짝수일 때 두 개인 **a의 n제곱근 가운데 양수를 '$\sqrt[n]{a}$'로** 나타낸다(음수는 $-\sqrt[n]{a}$). 또한 n이 홀수일 때 a의 n제곱근은 하나이므로, 단순하게 '$\sqrt[n]{a}$'라고 쓴다. 또한 **n이 짝수인 경우, a가 음수일 때는 교점이 존재하지 않는**(거듭제곱근이 존재하지 않는) 것도 조심하자.

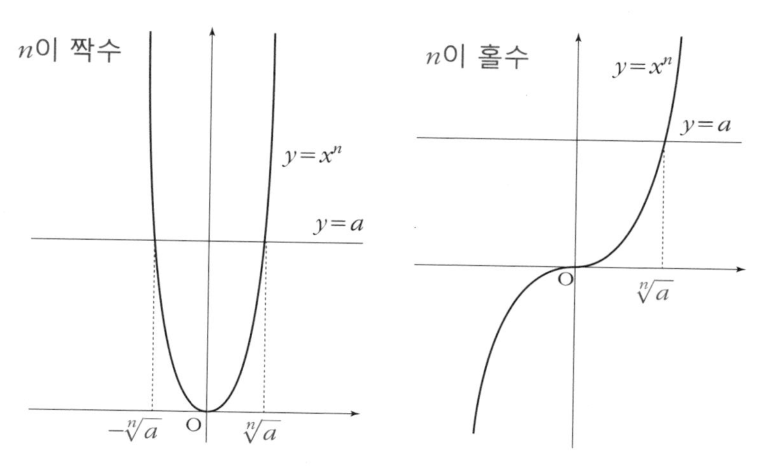

〈그림 3-7〉 $y=x^n$ 그래프와 n제곱근

지금까지 배운 거듭제곱근 내용을 정리해보자.

거듭제곱근의 정의

양의 정수 n에 대하여

① n이 짝수일 때

$$\boldsymbol{x^n = a \Leftrightarrow x = \pm\sqrt[n]{a}} \quad [a > 0]$$

② n이 홀수일 때

$$\boldsymbol{x^n = a \Leftrightarrow x = \sqrt[n]{a}}$$

주 1 $n = 2$일 때

$$x^2 = a \Leftrightarrow x = \pm\sqrt[2]{a} \quad [a > 0]$$

여기서 '$\sqrt[2]{a}$'의 2는 생략하여 '$\sqrt{a}$'라고 쓴다.

주 2 특히 $a = 0$일 경우 다음과 같이 정한다.

$$\sqrt[n]{0} = 0$$

무엇보다 n이 짝수일 때 거듭제곱근은 a가 양이냐, 0이냐, 음이냐에 따라 구분할 필요가 있다. 한편, 우리의 목표는 $f(x) = a^x$을 $-\infty < x < \infty$의 실수 전체에서 정의하는 것이었다. 번거롭지 않도록 앞으로는(특별한 이유가 없는 한) **거듭제곱근은 $a > 0$일 때만을 생각하는 것으로 한다.**

$a > 0$일 때 양의 정수 n에 대하여, 앞쪽 〈그림 3-7〉의 그래프에

서 다음 경우는 명백하다.

$$\sqrt[n]{a} > 0 \qquad (3\text{-}89)$$

또한 $x = \sqrt[n]{a}$ 는 방정식 $x^n = a$ 의 근이므로 대입하면

$$(\sqrt[n]{a})^n = a \qquad (3\text{-}90)$$

를 얻을 수 있다. (3-89)와 (3-90)을 사용하면, 거듭제곱근에는 다음과 같은 성질이 있음을 알 수 있다.

거듭제곱근의 성질

① $\sqrt[n]{\boldsymbol{a}} \times \sqrt[n]{\boldsymbol{b}} = \sqrt[n]{\boldsymbol{ab}}$

② $(\sqrt[n]{\boldsymbol{a}})^m = \sqrt[n]{\boldsymbol{a}^{\boldsymbol{m}}}$ [$a > 0$, $b > 0$에서 m, n은 양의 정수]

■ **증명**

$(\sqrt[n]{a})^n = a$, $\sqrt[n]{a} > 0$, 그리고 지수법칙을 사용해 증명해보자.

①

좌변의 n 제곱 =

$(ab)^p = a^p b^p$ $\qquad$ $(\sqrt[n]{a})^n = a$

$$(\sqrt[n]{a} \times \sqrt[n]{b})^n = (\sqrt[n]{a})^n \times (\sqrt[n]{b})^n = a \times b = ab$$

우변의 n 제곱 $= (\sqrt[n]{ab})^n = ab$ $\qquad$ $(\sqrt[n]{a})^n = a$

따라서

$$(\sqrt[n]{a} \times \sqrt[n]{b})^n = (\sqrt[n]{ab})^n$$

$\sqrt[n]{a} > 0$, $\sqrt[n]{b} > 0$일 때 $\sqrt[n]{a} \times \sqrt[n]{b} > 0$, $\sqrt[n]{ab} > 0$이므로(→ 〈주〉)

$$\boldsymbol{\sqrt[n]{a} \times \sqrt[n]{b} = \sqrt[n]{ab}}$$

②

좌변의 n제곱 $=$

$(a^p)^q = a^{pq}$ $\qquad$ $(\sqrt[n]{a})^n = a$

$$\{(\sqrt[n]{a})^m\}^n = (\sqrt[n]{a})^{mn} = (\sqrt[n]{a})^{nm} = \{(\sqrt[n]{a})^n\}^m = a^m$$

우변의 n제곱 $= (\sqrt[n]{a^m})^n = a^m$ $\qquad$ $(\sqrt[n]{a})^n = a$

따라서

$$\{(\sqrt[n]{a})^m\}^n = (\sqrt[n]{a^m})^n$$

$\sqrt[n]{a} > 0$, $\sqrt[n]{a^m} > 0$이므로(→ 〈주〉)

$$\boldsymbol{(\sqrt[n]{a})^m = \sqrt[n]{a^m}}$$

주

$$A^n = B^n \Rightarrow A = B$$

일반적으로 이 논리는 옳지 않다.

$A=-1$, $B=1$, $n=2$ 등의 반례[$(-1)^2=1^2$이라도 $-1\neq1$]가 있기 때문이다. 그러나 $A>0$, $B>0$인 경우에는

$$A^n=B^n \Rightarrow A=B$$

라는 논리 전개가 옳은 게 된다. 그러므로 위 내용을 증명할 때는 양변이 양수라고 정해둘 필요가 있다.

지수의 확장 ②(유리수인 지수)

이번에는 지수(어깨의 숫자)를 유리수(분수)의 범위로 확장해볼 생각이다. 예를 들어 $2^{\frac{1}{3}}$은 어떻게 정의하면 좋을까? 좀 귀찮을 수 있는데, 지수가 정수일 때 성립하는 성질(〈그림 3-8〉)에 주목한다.

n이 정수인 경우, 2^n의 지수 n이 0, 1, 2, 3, …으로 같은 간격으로 증가할(수열로 말하면, 등차수열) 때 2^0, 2^1, 2^2, 2^3, …은 차례로 같은 수를 곱한 것(수열로 말하면, 등비수열)이 된다. 이 성질이 2^n의 지수 n이 분수일 때에도 성립한다고 가정한다. 즉 2^n의 지수 n이 $0, \frac{1}{3}, \frac{2}{3}, 1$, …으로 같은 간격으로 증가할 때 2^0, $2^{\frac{1}{3}}$, $2^{\frac{2}{3}}$, 2^1, …

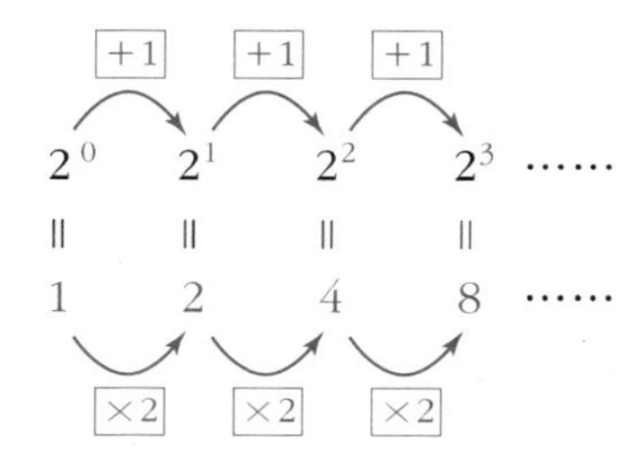

〈그림 3-8〉 지수가 정수일 때의 성질

도 차례로 같은 수 $r(>0)$을 곱한 게 된다고 생각하는 것이다.

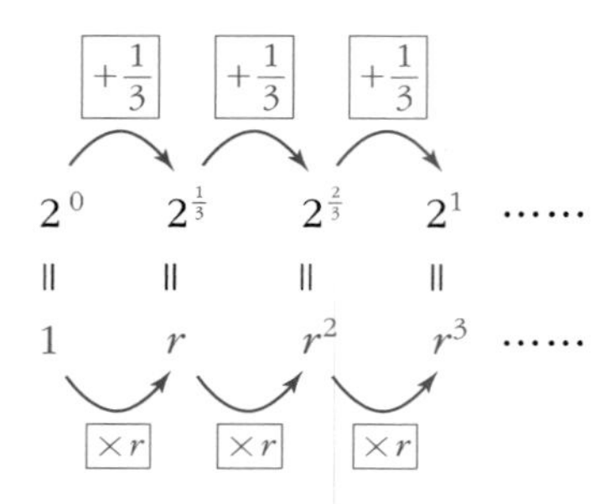

〈그림 3-9〉 지수가 분수일 때도 성립한다고 가정하면…

그러면 〈그림 3-9〉에 따라 다음과 같이 쓸 수 있다.

$$r^3 = 2^1 \tag{3-91}$$

$$r^2 = 2^{\frac{2}{3}}$$

$$r = 2^{\frac{1}{3}} \tag{3-92}$$

(3-91)은 r이 2의 3제곱근이라는 것을 나타내므로

$$r = \sqrt[3]{2} \tag{3-93}$$

$x>0,\ n>0,\ a>0$일 때
$x^n = a \Rightarrow x = \sqrt[n]{a}$

(3-92)와 (3-93)에서

$$2^{\frac{1}{3}} = \sqrt[3]{2} \tag{3-94}$$

이라고 생각하면 되지 않을까, 하는 가설이 세워진다.

이 가설을 문자로 나타내면 $n>0$, $a>0$일 때

$$a^{\frac{1}{n}} = \sqrt[n]{a} \tag{3-95}$$

또한 (3-95)의 양변을 m 제곱했을 경우

$$(a^{\frac{1}{n}})^m = (\sqrt[n]{a})^m \quad \Leftrightarrow \quad a^{\frac{m}{n}} = (\sqrt[n]{a})^m = \sqrt[n]{a^m} \tag{3-96}$$

이 성립하는 것도 기대할 수 있다.

거듭제곱근의 성질
$(\sqrt[n]{a})^m = \sqrt[n]{a^m}$

(3-95)와 (3-96)에서 다음과 같이 쓸 수도 있을 것이다.

$$a^{\frac{m}{n}} = (\sqrt[n]{a})^m = \sqrt[n]{a^m}$$

$\sqrt[n]{a} = a^{\frac{1}{n}}$

$$\Rightarrow \quad a^{\frac{m}{n}} = (a^{\frac{1}{n}})^m = (a^m)^{\frac{1}{n}} \tag{3-97}$$

단, 이것은 어디까지나 가설 위에서 성립하므로, 분수의 지수에 대하여 (3-95)나 (3-96), 그리고 거기에서 이끌어낸 (3-97)과 같이 생각하면 지수법칙이 성립하는 것을 지금부터 확인해보려 한다(계산이 아주 자세하므로 지수의 확장을 처음 접한 데다 문자식에 거부감이 있는 사람은 건너뛰어도 상관없다).

자, 지금부터 $a>0$, $b>0$이고 m, n, s, t는 정수, $p=\frac{m}{n}$, $q=\frac{s}{t}$라고 정한다.

■ **지수법칙 ① $a^p \times a^q = a^{p+q}$**

$a^{\frac{m}{n}} = \sqrt[n]{a^m}$ $\sqrt[n]{a} \times \sqrt[n]{b} = \sqrt[n]{ab}$

$$a^p \times a^q = a^{\frac{m}{n}} \times a^{\frac{s}{t}} = a^{\frac{mt}{nt}} \times a^{\frac{ns}{nt}} = \sqrt[nt]{a^{mt}} \times \sqrt[nt]{a^{ns}}$$

$$= \sqrt[nt]{a^{mt} \times a^{ns}} = \sqrt[nt]{a^{mt+ns}}$$

$$a^{p+q} = a^{\frac{m}{n}+\frac{s}{t}} = a^{\frac{mt+ns}{nt}} = \sqrt[nt]{a^{mt+ns}}$$ $a^{\frac{m}{n}} = \sqrt[n]{a^m}$

$\Rightarrow$ $a^p \times a^q = a^{p+q}$

■ **지수법칙 ② $(a^p)^q = a^{pq}$**

$a^{\frac{m}{n}} = (a^{\frac{1}{n}})^m$ $a^{\frac{m}{n}} = (a^m)^{\frac{1}{n}}$

$$(a^p)^q = (a^{\frac{m}{n}})^{\frac{s}{t}} = \{(a^{\frac{1}{n}})^m\}^{\frac{s}{t}} = [\{(a^{\frac{1}{n}})^m\}^s]^{\frac{1}{t}}$$

$$= \{(a^{\frac{1}{n}})^{ms}\}^{\frac{1}{t}} = \{(a^{ms})^{\frac{1}{n}}\}^{\frac{1}{t}} = \sqrt[t]{\{(a^{ms})^{\frac{1}{n}}\}}$$

$(a^{\frac{1}{n}})^m = (a^m)^{\frac{1}{n}}$ $a^{\frac{m}{n}} = \sqrt[n]{a^m}$ $(a^m)^{\frac{1}{n}} = a^{\frac{m}{n}}$

$$= \sqrt[t]{a^{\frac{ms}{n}}}$$

$$a^{pq} = a^{\frac{m}{n} \times \frac{s}{t}} = a^{\frac{ms}{nt}} = a^{\frac{\frac{ms}{n}}{t}} = \sqrt[t]{a^{\frac{ms}{n}}}$$ $a^{\frac{m}{n}} = \sqrt[n]{a^m}$

$\Rightarrow$ $(a^p)^q = a^{pq}$

■ 지수법칙 ③ $(ab)^p = a^p b^p$

$a^{\frac{m}{n}} = (a^m)^{\frac{1}{n}}$　　$a^{\frac{1}{n}} = \sqrt[n]{a}$　　$\sqrt[n]{ab} = \sqrt[n]{a} \times \sqrt[n]{b}$

$$(ab)^p = (ab)^{\frac{m}{n}} = \{(ab)^m\}^{\frac{1}{n}} = (a^m b^m)^{\frac{1}{n}} = \sqrt[n]{a^m b^m}$$

$$= \sqrt[n]{a^m} \times \sqrt[n]{b^m}$$

$$a^p b^p = a^{\frac{m}{n}} b^{\frac{m}{n}} = \sqrt[n]{a^m} \times \sqrt[n]{b^m}$$

$a^{\frac{m}{n}} = \sqrt[n]{a^m}$

$$\Rightarrow \ (ab)^p = a^p b^p$$

꽤나 복잡한 계산이었죠? 하지만 이 계산으로 (3-95)나 (3-96)과 같이 정하면 지수가 분수일 때도 지수법칙이 깨지지 않음을 알았다. 이것들을 유리수(분수)인 지수의 정의라고 한다.

유리수인 지수

$$a^{\frac{1}{n}} = \sqrt[n]{a}$$

$$a^{\frac{m}{n}} = \sqrt[n]{a^m}$$ [$a > 0$이고 m, n은 양의 정수]

지수의 확장 ③(무리수인 지수)

a^x의 x(거듭제곱의 지수)에 허용되는 수의 범위를 실수 전체로 확장하기 위해서는 무리수(분수로 나타낼 수 없는 수)에 대해서도 지수를 정의할 필요가 있다.

단, 유감스럽게도 지수가 무리수까지 확장할 수 있다는 것의 엄밀한 증명은 대학교, 그것도 수학과에 진학하지 않는 이상 배울 일이 없다. 그만큼 수준이 아주 높은 증명이다. 이 책에서는 (많은 고등학교 교과서와 참고서에 따라) 다음과 같이 생각해본다.

예를 들어 '$2^{\sqrt{2}}$'이라는 수를 떠올려보자.

$$\sqrt{2} = 1.41421356237\cdots$$

우변은 소수점 이하가 불규칙하게 한없이 계속되는 무리수다. 이것에 가까운 값의 유리수를 사용하여 지수를 서서히 $\sqrt{2}$ 에 가깝게 만들자.

$$2^{1} = 2$$
$$2^{1.4} = 2.63901\cdots$$
$$2^{1.41} = 2.65737\cdots$$
$$2^{1.414} = 2.66474\cdots$$
$$2^{1.4142} = 2.66511\cdots$$
$$2^{1.41421} = 2.66513\cdots$$
$$2^{1.414213} = 2.66514\cdots$$

이 과정을 계속하면 우변은 '2.665144142⋯'라는 일정한 값에 한없이 가까워진다. 여기서 '$2^{\sqrt{2}}$'을 다음과 같이 정의해보자.

$$2^{\sqrt{2}} = \lim_{x \to \sqrt{2}} 2^{x} = 2.665144142\cdots$$

또 마찬가지로

$$2^{\sqrt{3}} = \lim_{x \to \sqrt{3}} 2^x = 3.321997085 \cdots$$

$$2^{\sqrt{2}+\sqrt{3}} = \lim_{x \to \sqrt{2}+\sqrt{3}} 2^x = 8.853601074 \cdots$$

$$(2^{\sqrt{2}})^{\sqrt{3}} = \lim_{x \to \sqrt{3}} (2^{\sqrt{2}})^x = 5.462228785 \cdots$$

$2^{\sqrt{2}}$ 에는 '2.665144142…' 대입

$$2^{\sqrt{6}} = \lim_{x \to \sqrt{6}} 2^x = 5.462228785 \cdots$$

$$3^{\sqrt{2}} = \lim_{x \to \sqrt{2}} 3^x = 4.728804387 \cdots$$

$$6^{\sqrt{2}} = \lim_{x \to \sqrt{2}} 6^x = 12.60294531 \cdots$$

등을 정해놓으면

$$2^{\sqrt{2}} \times 2^{\sqrt{3}} = 2^{\sqrt{2}+\sqrt{3}}$$

$$(2^{\sqrt{2}})^{\sqrt{3}} = 2^{\sqrt{2}\times\sqrt{3}} = 2^{\sqrt{6}}$$

$$(2 \times 3)^{\sqrt{2}} = 6^{\sqrt{2}} = 2^{\sqrt{2}} \times 3^{\sqrt{2}}$$

따라서 지수법칙이 성립된다는 사실을 확인할 수 있다(함수 계산기나 공학용 전자계산기를 가진 사람은 꼭 실제로 풀어보기 바란다).

일반적으로 지수가 무리수일 때 거듭제곱을

$$a^r = \lim_{x \to r} a^x \quad [r \text{은 무리수}]$$

에 의해 정해도 지수법칙은 모두 성립한다고 알려져 있다(앞에서 썼듯이 증명은 생략한다).

마지막 전개가 좀 개운치 않으나, 지금까지의 내용을 토대로 거듭제곱의 지수는 실수 전체로 확장할 수 있다고 생각하자.

지수법칙

$a > 0$, $b > 0$이고 x, y가 실수일 때, 다음 법칙이 성립한다.

① $a^x \times a^y = a^{x+y}$

② $(a^x)^y = a^{xy}$

③ $(ab)^x = a^x b^x$

지수함수

$-\infty < x < \infty$인 실수 전체에서 다음과 같이 '**지수함수**'를 정의한다.

지수함수

$$y = a^x \quad [\text{단, } a > 0 \text{ 그리고 } a \neq 1]$$

여기서 '$a > 0$'이라고 하는 것은 앞에서 '거듭제곱근은 $a > 0$일 때만을 생각한다'라고 약속했기 때문이다.

또한 $a \neq 1$라고 하는 것은 $a = 1$일 때

$$y = 1^x = 1$$

즉 y가 x값에 상관없이 일정값이 되어버리기 때문이다.

'특별히 일정값이 되면 뭐 어때?'라고 생각할 수도 있겠지만, 지수함수 $y = a^x$이 x값에 상관없이 일정값이 되어버리면 y(출력)에

서 x(입력)를 정할 수 없게 된다. 이것은 다음에 배울 로그함수를 정의할 때 불합리하게 되므로 지수함수에서는 $a \neq 1$라고 약속해놓았다. 참고로, 'a^x'에서 a는 '밑'이라고 읽는다.

지수함수의 그래프

예를 들어 $y = 2^x$일 때, 그래프가 어떤 형태가 되는지 조사해보자. x에 몇 개의 값을 대입한 다음 표로 만든다.

x	-2	-1	0	1	2	3
y	$2^{-2} = \frac{1}{4}$	$2^{-1} = \frac{1}{2}$	$2^0 = 1$	$2^1 = 2$	$2^2 = 4$	$2^3 = 8$

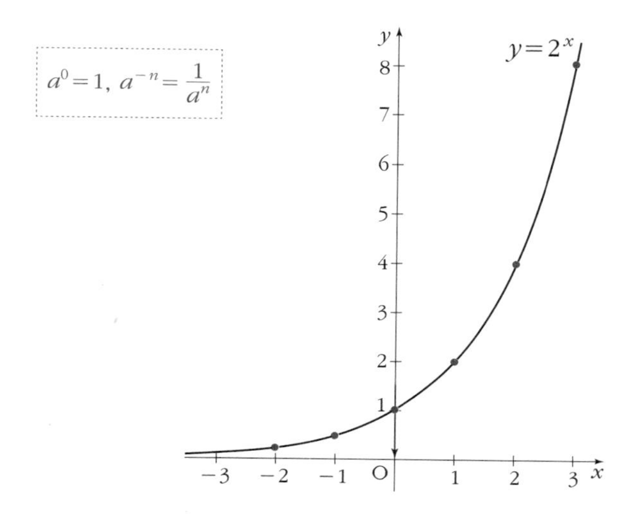

'$y=\left(\frac{1}{2}\right)^x$' 그래프는 어떻게 될까? 다시 표를 만든다.

$a^0=1,\ a^{-n}=\frac{1}{a^n}$

$$y=\left(\frac{1}{2}\right)^x=\frac{1}{2^x}=2^{-x}$$

여기서 위 식에 주의하자.

x	-2	-1	0	1	2	3
y	$2^{-(-2)}=\mathbf{4}$	$2^{-(-1)}=\mathbf{2}$	$2^0=\mathbf{1}$	$2^{-1}=\mathbf{\frac{1}{2}}$	$2^{-2}=\mathbf{\frac{1}{4}}$	$2^{-3}=\mathbf{\frac{1}{8}}$

'$y=2^x$'일 때의 표와 비교해보면 **y의 값이 정확히 역순**이다. 그래프는 이런 형태다.

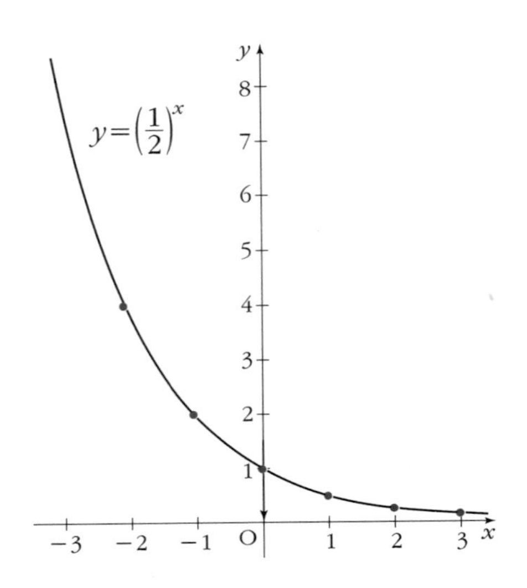

일반적으로 $y = a^x$ 그래프는 $a > 1$ 이냐, $0 < a < 1$ 이냐에 따라 크게 달라진다.

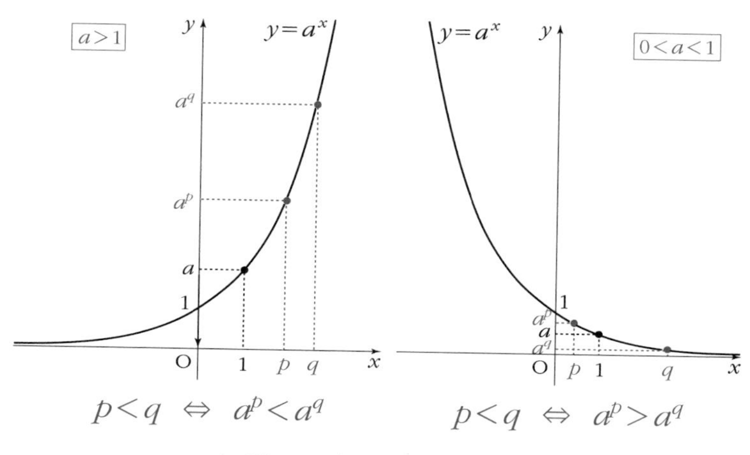

〈그림 3-10〉 지수함수의 그래프

그래프를 보면 명백하다.

$a > 1$일 때, **증가함수** : $p < q \Leftrightarrow a^p < a^q$ (3-98)

$0 < a < 1$일 때, **감소함수** : $p < q \Leftrightarrow a^p > a^q$ (3-99)

또한 어떤 경우에도

$$a^x > 0$$

이라는 것은 종종 사용하므로 주의해야 한다.

로그

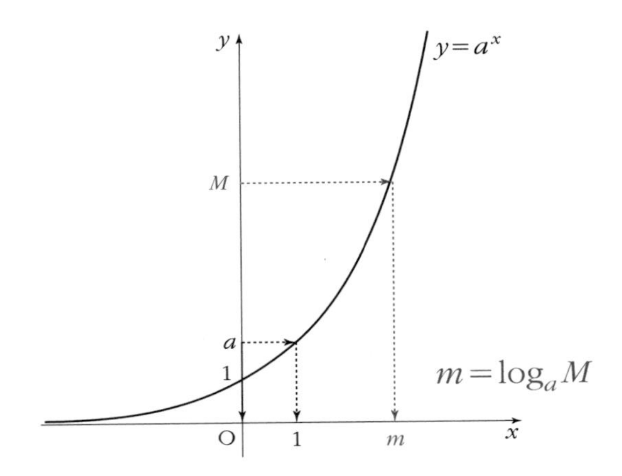

〈그림 3-11〉 $y=a^x$ 그래프와 로그·진수의 관계

$a>0$, $a\neq 1$일 때 위의 $y=a^x$ 그래프에서 알 수 있듯이, 임의의 양의 실수 M에 대하여 $a^m=M$을 만족하는 실수 m이 딱 하나 정해진다. 이 m을, a를 밑으로 하는 M의 로그라 하고 기호로는 $m=\log_a M$이라고 쓴다.

또한 M을, a를 밑으로 하는 m의 진수라고 한다. 즉

$$a^m=M \iff m=\log_a M \tag{3-100}$$

'로그(log)'란 '대응하는 수'를 의미하는 영어 '로가리듬(logarithm)'에서 왔다.

$y=a^x$에서 $a>0$ 그리고 $a\neq 1$이라는 것과, $y>0$이라는 것에서 밑은 1이 아닌 양수이고 진수는 양수다. 이 약속을 잊지 말자.

로그의 정의

$a^m = M$을 만족하는 x값을

$$m = \log_a M \quad [단,\ a > 0 \ 및 \ a \neq 1 \ 및 \ M > 0]$$

이라고 나타낸다. 이때 a를 '밑', M을 '진수'라고 한다.

로그의 성질

(3-100)의 정의에서

$a^m = M \Leftrightarrow m = \log_a M$

$$a^1 = a \Leftrightarrow 1 = \log_a a \tag{3-101}$$

$$a^0 = 1 \Leftrightarrow 0 = \log_a 1 \tag{3-102}$$

이라는 것은 명백하다.

로그의 기본 성질

① $\log_a a = 1$

② $\log_a 1 = 0$ [단, $a > 0$ 및 $a \neq 1$]

로그법칙

로그에는 지수법칙에서 이끌어낸 다음과 같은 법칙이 있다.

로그법칙

① $\log_a MN = \log_a M + \log_a N$

② $\log_a \dfrac{M}{N} = \log_a M - \log_a N$

③ $\log_a M^r = r \log_a M$

[단, a는 1이 아닌 양의 실수이고 M, N은 양의 실수]

■ 증명

$$\log_a M = m, \quad \log_a N = n \tag{3-103}$$

이라고 하면 정의에서 $\log_a M = m \Leftrightarrow a^m = M$

$$a^m = M, \quad a^n = N \tag{3-104}$$

①에 대하여

$$\log_a MN = s \tag{3-105}$$

라고 하면 정의와 (3-104)에서

$$a^s = MN = a^m \times a^n = a^{m+n} \Rightarrow s = m + n \tag{3-106}$$

$a^p \times a^q = a^{p+q}$

(3-103)과 (3-105)에서

$$\log_a MN = \log_a M + \log_a N \tag{3-107}$$

②에 대하여

$$\log_a \frac{M}{N} = t \tag{3-108}$$

라고 하면 정의와 (3-104)에서 $\log_a M = m \iff a^m = M$

$$a^t = \frac{M}{N} = \frac{a^m}{a^n} = a^m \times \frac{1}{a^n} = a^m \times a^{-n} = a^{m+(-n)}$$

$$= a^{m-n} \qquad \frac{1}{a^n} = a^{-n}$$

$$\Rightarrow \quad t = m - n \tag{3-109}$$

(3-103)과 (3-108)에서

$$\log_a \frac{M}{N} = \log_a M - \log_a N \tag{3-110}$$

③에 대하여

$$\log_a M^r = u \tag{3-111}$$

라고 하면 정의와 (3-104)에서 $\log_a M = m \iff a^m = M$

$$a^u = M^r = (a^m)^r = a^{mr} \Rightarrow u = mr = rm \tag{3-112}$$

(3-103)과 (3-111)에서 $(a^p)^q = a^{pq}$

$$\log_a M^r = r \log_a M \tag{3-113}$$

밑의 변환 공식

로그 계산에서 대활약하는 '밑의 변환 공식'도 소개한다.

밑의 변환 공식

$$\log_a b = \frac{\log_c b}{\log_c a} \quad [\text{단, } a, b, c\text{는 양의 실수이고 } a \neq 1, c \neq 1]$$

■ **증명**

$$\log_a b = k, \quad \log_c a = l, \quad \log_c b = m \tag{3-114}$$

이라고 하면 정의에서 $\log_a M = m \Leftrightarrow a^m = M$

$$a^k = b, \quad c^l = a, \quad c^m = b \tag{3-115}$$

(3-115)에서 a와 b를 소거하면

$$(c^l)^k = c^m \quad \Leftrightarrow \quad c^{l \times k} = c^m \Leftrightarrow l \times k = m$$

$$\Leftrightarrow \quad k = \frac{m}{l} \tag{3-116}$$

(3-114)에서

$$\log_a b = \frac{\log_c b}{\log_c a} \tag{3-117}$$

로그함수

〈그림 3-12〉의 그래프에서도 명백하듯이 $y = a^x$일 때 y를 입력, x를 출력으로 하면 $y > 0$의 범위에서 자유롭게 선택할 수 있는 y에 대해 x가 하나로 정해진다. 즉 **y가 x의 지수함수일 때, x도**

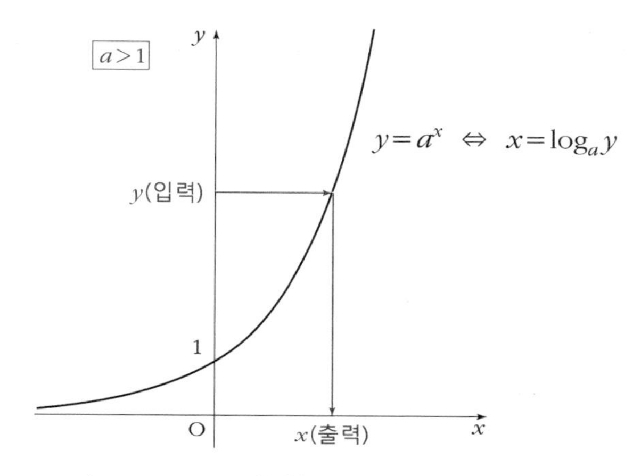

〈그림 3-12〉 지수함수 그래프를 거꾸로 본다.

y의 함수다.

로그의 정의는

$$y = a^x \quad \Leftrightarrow \quad x = \log_a y \quad [a > 0,\ a \neq 1]$$

일반적으로 $x = \log_a y$라고 표현되는 x를, **a를 밑으로 하는 y의 로그함수**라고 한다. 그런데 $y = a^x$과 $x = \log_a y$는 같은 내용을 다르게 표현했을 뿐이다. 그래서 두 식이 나타내는 그래프도 같다.

$x = \log_a y$라고 쓰면 y가 독립변수(입력)이고 x가 종속변수(출력)인데, x가 독립변수이고 y는 종속변수인 게 더 어울린다.

여기서

$$x = \log_a y \ \leftrightarrow \ y = \log_a x \tag{3-118}$$

이므로 **x와 y를 바꿔넣은** 다음 x축과 y축이 평소 방향이 되도록

뒤집어보자(〈그림 3-13〉). 그러면 〈그림 3-12〉는 다음과 같이 변한다.

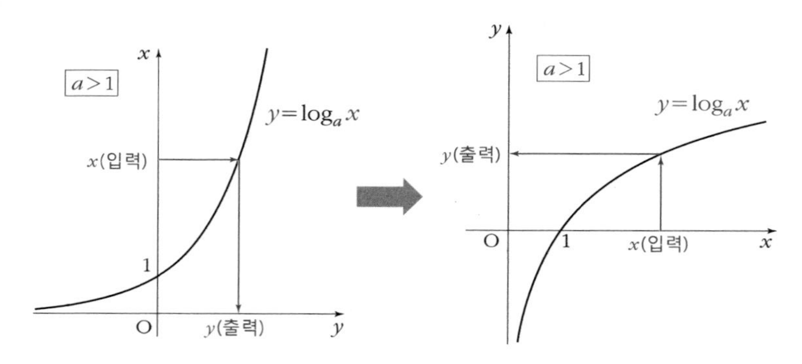

〈그림 3-13〉 x와 y를 바꿔넣은 로그함수의 그래프

$0<a<1$인 경우도 똑같이 조작하면, 로그함수의 그래프를 다음과 같이 정리할 수 있다.

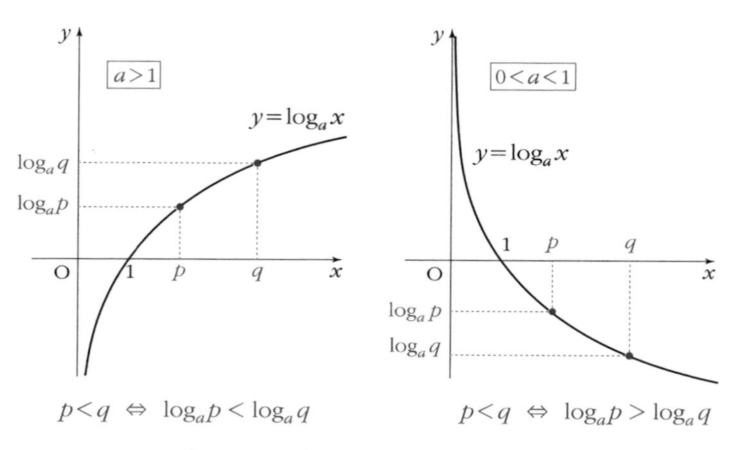

〈그림 3-14〉 로그함수의 그래프(정리)

여기서도 그래프에서 진수(x)의 대소와 로그 전체(y)의 대소가 다음과 같이 된다는 것을 알 수 있다.

$$a > 1 \text{일 때, } \textbf{증가함수 } p < q$$

$$\Leftrightarrow \quad \log_a p < \log_a q \qquad (3\text{-}119)$$

$$0 < a < 1 \text{일 때, } \textbf{감소함수 } p < q$$

$$\Leftrightarrow \quad \log_a p > \log_a q \qquad (3\text{-}120)$$

로그함수 미분과 자연로그의 밑(네이피어수)

지금부터는 지수함수와 로그함수의 도함수를 구하는데, (이야기의 흐름상 타이밍이 좋으므로) 먼저 로그함수를 정의에 따라 미분해본다. 그러면 어떤 극한값이 필요해진다. 그것이 바로 원주율과 나란히 2대 상수라고 불리는 '**자연로그의 밑**(네이피어수)'이다.

1이 아닌 양의 실수 a와 양의 실수 x에 대하여

$$f(x) = \log_a x \qquad (3\text{-}121)$$

라고 한다. 미분(도함수)의 정의(p. 42)에서

$$f'(x) = \lim_{h \to 0} \frac{f(x+h) - f(x)}{h}$$

$$= \lim_{h \to 0} \frac{\log_a(x+h) - \log_a x}{h}$$

$$= \lim_{h \to 0} \frac{1}{h}\{\log_a(x+h) - \log_a x\}$$

$$= \lim_{h \to 0} \frac{1}{h} \log_a \frac{x+h}{x}$$

$$\log_a M - \log_a N = \log_a \frac{M}{N}$$

$$= \lim_{h \to 0} \frac{1}{h} \log_a \left(1 + \frac{h}{x}\right)$$

$$= \lim_{h \to 0} \frac{1}{x} \cdot \frac{x}{h} \log_a \left(1 + \frac{h}{x}\right)$$

$r \log_a M = \log_a M^r$

$$= \lim_{h \to 0} \frac{1}{x} \log_a \left(1 + \frac{h}{x}\right)^{\frac{x}{h}} \tag{3-122}$$

여기서 다음과 같이 치환한다.

$$\frac{h}{x} = k \Rightarrow \frac{x}{h} = \frac{1}{k}, \ h \to 0 \text{일 때 } k \to 0 \tag{3-123}$$

(3-123)을 (3-122)에 대입하면

$$f'(x) = \lim_{k \to 0} \frac{1}{x} \log_a (1 + k)^{\frac{1}{k}} \tag{3-124}$$

이 (3-124)의 극한을 구하려면

$$\lim_{k \to 0} (1 + k)^{\frac{1}{k}} \tag{3-125}$$

의 극한값이 필요하다. 0에 가까운 구체적인 값을 k에 몇 개 대입하여 (함수 계산기 등을 사용해) 계산해보자.

$$k = 0.1 \Rightarrow (1 + k)^{\frac{1}{k}} = 2.59374 \cdots$$

$$k = 0.01 \Rightarrow (1 + k)^{\frac{1}{k}} = 2.70481 \cdots$$

$$k = 0.001 \Rightarrow (1 + k)^{\frac{1}{k}} = 2.71692 \cdots$$

$$k = 0.0001 \Rightarrow (1+k)^{\frac{1}{k}} = 2.71814 \cdots$$

$$k = 0.00001 \Rightarrow (1+k)^{\frac{1}{k}} = 2.71826 \cdots$$

$(1+k)^{\frac{1}{k}}$ 이 점점 '2.718⋯'이라는 값에 접근한다는 사실을 알 수 있다. 실제로 $k \to 0$일 때 $(1+k)^{\frac{1}{k}}$의 극한값은

2.718281828459045 ⋯

라는 상수가 된다. 심지어 이것은 원주율 π와 마찬가지로 분수로 나타낼 수 없는 수(무리수)이다.

$$\textbf{네이피어수 } e = \lim_{k \to 0}(1+k)^{\frac{1}{k}}$$
$$= 2.718281828459045 \cdots \qquad (3\text{-}126)$$

'네이피어'란 이 수를 최초로 언급한 **존 네이피어**(John Napier, 1550~1617)를 말한다. 단, 네이피어는 몇 개의 값을 계산했을 뿐이고 이 수가 원주율만큼이나 중요한 상수라는 것은 깨닫지 못했다.

네이피어수가 특별한 수라는 것을 처음 깨달은 사람은 스위스의 수학자, **레온하르트 오일러**(Leonhard Euler, 1707~1783)였다. 오일러는 자기 이름의 머리글자인 'e'로 네이피어수를 표시하고, (뒤에서 보여주듯이)

$$\frac{d}{dx}e^x = e^x, \quad \int \frac{1}{x}dx = \log_e x + C \quad [x > 0]$$

등을 제시했다.

$\frac{1}{x}$의 부정적분(원시함수)인 $\log_e x$를 **자연로그**(natural logarithm)라고 부르는 것에 기인하여 네이피어수를 **자연로그의 밑**이라고도 한다.

(3-126)을 (3-124)에 대입하면 $f(x) = \log_a x$일 때

$$f'(x) = \lim_{k \to 0} \frac{1}{x} \log_a (1+k)^{\frac{1}{k}} = \frac{1}{x} \log_a e \tag{3-127}$$

수학에서는 자연로그 $\log_e x$를 아주 많이 사용하므로, 밑 e는 생략하고 간단히 $\mathbf{\log x}$라고 쓰기도 한다(우리나라에서는 자연상수 e를 밑으로 사용할 때 e를 생략하고 간단하게 $\ln x$라고 쓴다). (3-127)을 밑의 변환공식(p. 354)을 사용해 자연로그로 써보면, $f(x) = \log_a x$의 도함수는

$\log_a b = \frac{\log_c b}{\log_c a}$ $\log_a a = 1$

$$f'(x) = \frac{1}{x} \log_a e = \frac{1}{x} \cdot \frac{\log_e e}{\log_e a} = \frac{1}{x} \cdot \frac{1}{\log_e a}$$

$$\Rightarrow \quad (\log_a x)' = \frac{1}{x \log_e a} \tag{3-128}$$

이다. 특히 $a = e$일 때는 아주 간단하게 적을 수 있다.

$$(\log_e x)' = \frac{1}{x} \cdot \frac{1}{\log_e e} = \frac{1}{x} \qquad \boxed{\log_a a = 1} \tag{3-129}$$

위 내용을 정리해보자.

로그함수의 미분

$$(\log x)' = \frac{1}{x} \qquad (\log_a x)' = \frac{1}{x \log a}$$

주

자연로그의 밑 e는 생략한다.

$$\log x = \log_e x, \quad \log a = \log_e a$$

지수함수 미분

지수함수 $y = a^x$의 도함수를 구해보자. $y = a^x$의 양변에 e를 밑으로 하는 로그(자연로그)를 취하면(→ 아래의 〈주〉)

$$y = a^x \Rightarrow \log y = \log a^x$$

$\log_a M^r = r \log_a M$

$$\Rightarrow \log y = x \cdot \log a = \log a \cdot x \tag{3-130}$$

주

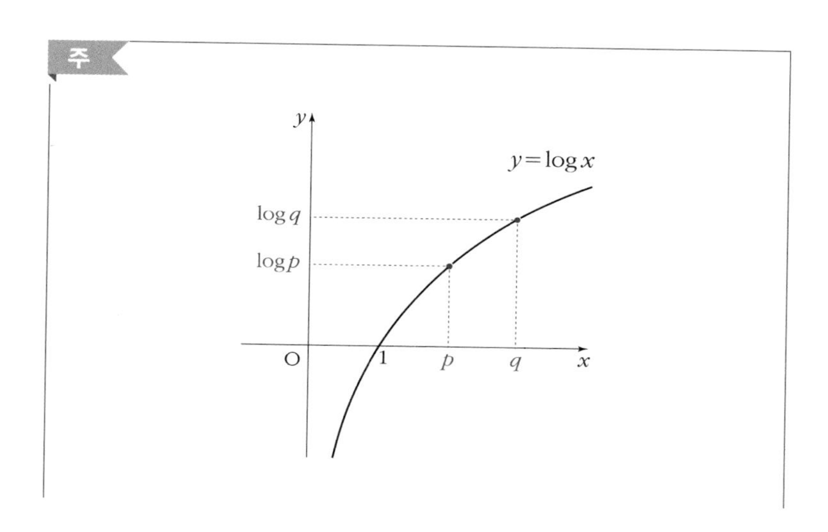

로그함수($y = \log x$)의 그래프(p. 356)에서도 알 수 있듯이, 로그함수는 x와 y가 각각 1대 1로 대응한다. 이것은 x와 y 한쪽의 값이 다르면 다른 한쪽의 값도 다르다는 것을 의미한다. 반대로 말하면, x와 y 중 한쪽 값이 같다면 다른 쪽의 값도 같다. 따라서 양의 수 p, q에 대하여

$$p = q \quad \Leftrightarrow \quad \log p = \log q$$

이것을 사용하여 $p = q$라는 식에서 $\log p = \log q$를 만드는 것을 흔히 '**로그를 취한다**'고 표현한다.

(3-130)의 양변을 x로 미분한다.

$$\frac{d}{dx}\log y = \frac{d}{dx}(\log a \cdot x)$$

$\log_a$는 상수이므로 $(\log a \cdot x)' = \log a$

$$\Rightarrow \quad \frac{dy}{dx} \cdot \frac{d}{dy}(\log y) = \log a \cdot 1$$

합성함수의 미분(p. 156) $\frac{dy}{dx} = \frac{du}{dx} \cdot \frac{dy}{du}$

$$\Rightarrow \quad \frac{dy}{dx} \cdot \frac{1}{y} = \log a$$

$(\log x)' = \frac{1}{x}$

$$\Rightarrow \quad \frac{dy}{dx} = \log a \cdot y$$

$y = a^x$

$$\Rightarrow \quad \boldsymbol{(a^x)' = \log a \cdot a^x} \tag{3-131}$$

특히 $a = e$일 때

$$(e^x)' = \log e \cdot e^x$$

$\log e = \log_e e = 1$

$$\Rightarrow \quad \boldsymbol{(e^x)' = e^x} \tag{3-132}$$

지수함수의 미분

$$(a^x)' = \log a \cdot a^x$$

$$(e^x)' = e^x$$

그런데 $f(x) = e^x$의 미분을 정의에 따라 풀이하면

$$f'(x) = \lim_{h \to 0} \frac{f(x+h) - f(x)}{h} = \lim_{h \to 0} \frac{e^{x+h} - e^x}{h}$$

$$= \lim_{h \to 0} \frac{e^x(e^h - 1)}{h} = e^x \lim_{h \to 0} \frac{e^h - 1}{h}$$

$$\Rightarrow \quad (e^x)' = e^x \lim_{h \to 0} \frac{e^h - 1}{h} \qquad (3\text{-}133)$$

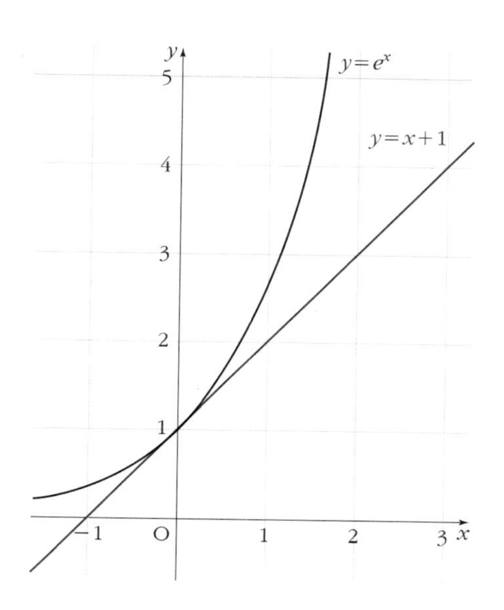

〈그림 3-15〉 $y = e^x$의 $x = 0$에서 접선

(3-132)와 (3-133)에서

$$e^x = e^x \lim_{h \to 0} \frac{e^h - 1}{h} \Rightarrow \lim_{h \to 0} \frac{e^h - 1}{h} = 1 \tag{3-134}$$

$f(x) = e^x$일 때

$$f'(0) = \lim_{h \to 0} \frac{f(0+h) - f(0)}{h} = \lim_{h \to 0} \frac{e^{0+h} - e^0}{h}$$

$$= \lim_{h \to 0} \frac{e^h - 1}{h} \tag{3-135}$$

따라서 (3-134)는

$$f'(0) = 1 \tag{3-136}$$

을 의미한다. 다시 말해 $f(x) = e^x$의 $x = 0$, 즉 y절편에서 접선의 기울기는 1이라는 것을 알 수 있다.

지수함수와 로그함수의 적분

(3-128), (3-129), (3-131), (3-132)에서 지수함수와 로그함수의 부정적분을 구한다.

$$\int e^x dx = e^x + C \tag{3-137}$$

미분

e^x e^x

적분

$$\int \log a \cdot a^x dx = a^x + C$$

$$\Rightarrow \quad \log a \int a^x dx = a^x + C$$

$$\Rightarrow \quad \int a^x dx = \frac{1}{\log a} a^x + C' \quad (3\text{-}138)$$

[C나 $C' = \dfrac{C}{\log a}$는 적분상수]

미분: a^x → $\log a \cdot a^x$ / 적분: $\log a \cdot a^x$ → a^x

$$\int \frac{1}{x} dx = \log|x| + C \quad (3\text{-}139)$$

[C는 적분상수]

미분: $\log x$ → $\dfrac{1}{x}$ / 적분: $\dfrac{1}{x}$ → $\log x$

$\dfrac{1}{x}$의 적분이 $\log x$가 아니라 $\log|x|$가 되는 이유에 대해 보충 설명을 해보자. 로그를 정의할 때 351쪽에서 약속했듯이, 로그의 진수($\log x$의 x)는 양수여야 한다. 그러나 $\dfrac{1}{x}$의 x는 음수일 가능성도 있다. 여기서 다음과 같이 생각할 수 있다.

$x<0$일 때

$$\{\log(-x)\}' = -1 \cdot \frac{1}{-x} = \frac{1}{x} \qquad (3\text{-}140)$$

미분: $\log(-x)$ → $\dfrac{1}{x}$ / 적분: $\dfrac{1}{x}$ → $\log(-x)$

주

또다시 157쪽에서 소개한

$$\{g(ax+b)\}' = ag'(ax+b)$$

를 사용했다. 이번에는 다음과 같은 경우다.

$$g(x) = \log x, \quad g'(x) = \frac{1}{x}, \quad a = -1, \ b = 0$$

한편, **$x > 0$일 때**는 (3-129)에서

$$(\log x)' = \frac{1}{x}$$

따라서

$$\int \frac{1}{x} dx = \begin{cases} \log x + C & [x > 0] \\ \log(-x) + C & [x < 0] \end{cases} \tag{3-141}$$

그런데 절댓값 기호란

$$|x| = \begin{cases} x & [x > 0] \\ -x & [x < 0] \end{cases}$$

라는 의미이므로 절댓값을 사용하면 (3-141)은 (3-139)처럼

$$\int \frac{1}{x} dx = \log |x| + C$$

로 깔끔하게 나타낼 수 있다.

삼각함수의 적분

지금까지 삼각함수의 적분을 설명할 기회가 없었으므로 여기서 정리해본다.

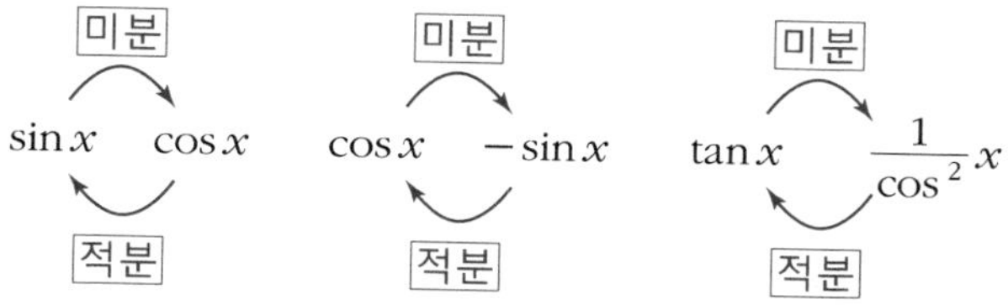

미분

$\sin x \quad \cos x$

적분

미분

$\cos x \quad -\sin x$

적분

미분

$\tan x \quad \dfrac{1}{\cos^2 x}$

적분

$$\int \cos x\, dx = \sin x + C \tag{3-142}$$

$$\int (-\sin x) dx = \cos x + C$$

$$\Rightarrow \int \sin x\, dx = -\cos x + C' \tag{3-143}$$

$$\int \frac{1}{\cos^2 x} dx = \tan x + C \tag{3-144}$$

[C나 $C' = -C$는 적분상수]

1차식을 포함한 합성함수의 적분 공식

앞에서도 사용했던 특별한 합성함수의 미분 공식

$$\{g(ax+b)\}' = ag'(ax+b)$$

에서 이끌어낸, 마음대로 사용하기 좋은 적분 공식을 소개한다.

함수 $f(x)$의 원시함수(부정적분) 하나를 $F(x)$라고 하면

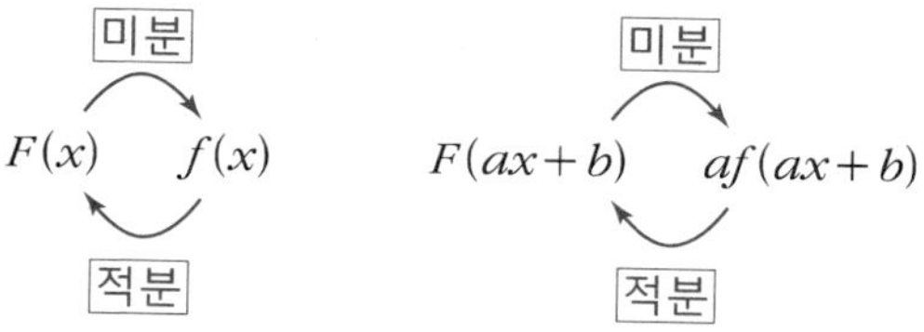

미분

$F(x) \quad f(x)$

적분

미분

$F(ax+b) \quad af(ax+b)$

적분

$$\{F(ax+b)\}' = aF'(ax+b) = af(ax+b)$$

$$\Rightarrow \int af(ax+b)dx = F(ax+b)+C$$

$$\Rightarrow a\int f(ax+b)dx = F(ax+b)+C$$

$$\Rightarrow \int f(ax+b)dx = \frac{1}{a}F(ax+b)+C' \qquad (3\text{-}145)$$

[C나 $C' = \frac{C}{a}$는 적분상수]

라는 공식을 얻을 수 있다.

(3-145)는 치환적분을 함으로써 확인할 수 있는데, 이것을 공식으로 사용할 수 있게 해두면 편리할 때가 많다(미분방정식을 풀 때도 편리하다).

예시

$$\int e^{2x+1}dx = \frac{1}{2}e^{2x+1}+C \qquad \int e^x dx = e^x + C$$

$$\int \frac{1}{3x}dx = \frac{1}{3}\log|3x|+C \qquad \int \frac{1}{x}dx = \log|x|+C$$

$$\int \cos(4x+5)dx = \frac{1}{4}\sin(4x+5)+C \qquad \int \cos x\, dx = \sin x + C$$

✤

자, 이것으로 준비는 끝났다. 이다음은(많이 기다렸다!) 변수분리형의 일계 미분방정식을 풀어볼 차례다.

변수분리형의 일계 미분방정식 풀이법

변수분리형의 일계 미분방정식(p. 323, 3-70)

$$g(y)\frac{dy}{dx}=f(x)$$

의 양변을 x로 적분한다.

$$\int\left(g(y)\frac{dy}{dx}\right)dx=\int f(x)dx \qquad (3\text{-}146)$$

여기서 $y=h(x)$라고 하면

$$y=h(x) \Rightarrow \frac{dy}{dx}=h'(x) \qquad (3\text{-}147)$$

이므로 치환적분법(p. 244)을 사용하면

$$\int f(x)dx=\int f(g(u))g'(u)du \quad [x=g(u)]$$

(3-146)의 좌변은

$$\int\left(g(y)\frac{dy}{dx}\right)dx=\int g(h(x))h'(x)dx$$
$$=\int g(y)dy \qquad (3\text{-}148)$$

라고 바꿔쓸 수 있다. (3-146)은 (3-148)을 사용하여

$$\int \left(g(y) \frac{dy}{dx} \right) dx = \int f(x) dx$$

$$\Rightarrow \int g(y) dy = \int f(x) dx \qquad (3\text{-}149)$$

라고 쓸 수 있다.

(3-149)에서, 변수분리형의 일계 미분방정식은 형식적으로 다음과 같이 변형해도 된다.

$$g(y) \frac{dy}{dx} = f(x)$$

변수를 '분리'한다

$$\Rightarrow g(y) dy = f(x) dx$$

$\int$ 을 붙인다

$$\Rightarrow \int g(y) dy = \int f(x) dx \qquad (3\text{-}150)$$

예시 1

$$yy' = x$$

해답

$$yy' = x \quad \Rightarrow \quad y \frac{dy}{dx} = x$$

변수 분리

$$\Rightarrow \quad y dy = x dx$$

$$\Rightarrow \quad \int y dy = \int x dx$$

$\int$ 을 붙인다

$$\Rightarrow \quad \frac{1}{2} y^2 + C_1 = \frac{1}{2} x^2 + C_2$$

$\int x^n dx = \frac{1}{n+1} x^{n+1} + C$

$$\Rightarrow \quad y^2 = x^2 + 2(C_2 - C_1)$$

$2(C_2 - C_1) = C$

$$\Rightarrow \quad \boldsymbol{y^2 = x^2 + C}$$

✤

주

이 근은 $y=f(x)$의 형태를 띠지 않는다. 복잡할 때는 무리하게 $y=f(x)$의 형태로 만들지 않아도 된다.

예시 2

$$y'=3y+1$$

해답

$$y'=3y+1 \Rightarrow \frac{dy}{dx}=3y+1$$

$$\Rightarrow \frac{1}{3y+1}\frac{dy}{dx}=1$$

변수 분리

$$\Rightarrow \frac{1}{3y+1}dy=dx$$

$$\Rightarrow \int\frac{1}{3y+1}dy=\int 1\cdot dx$$

$\int\frac{1}{x}dx=\log|x|+C$

$$\Rightarrow \frac{1}{3}\log|3y+1|+C_1=x+C_2$$

$\int f(ax+b)dx=\frac{1}{a}F(ax+b)+C$

$$\Rightarrow \log|3y+1|=3x+3(C_2-C_1)$$

$3(C_2-C_1)=C$

$\log_a M=m \Leftrightarrow a^m=M$

$$=3x+C$$

$$\Rightarrow |3y+1|=e^{3x+C}=e^C e^{3x}$$

$a^{m+n}=a^m a^n$

$$\Rightarrow 3y+1=\pm e^c e^{3x}$$

$$\Rightarrow y=\pm\frac{1}{3}e^C\cdot e^{3x}-\frac{1}{3}$$

$$\Rightarrow y=Ae^{3x}-\frac{1}{3}$$

✤

주

C는 임의 상수이므로 $\pm\frac{1}{3}e^{C}$은 0 이외의 임의 상수가 된다. 여기서는 미리 $\pm\frac{1}{3}e^{C}=A$로 정했다.

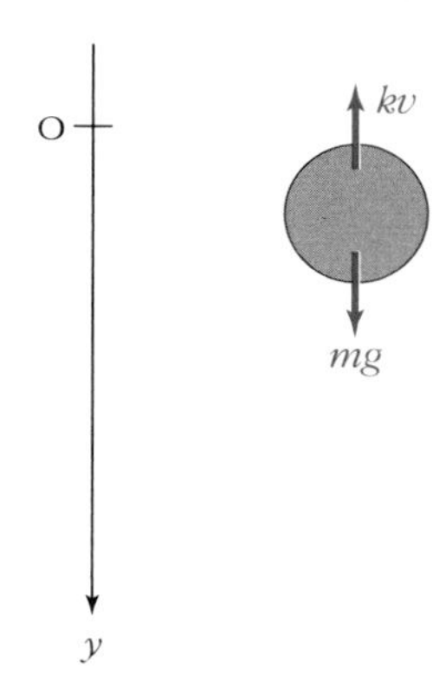

지금까지의 내용을 바탕으로 (예고했던 대로) 속도에 비례하는 저항력을 받으면서 낙하하는 물체의 운동방정식을 풀어보자.

운동방정식은

$$m\frac{d^2y}{dt^2} = mg - k\frac{dy}{dt} \qquad (3\text{-}11)$$

324쪽의 (3-72)에서 보았듯이, 이것은

$$\Rightarrow m\frac{dv}{dt} = mg - kv \Rightarrow \frac{1}{-kv+mg}\frac{dv}{dt} = \frac{1}{m}$$

로 변형할 수 있다. 따라서 변수분리형의 일계 미분방정식으로 변형한 뒤 앞에서 배운 대로 풀어보자. 문자가 많은 식이지만 **변수는 v와 t뿐**이며, 그 밖의 k, m, g**는 상수**라는 것에 주의하자.

$$\frac{1}{-kv+mg}\frac{dv}{dt}=\frac{1}{m}$$

변수 분리

$$\Rightarrow \frac{1}{-kv+mg}dv=\frac{1}{m}dt$$

$$\Rightarrow \int\frac{1}{-kv+mg}dv=\int\frac{1}{m}\cdot dt$$

$\int\frac{1}{x}dx=\log|x|+C$ 　 k, m, g는 상수

$$\Rightarrow \frac{1}{-k}\log|-kv+mg|+C_1=\frac{1}{m}t+C_2$$

$\int f(ax+b)dx=\frac{1}{a}F(ax+b)+C$

$$\Rightarrow \log|-kv+mg|=-\frac{k}{m}t-k(C_2-C_1)=-\frac{k}{m}t+C$$

$$\Rightarrow |-kv+mg|=e^{-\frac{k}{m}t+C}=e^Ce^{-\frac{k}{m}t}$$

$-k(C_2-C_1)=C$

$\log_a M=m \Leftrightarrow M=a^m$

$a^{m+n}=a^ma^n$

$$\Rightarrow -kv+mg=\pm e^Ce^{-\frac{k}{m}t}$$

$$\Rightarrow -kv=Ae^{-\frac{k}{m}t}-mg$$

$\pm e^C=A$

$$\Rightarrow v=A'e^{-\frac{k}{m}t}+\frac{mg}{k} \quad (3\text{-}151)$$

$-\frac{A}{k}=A'$

이렇게 일반근을 얻었다. 참고로, $t=0$에서 $v=0$(자유낙하)인 경우의 특수근을 구해보자. (3-151)에서

$a^0=1$

$$0=A'e^0+\frac{mg}{k} \Rightarrow A'=-\frac{mg}{k} \quad (3\text{-}152)$$

(3-152)를 (3-151)에 대입하면

$$v = -\frac{mg}{k}e^{-\frac{k}{m}t} + \frac{mg}{k}$$

$$\Rightarrow \boldsymbol{v = \frac{mg}{k}(1 - e^{-\frac{k}{m}t})} \qquad (3\text{-}153)$$

(3-153)이야말로 속도에 비례하는 저항력을 받으면서 자유낙하하는 물체의 속도다. $e = 2.71 \cdots > 1$일 때 $0 < \frac{1}{e} < 1$이므로

$$\lim_{x \to \infty} e^{-x} = \lim_{x \to \infty}\left(\frac{1}{e}\right)^x = 0 \qquad \boxed{a^{-1} = \frac{1}{a}} \qquad (3\text{-}154)$$

따라서 (3-153)으로 나타낸 속도를 가진 물체는 충분한 시간이 지나면 일정한 속도

$$v_\infty = \lim_{t \to \infty}\frac{mg}{k}(1 - e^{-\frac{k}{m}t}) = \frac{mg}{k}(1 - 0) = \frac{mg}{k} \qquad (3\text{-}155)$$

에 가까워진다. (3-153)을 그래프로 그려보면 그 양상을 잘 알 수 있다.

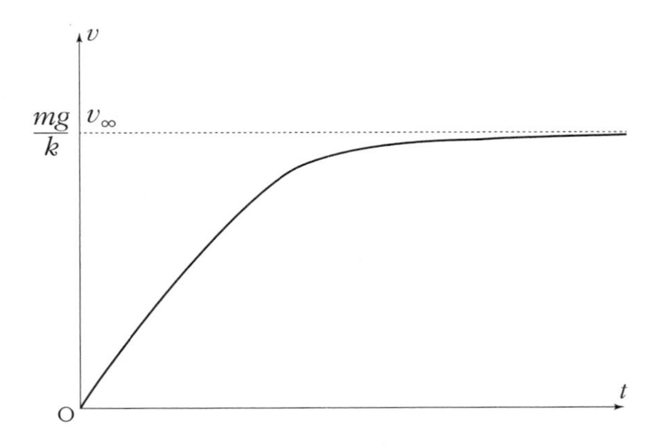

실제로 하늘에서 내리는 빗방울 중에서 안개비처럼 반지름이 작은 빗방울의 **종단속도** v_{∞}는 (3-155)에서 구한 값과 아주 가깝다고 알려져 있다. 참고로, 빗방울이 굵은 경우 공기저항은 속도의 제곱에 비례하므로 (3-155)에서 구한 값과 달라진다.

기출문제

문제 9 **니혼대학**

질량 m인 물체가 공기 중에서 수직 아래쪽 방향으로 낙하운동을 하고 있다. 물체가 공기로부터 받는 저항력의 크기는 물체의 속도가 u일 때 ku(k는 상수)라고 한다. 또한 중력가속도의 크기를 g라고 하고, 부력은 무시할 수 있는 것으로 한다. 지금, 아래쪽을 정방향으로 하여 수직 방향에 y축을 취한다. 물체는 $y=0$의 위치에서 처음 속도 0으로 낙하운동을 시작하는 것으로 하고, $y=0$을 중력의 위치에너지의 기준으로 잡는다.

낙하 중인 임의의 시각에서의 물체의 속도와 가속도의 y성분을 각각 u, a라고 하면 운동방정식은 $ma=$ (1) 이다. 먼저 물체는 (2) 의 작용으로 낙하운동을 시작하는데, 속도의 증가와 더불어 (3) 의 크기가 차츰 커져간다. 마침내 물체에 작용하는 힘은 균형을 이루는 상태가 되며, 그 뒤 물체는 일정한 속도 (4) 로 낙하한다. 이 속도를 종단속도라고 한다.

여기서 위치 y에서의 물체의 속도를 v, 역학적 에너지를 U, y까지 낙하하는 동안 공기의 저항력이 물체에 한 일을 W라고 한다. W를 y나 v 등을 이용하여 나타내면 (5) 가 된다. 지금, $y=s$일 때 물체의 속도는 이미 종단속도에 이르렀다고 하면 , W와 y 및 U와 y의 관계를 가장 잘 나타내는 그래프는 각각 (6) 과 (7) 이다. 또한 위치 y일 때의 물체의 속도 v의 값이, 같은 물체를 처음 속도 0으로 수직 아래쪽으로 같은 거리 y만큼 자유낙하시켰을 때 물체의 속도의 p배였다고 하자. 이 경우 물체가 떨어지기 시작해서 위치 y까지 낙하하는 동안 중력이 물체에 한 일의 크기는 공기의 저항력이 물체에 한 일의 크기의 (8) 배가 된다.

• (6) 의 선택지

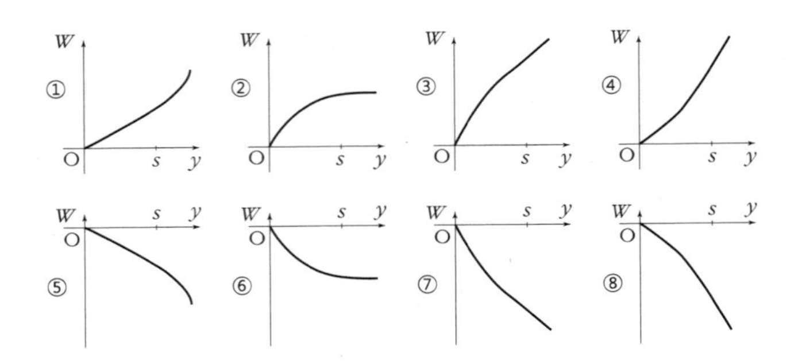

• (7) 의 선택지

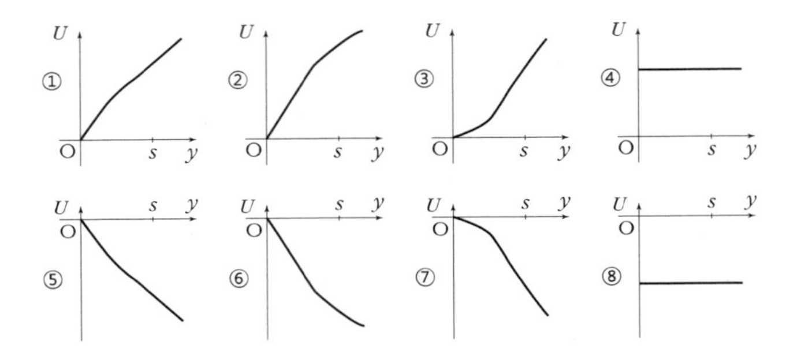

해설

이 장의 내용을 이해한 사람이라면, 문제의 앞부분은 아주 간단하다고 느낄 것이다. (4)의 결과가 (3-155)에서 구한 종단속도와 일치하는 것을 확인한다.

(5)에서는 저항력이 한 일 W는 역학에너지의 변화량 U와 같다고 생각한다.

(5)에서 $W=U$이므로 (6) (7)은 같은 형태의 그래프를 고른다.

해답

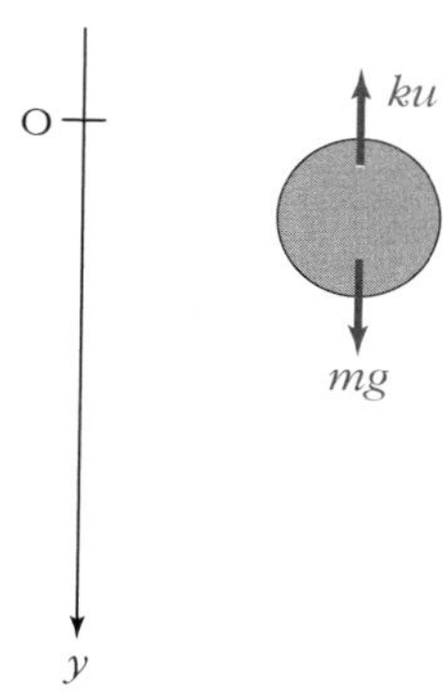

(1) 운동방정식은 다음과 같다.

$$ma = mg - ku$$

(2) 중력

(3) 저항력

(4) 종단속도를 v_∞라고 한다. 물체가 일정한 속도(종단속도)가 되었을 때 가속도는 0이므로, (1)의 운동방정식에서

$$0 = ma - kv_\infty \quad \Rightarrow \quad v_\infty = \frac{mg}{k}$$

(5)

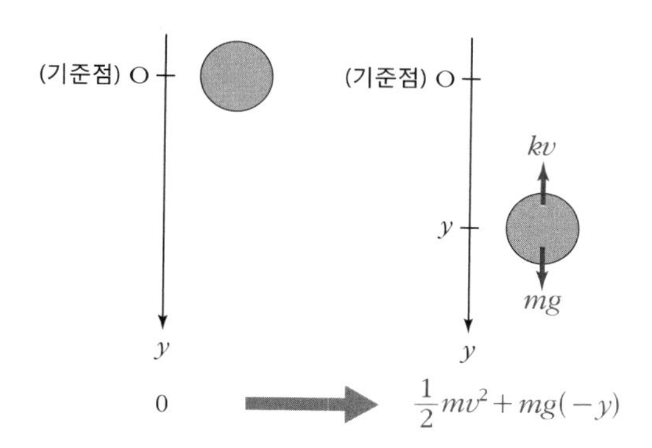

애초 물체는 위치에너지의 기준점에서 속도 0으로 낙하하므로, 최초의 상태에서 역학적 에너지의 합은 0이다. 물체가 속도 v를 갖고 기준점보다 y만큼 낮은 위치에 있을 때, 물체가 가진 역학적 에너지의 합은

$$U = \frac{1}{2}mv^2 + mg(-y) = \frac{1}{2}mv^2 - mgy$$

역학적 에너지의 변화량은 저항력이 물체에 한 일이므로

$$W = U - 0 = \frac{1}{2}mv^2 - mgy$$

(6) (7) 위 설명, 즉 (5)에서

$$W = U = \mathbf{\frac{1}{2}mv^2 - mgy}$$

이므로 **W_{-y} 그래프와 U_{-y} 그래프는 같은 그래프**다.

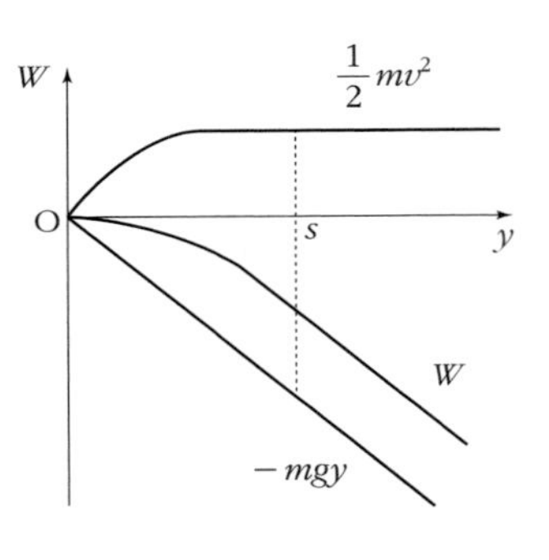

운동 개시 직후에는 속도가 점점 커지며 y의 증가와 더불어 운동에너지의 항인 $\frac{1}{2}mv^2$도 증가하지만, 마침내 종단속도에 가까워지면 속도가 거의 변하지 않으므로 일정해진다. 한편, 위치에너지 $-mgy$의 항은 기울기가 $-mg$인 직선으로 (지면에 닿지 않는 한) 계속 작아진다. 이것을 합성하면 그래프를 고를 수 있다. (6)은 ⑧, (7)은 ⑦(형태는 같다).

(8) 저항력이 없는 경우, 자유낙하할 때 역학적 에너지는 보존된다. 위치 y 에서의 속도를 v'라고 하면

$$0 = \frac{1}{2}mv'^2 - mgy \quad \Rightarrow \quad v' = \sqrt{2gy}$$

저항력이 있을 때의 속도 v는 v'의 p배이므로

$$v = pv' \quad \Rightarrow \quad v = p\sqrt{2gy}$$

이것을 토대로 중력이 물체에 한 일의 크기 $|mgy|$와 (5)의 결과 $|W|$를 비교한다. 여기서 W는 (6), (7)에서 생각한 그래프로부터도 알 수 있듯이, 음이라는 것에 주의한다.

$$\begin{aligned}\frac{|mgy|}{|W|} = \frac{mgy}{-W} &= \frac{mgy}{-\frac{1}{2}mv^2 + mgy} \\ &= \frac{mgy}{-\frac{1}{2}m(p\sqrt{2gy})^2 + mgy} \\ &= \frac{mgy}{-p^2mgy + mgy} \\ &= \frac{1}{-p^2+1} = \frac{1}{1-p^2}\end{aligned}$$

Q & A

학생 : 저기, 선생님… 건방진 말 같지만요….

선생 : 뭔데요?

학생 : 이 장에서는 상당히 세심하게 준비해서 변수분리형의 일계 미분방정식(제대로 말했다!)을 풀 수 있게 되었다고 생각하는데요….

선생 : 그렇죠. 정말 열심히 했지요.

학생 : 감사합니다. 그런데 좀 허탈해요. 마지막 문제 같은 경우엔 고생해서 배운 걸 제대로 써보지도 못했어요. 종단속도를 계산할 때도 가속도가 0이므로 저항력=중력이라는 식만 만들면 답이 구해졌잖아요. '미분방정식'을 의식하면 뭔가 쓸데없이 어려워지는 느낌이에요….

선생 : 좀 그렇죠. 고등학교 물리는 미분·적분을 사용하지 않고 배우는 것이 전제되어 있으므로 미분·적분을 가져오지 않아도 풀 수 있는 아주 제한적인 문제만 나와요. 하지만 그런 단순화된 문제를 사용하여 운동방정식을 푸는 연습을 해두면 나중에 반드시 큰 힘이 됩니다. 예를 들어 종단속도를 보더라도, 거기에 도달하기까지의 운동이 지수함수에 지배되고 있음을 아는 것은 마술의 비밀을 알게 된 느낌이라 재미

있지 않나요?

학생 : 뭐, 블랙박스 안을 엿본 것 같은 느낌은 들었어요.

선생 : 마지막 기출문제에서 저항력이 하는 일을 구할 때도,

$$v = \frac{mg}{k}(1 - e^{-\frac{k}{m}t})$$

이것을 적분하여 얻은

$$y = \frac{mg}{k}\left(t + \frac{m}{k}e^{-\frac{k}{m}t}\right)$$

을 사용하면, 일의 정의(p. 260, 2-87)에서

$$W = \int_0^y (-kv)dy$$

를 직접 계산함으로써 구할 수 있습니다.

학생 : 엄청 힘들겠는데요….

선생 : 확실히 계산은 힘들지요. 아까 문제를 풀 때와 같이 '역학적 에너지의 차가 저항력이 한 일'이라고 생각하는 것이 훨씬 간단해요.

학생 : 그렇죠.

선생 : 그런데 전혀 다른, 심지어 보다 본질적인 방법을 사용해서 같은 답을 끌어내는 연습은 단순히 문제집을 푸는 차원을 넘어서는 일이에요. 연구자에 한 발짝 다가서는 순간이 아닐까

싶네요.

학생 : 연구자가 되고 싶은 생각이 별로 없어도요?

선생 : 물론 모든 사람이 연구자가 될 수는 없겠죠. 하지만 그렇게 해서 '아, 지금 나는 진리를 접하는 중이야'라고 생각할 수 있는 감동을 경험하는 것은 분명 공부하는 데 원동력이 될 거예요.

학생 : 공부를 싫어하지 않게 된다는 건가요?

선생 : 바로 그 말이에요. 그리고 다른 사람에게 부탁받아서가 아니라, 자신의 의지로 본질과 마주하겠다는 자세를 갖는 것은 앞으로 학생이 어떤 전공을 택하더라도 도움이 될 거예요. 틀림없이 인생을 크게 뒷받침해줄 거라고 믿어요.

학생 : 그 정도는 저도 알아요.

선생 : 시험이 끝나면 끝이라는 식의 공부가 아니라, 미래의 보석이 될 수 있는 공부를 하세요. 특히 수학과 물리는 고등학생에게 그런 기회를 제공하기 쉬운 과목이랍니다.

03 _ 이계 선형 동차 미분방정식

오일러 공식으로 '근의 공식'을 얻는다

앞서 예고했던 대로 이계 상수계수 선형 동차 미분방정식의 해법을 알아보자.

$$y'' + ay' + by = 0 \qquad (3\text{-}83)$$

이계 상수계수 선형 동차 미분방정식의 일반근

n계 선형미분방정식에서는 다음 정리가 아주 중요하다.

정리[선형미분방정식의 근의 존재성과 유일성]

n계 선형미분방정식에는 n개의 임의의 초기 조건을 만족하는 근이 딱 하나 존재한다.

바꿔 말하면, n계 선형미분방정식의 근은 n개의 초기 조건을 제시하지 않으면 하나로 정할 수 없다는 것이다. … 이렇게 말하면

'엇? 무슨 소리지?' 하고 생각할 것이다. 그래서 운동방정식을 사용하여 이미지를 그려보자.

예시에 따라 운동방정식이

$$ma = mg \tag{3-156}$$

로 주어지는 물체의 운동을 생각해보자(수직 하향을 양으로 하여 y축을 삼는다).

$a = \dfrac{d^2y}{dt^2}$ 이므로 이것은 (가장 단순한) 이계 선형미분방정식이다. 단, 이 운동방정식에 의해 가속도(위치 y의 이계미분)가 $a = g$로 구해져도 물체가 어떤 운동을 하는지는 알 수 없다. 실제로 자유낙하도, 수직으로 던져올리거나 수직으로 떨어뜨리는 것도 모두 운동방정식은 (3-156)으로 적는다.

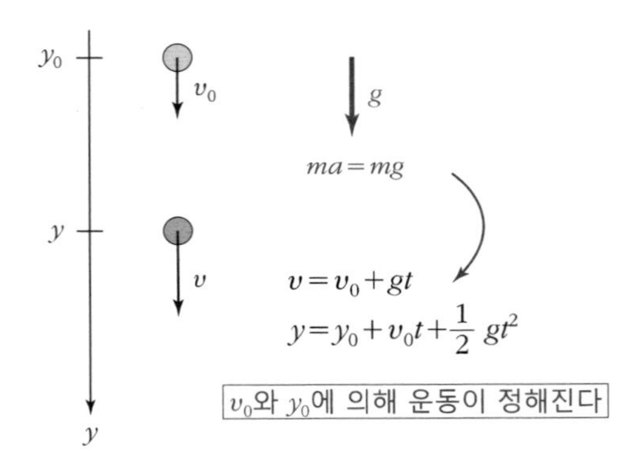

〈그림 3-16〉 두 개의 초기 조건에 의해 운동이 정해진다.

이미 알고 있겠지만, 운동을 특정하기 위해서는 속도 $v = \frac{dy}{dt}$ 와 위치 y에 대한 초기 조건(처음 속도 v_0와 처음 위치 y_0)이 필요하다.

또한 (3-156)에서 나타난 운동의 초기 조건에는 임의의 값이 허용되는(아래의 〈주〉 참조) 것에도 주목하자.

> **주** 운동방정식이 $ma = mg$로 나타나는 운동을 생각할 때 처음 속도나 처음 위치에는 제한이 없으며, 상황에 따라 적절한 값을 고를 수 있다는 의미다.

수학 이야기로 돌아오자.

320쪽에서도 이야기했듯이, **서로 상수배 관계에 있지 않은 $y_1 = p(x)$ 와 $y_2 = q(x)$**가 (3-83)의 근이라면, (3-83)의 일반근은 임의 상수 C_1과 C_2를 이용하여

$$y = C_1 y_1 + C_2 y_2 \tag{3-157}$$

라는 **한 형태로 쓸 수 있다**는 것을 알고 있다.

> **주** '서로 상수배 관계에 있지 않은 $y_1 = p(x)$ 와 $y_2 = q(x)$'란, '$y_1 \neq k y_2$ 및 $y_2 \neq l y_1$ (k, l은 실수)'이라는 의미다.

이것을 다음 3단계로 나누어 증명해보자.

① $y = C_1y_1 + C_2y_2$는 $y'' + ay' + by = 0$의 근이다.

② $y'' + ay' + by = 0$의 임의의 근 y는 반드시 $y = C_1y_1 + C_2y_2$의 형태로 나타낸다.

③ $y'' + ay' + by = 0$의 근 y는 $y = C_1y_1 + C_2y_2$의 형태라는 한 가지로 나타낸다.

[I] $y = C_1y_1 + C_2y_2$가 $y'' + ay' + by = 0$의 근이라는 것은 다음과 같이 확인할 수 있다.

$y_1 = p(x)$와 $y_2 = q(x)$는 $y'' + ay' + by = 0$의 근이므로, 이것들은 대입할 수 있다. 즉

$$y_1'' + ay_1' + by_1 = 0 \tag{3-158}$$

$$y_2'' + ay_2' + by_2 = 0 \tag{3-159}$$

여기서

$$C_1 \times (3\text{-}158) + C_2 \times (3\text{-}159)$$

를 만들어보자.

$$C_1(y_1'' + ay_1' + by_1) + C_2(y_2'' + ay_2' + by_2)$$
$$= C_1 \times 0 + C_2 \times 0$$
$$\Rightarrow \quad (C_1y_1'' + C_2y_2'') + a(C_1y_1' + C_2y_2') + b(C_1y_1 + C_2y_2) = 0$$
$$\Rightarrow \quad (C_1y_1 + C_2y_2)'' + a(C_1y_1 + C_2y_2)' + b(C_1y_1 + C_2y_2) = 0 \tag{3-160}$$

$kf'(x) + lg'(x) = \{kf(x) + lg(x)\}'$

(3-160)은

① $y=C_1y_1+C_2y_2$는 $y''+ay'+by=0$의 근이라는(대입할 수 있다는) 것을 보여준다.

[Ⅱ] $y=C_1y_1+C_2y_2$가 $y''+ay'+by=0$의 일반근이라는 것, 즉 $y''+ay'+by=0$을 만족하는 근은 어떤 것이든 이런 형태로 나타낼 수 있다는 것을 확인하자.

먼저 $y_1=p(x)$와 $y_2=q(x)$는 $x=\alpha$에서

$$y_1(\alpha)=p(\alpha)=1,\quad y_1'(\alpha)=p'(\alpha)=0 \tag{3-161}$$

$$y_2(\alpha)=q(\alpha)=0,\quad y_2'(\alpha)=q'(\alpha)=1 \tag{3-162}$$

이라는 초기 조건을 만족한다고 하자.

주

초기 조건을 마음대로 정해도 되냐고 묻는 사람도 있겠지만, 앞에 나온 '선형미분방정식의 근의 존재성과 유일성'을 증명하는 정리에 의해 임의의 초기 조건을 만족하는 근이 반드시 존재한다. 따라서 (3-161)이나 (3-162)처럼 하는 것이 허용된다.

또한 $y''+ay'+by=0$을 만족하는 **임의의 근** y의 $x=\alpha$에서 초기 조건이 임의 상수 C_1과 C_2를 이용하여

$$y(\alpha)=C_1,\quad y'(\alpha)=C_2 \tag{3-163}$$

로 나타낼 수 있다고 하자.

> **주** C_1과 C_2는 임의의(좋아하는 수를 넣을 수 있는) 상수이므로 임의의 근의 초기 조건을 이렇게 정하는 것이 허용된다.

이어서, 이 C_1과 C_2를 사용하여

$$u = C_1 y_1 + C_2 y_2 \tag{3-164}$$

라는 함수를 만든다.

(3-164)의 양변을 미분해보자.

$$u' = C_1 y_1' + C_2 y_2' \tag{3-165}$$

여기서 $x = \alpha$ 에서의 값을 조사하면 (3-161), (3-162), (3-164), (3-165)에서

$y_1(\alpha) = 1,\ y_1'(\alpha) = 0,\ y_2(\alpha) = 0,\ y_2'(\alpha) = 1$

$$u(\alpha) = C_1 y_1(\alpha) + C_2 y_2(\alpha) = C_1 \cdot 1 + C_2 \cdot 0 = C_1 \tag{3-166}$$

$$u'(\alpha) = C_1 y_1'(\alpha) + C_2 y_2'(\alpha) = C_1 \cdot 0 + C_2 \cdot 1 = C_2 \tag{3-167}$$

다시 말해

$$u(\alpha) = C_1, \quad u'(\alpha) = C_2 \tag{3-168}$$

(3-163)과 (3-168)은 초기 조건이 일치한다. '선형미분방정식의 근의 존재성과 유일성'의 정리에서, 이게 선형미분방정식의 두

개의 초기 조건을 만족하는 근은 단 한 개만 존재하므로, $u = y$ 이며

② $y'' + ay' + by = 0$ 의 임의의 근 y는 반드시 $y = C_1 y_1 + C_2 y_2$ 의 형태로 나타낸다는 것을 알 수 있다.

[Ⅲ] $y = C_1 y_1 + C_2 y_2$ 의 표시 방법은 한 가지라는(두 초기 조건을 만족하는 근이 몇 가지로 표시되지는 않는다는) 것도 제시해둔다.

예를 들어, $y'' + ay' + by = 0$ 의 근 y가

$$y = C_1 y_1 + C_2 y_2 \tag{3-157}$$

$$y = A_1 y_1 + A_2 y_2 \tag{3-169}$$

즉 두 가지로 나타냈다고 하자.

그러면 (3-157)~(3-169)에서,

$$0 = (C_1 y_1 + C_2 y_2) - (A_1 y_1 + A_2 y_2)$$

$$\Rightarrow \quad (C_1 - A_1) y_1 + (C_2 - A_2) y_2 = 0 \tag{3-170}$$

여기서 $C_1 - A_1 \neq 0$ 이라고 하면

$$y_1 = -\frac{C_2 - A_2}{C_1 - A_1} y_2 \tag{3-171}$$

$C_2 - A_2 \neq 0$ 이라고 하면

$y_1 \neq k y_2$ 그리고 $y_2 \neq l y_1$

$$y_2 = -\frac{C_1 - A_1}{C_2 - A_2} y_1 \tag{3-172}$$

을 얻는다. 이것은 (3-171)도, (3-172)도 **$y_1 = p(x)$ 와 $y_2 = q(x)$ 가 서로 상수배를 이루지 않는다**는 조건에 반한다.

따라서

$$C_1 - A_1 = 0 \text{ 그리고 } C_2 - A_2 = 0$$
$$\Rightarrow C_1 = A_1 \text{ 그리고 } C_2 = A_2 \quad (3\text{-}173)$$

이것으로,

③ $y'' + ay' + by = 0$의 근 y는 $y = C_1y_1 + C_2y_2$의 형태라는 한 가지로 나타내는 것도 제시했다.

①~③은 이계 상수계수 선형 동차 미분방정식은 **서로 상수배 관계에 있지 않은** (선형독립적인 → 〈주〉 참조) **두 개의 근 $y_1 = p(x)$ 와 $y_2 = q(x)$ 를 찾아내면 해결된다**는 것을 의미한다(다른 모든 근들은 찾아낸 y_1과 y_2를 사용하여 $y = C_1y_1 + C_2y_2$의 형태 하나로 나타낼 수 있기 때문이다). 따라서 앞으로는 서로 상수배 관계에 있지 않은 $y'' + ay' + by = 0$의 근을 두 개 찾아내는 데 집중할 것이다.

주

대학교에서 배우는 미분방정식 교재를 보면, 두 함수가 '서로 상수배가 아니다'는 말을 '서로 **선형독립(1차독립)**이다'라고 표현한다. 반대로 두 함수 중에서 한쪽이 다른 쪽의 상수배일 때는 '서로 **선형종속**이다'라고 말한다.

참고로, 벡터(선형로그)에서 '$\overrightarrow{OA}$ 와 $\overrightarrow{OB}$ 가 선형독립이다'는 '세 점

O, A, B로 삼각형을 만들 수 있다'와 같은 값이다. 2차원(평면상)의 임의의 벡터 $\overrightarrow{OP}$는 선형독립인 두 벡터 $\overrightarrow{OA}$와 $\overrightarrow{OB}$를 사용하여 $\overrightarrow{OP}=m\overrightarrow{OA}+n\overrightarrow{OB}$ (m과 n은 실수)라는 형태 하나로 나타낸다.

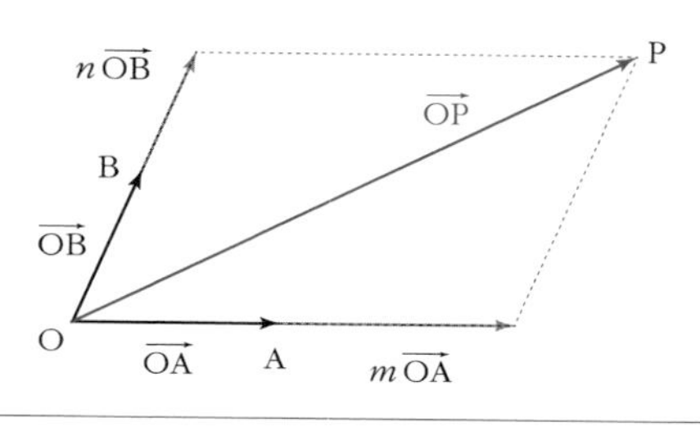

이야기를 진척시키기 위해서는 **복소수(허수)와 테일러 전개**에 대해 배울 필요가 있다. $y''+ay'+by=0$의 근을 찾는 이야기로 돌아가기까지 설명이 좀 길어질지도 모르겠다. 하지만 테일러 전개는 대학교 1학년 때 반드시 배우는 해석학의 기초이자, 중요한 내용이므로 잘 따라와주기 바란다. 또한 테일러 전개 앞부분에서 **함수의 근사**에 대해서도 언급할 것이다.

허수단위와 복소수

실수의 범위에서는 다음의 2차 방정식을 풀 수가 없다.

$$x^2=-1 \tag{3-174}$$

이 방정식의 근은 '제곱하면 -1이 되는 수'인데, 양수뿐만 아니라 음수도 제곱하면 양수가 되므로 (3-174)를 만족하는 근은 실수의 범위에서는 존재하지 않기 때문이다.

이 방정식을 풀려면 실수와는 다른, **제곱하면 음이 되는 새로운 수**를 창조할 필요가 있다. 그래서 도입한 것이 아래에 소개할 **허수단위**(imaginary unit)다.

허수단위 i

$$i = \sqrt{-1} \quad \Rightarrow \quad i^2 = -1$$

허수단위를 사용하면, (3-174)는 다음과 같이 형식적으로 풀 수 있다.

$$
\begin{aligned}
& x^2 = -1 \\
\Rightarrow\ & x^2 + 1 = 0 \\
\Rightarrow\ & x^2 - (-1) = 0 \\
\Rightarrow\ & x^2 - i^2 = 0 \\
\Rightarrow\ & (x+i)(x-i) = 0 \\
\Rightarrow\ & x + i = 0 \text{ 또는 } x - i = 0 \\
\Rightarrow\ & \boldsymbol{x = -i} \textbf{ 또는 } \boldsymbol{x = i}
\end{aligned}
\qquad (3\text{-}175)
$$

$-1 = i^2$

$x^2 - p^2 = (x+p)(x-p)$

주

허수단위에는 양이나 음이 없으므로, '$x^2 = -1$의 근 중에서 양의 근을 i로 하는' 것은 아니다. 단지 '$x^2 = -1$의 근은 i와 $-i$이다'라고 말할 수 있을 뿐이다.

허수단위를 사용하면, 다음과 같은 2차 방정식도 풀 수 있다.

$$x^2+2x+3=0$$

$$\Rightarrow \; x=\frac{-2\pm\sqrt{2^2-4\cdot1\cdot3}}{2\cdot1} \qquad \boxed{ax^2+bx+c=0 \Rightarrow x=\frac{-b\pm\sqrt{b^2-4ac}}{2a}}$$

$$=\frac{-2\pm\sqrt{-8}}{2}=\frac{-2\pm\sqrt{8}\cdot\sqrt{-1}}{2}$$

$$=\frac{-2\pm2\sqrt{2}\,i}{2}=-1\pm\sqrt{2}\,i \qquad \boxed{\sqrt{-1}=i} \qquad (3\text{-}176)$$

$-1+\sqrt{2}\,i$ 와 같이 두 실수 a, b를 이용하여 $\boldsymbol{a+bi}$의 형태로 나타내는 수를 복소수(complex number)라고 한다. 복소수 $a+bi$에 대하여 a를 **실수부**, b를 **허수부**라고 한다. 예를 들어 $-1+\sqrt{2}\,i$의 실수부는 -1, 허수부는 $\sqrt{2}$ 이다.

복소수의 정의

실수 a, b를 이용하여

$$\boldsymbol{a+bi}$$

로 나타내는 수를 '**복소수**'라고 한다.

복소수 $a+bi$에 대하여 다음과 같이 약속한다.

$b=0$일 때 ⇒ 복소수 $a+0i$는 **실수** a를 나타낸다.
$b\neq0$일 때 ⇒ 복소수 $a+bi$를 **허수**라고 한다.
특히 $a=0$, $b\neq0$일 때 ⇒ 복소수 $0+bi=bi$를 **순허수**라고 한다.

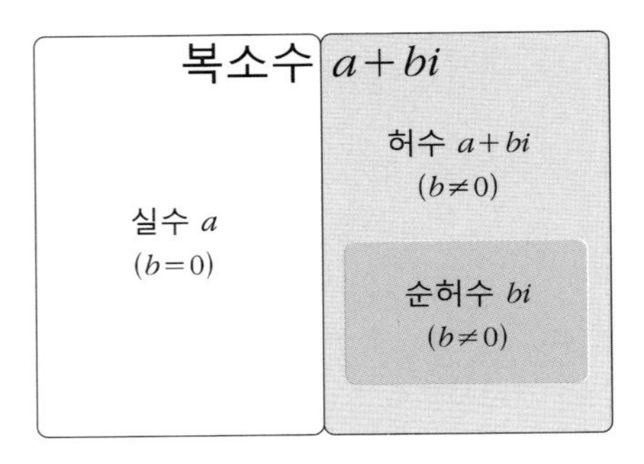

여기까지 읽고 '현실에 존재하지 않는 수를 만들어서 형식적으로 푸는 것이 무슨 의미가 있을까'라고 생각하는 사람도 있을 것이다. 참으로 당연한 생각이다.

$\sqrt{\ }$(루트) 안의 숫자에 음수를 허용하는 것을 최초로 생각해낸 사람은 **지롤라모 카르다노**(Girolamo Cardano, 1501~1576)였다. 하지만 세상은 이것을 받아들이지 않았다. 하긴 본인조차 '이것은 궤변이며, 수학을 여기까지 정밀화해도 실용적으로 써먹을 길은 없다'라고 책에 썼을 정도니, 세상 사람들의 반응도 이해는 된다. 좀처럼 세상에 받아들여지지 않았다.

그러나 18세기가 되자 허수의 한없는 가능성을 알아차린 천재가 나타난다. 바로 **레온하르트 오일러**였다. 오일러는 허수단위를 도입하여, 마침내 '세상에서 가장 아름다운 수식'이라 불리는 **오일러 공식**에 도달했다(오일러 공식은 나중에 소개한다). 또한 이번 장의 주메뉴인 이계 상수계수 선형 동차 미분방정식의 일반근을 생각할 때에도 허수가 필요하다.

다음은 테일러 전개의 전 단계로서, 함수를 1차식에 근사하는 방법을 설명한다.

1차 근사

$y=f(x)$가 $x=a$로 미분 가능할 때, $x=a$ 가까이에서 $f(x)$의 값을 근사하는 식을 구해보자.

〈그림 3-17〉에서 직선 AC는 $y=f(x)$의 $x=a$에서 접선이므로, AC의 기울기는 미분계수 $f'(a)$ (p. 34)다. 여기서 AB의 길이를

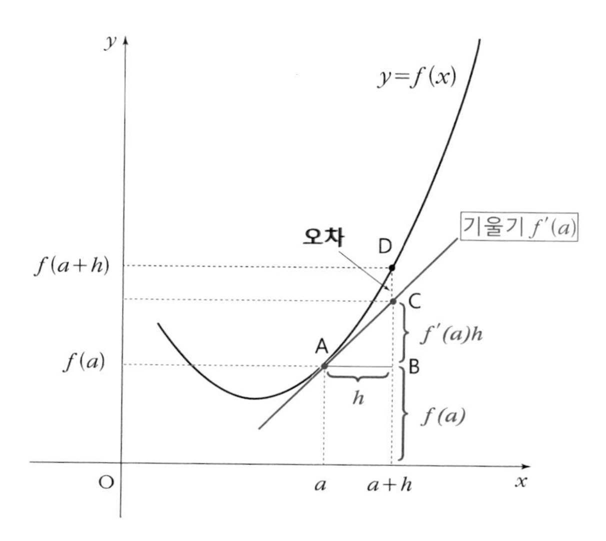

〈그림 3-17〉 접선은 1차 근사를 나타낸다.

h라고 하면

$$기울기 = \frac{BC}{AB} = \frac{BC}{h} = f'(a) \Rightarrow BC = f'(a)h \qquad (3-177)$$

따라서 〈그림 3-17〉에서

$$f(a+h) = f(a) + f'(a)h + CD \qquad (3-178)$$

h가 충분히 작을 때 CD의 크기는 작아지므로

$$f(a+h) \fallingdotseq f(a) + f'(a)h \qquad (3-179)$$

로 근사할 수 있다.

(3-179)는 $a+h=x$라고 하면

$a+h=x$
$\Rightarrow h=x-a$

$$f(x) \fallingdotseq f(a) + f'(a)(x-a) \qquad (3-180)$$

라고도 쓸 수 있다.

(3-180)은 **x가 a에 가까울 때, $f(x)$를 1차 함수(직선)에 근사할 수 있다**는 것을 나타낸다. 이와 같은 근사를 '**1차 근사**'라고 한다. 특히 $a=0$일 때 (3-180)에서

$$f(x) \fallingdotseq f(0) + f'(0)x \qquad (3-181)$$

1차 근사

x값이 a에 가까울 때

$$f(x) \fallingdotseq f(a) + f'(a)(x-a)$$

특히 x값이 0에 가까울 때

$$f(x) \fallingdotseq f(0) + f'(0)x$$

1차 근사 예시 ① $f(x) = (1+x)^n$인 경우

$\{g(ax+b)\}' = ag'(ax+b)$

$$f'(x) = 1 \cdot n(1+x)^{n-1} = n(1+x)^{n-1} \tag{3-182}$$

이므로 x가 0에 가까운 값일 때

$$f(x) \fallingdotseq f(0) + f'(0)x$$
$$\Rightarrow \quad (1+x)^n \fallingdotseq (1+0)^n + n(1+0)^{n-1}x$$
$$\Rightarrow \quad (1+x)^n \fallingdotseq \mathbf{1} + \boldsymbol{nx} \tag{3-183}$$

이 근사값은 물리에서도 아주 많이 사용한다.

예를 들어 〈그림 3-18〉과 같이 직각삼각형이고 가로 길이 L에 대하여 세로 길이 h가 충분히 짧을 때,

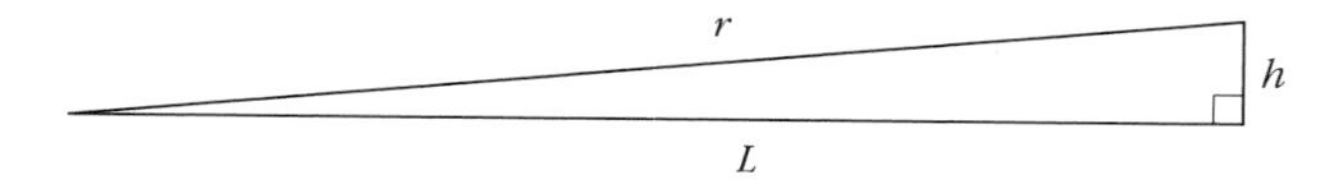

〈그림 3-18〉 L에 대해 h가 충분히 짧을 때 r의 근사

빗변의 길이 r은 피타고라스의 정리에서

$$r^2 = L^2 + h^2$$

$\sqrt{a} = a^{\frac{1}{2}}$

$$\Rightarrow r = \sqrt{L^2 + h^2} = L\sqrt{1 + \left(\frac{h}{L}\right)^2} = L\left\{1 + \left(\frac{h}{L}\right)^2\right\}^{\frac{1}{2}} \quad (3\text{-}184)$$

그런데 $\frac{h}{L}$는 충분히 작고 0에 가까운 값이므로 $(1+x)^n \fallingdotseq 1 + nx$

$$r = L\left\{1 + \left(\frac{h}{L}\right)^2\right\}^{\frac{1}{2}} \fallingdotseq L\left\{1 + \frac{1}{2}\left(\frac{h}{L}\right)^2\right\} \quad (3\text{-}185)$$

으로 근사할 수 있다.

만약 '앞에서 x^n의 미분 공식을 이끌어낼 때 n은 양의 정수였다. 그런데 (3-183)을 $n = \frac{1}{2}$인 경우에 적용하는 것은 이상하지 않나?'라고 생각한다면 아주 예리한 사람이다.

하지만 (너무 늦게 이야기하는 셈이지만) $(x^n)' = nx^{n-1}$의 공식은 n이 분수나 무리수라도 성립한다. 이 내용을 살펴보자.

r을 실수라고 했을 때, 함수 $y = x^r \ (x > 0)$의 도함수를 구한다(n은 정수라는 인상이 강하므로 n을 r로 치환했다).

$y = x^r$의 양변에 e를 밑으로 하는 로그(자연로그)를 취하면(p. 361)

$$y = x^r \Leftrightarrow \log y = \log x^r = r \log x$$

$p = q \Leftrightarrow \log p = \log q$

$\log_a M^r = r \log_a M$

$\log y = r \log x$의 양변을 x로 미분한다.

$$\frac{d}{dx}\log y = \frac{d}{dx} r \log x$$

$$\Rightarrow \frac{dy}{dx} \cdot \frac{d}{dy}\log y = r\frac{d}{dx}\log x$$

합성함수의 미분(p. 156)
$\frac{dy}{dx} = \frac{du}{dx} \cdot \frac{dy}{du}$

$(\log x)' = \frac{1}{x}$

$$\Rightarrow \frac{dy}{dx} \cdot \frac{1}{y} = r \cdot \frac{1}{x}$$

$y = x^r$

$$\Rightarrow \frac{dy}{dx} = r\frac{y}{x} = r\frac{x^r}{x} = rx^{r-1}$$

$\frac{a^m}{a^n} = a^{m-n}$

이상에서, 다음 공식을 얻을 수 있다.

함수 x^r의 미분 공식

r이 실수일 때

$$(x^r)' = rx^{r-1}$$

$(x^n)' = nx^{n-1}$과 같은 형태다.

따라서 이것을 이용한 (3-183)의 근사식은 n이 분수든 무리수든 상관없이 사용할 수 있다.

$(1+x)^r$의 근사

x가 0에 가까운 값이고, r이 실수일 때

$$(1+x)^r \fallingdotseq 1 + rx$$

1차 근사 예시 ② $f(x) = \sin x$인 경우

$$f'(x) = (\sin x)' = \cos x \tag{3-186}$$

이므로 x가 0에 가까운 값일 때

$$f(x) \fallingdotseq f(0) + f'(0)x$$

$$\Rightarrow \sin x \fallingdotseq \sin 0 + \cos 0 \cdot x = 0 + 1 \cdot x$$

$$\Rightarrow \sin x \fallingdotseq x \qquad (3\text{-}187)$$

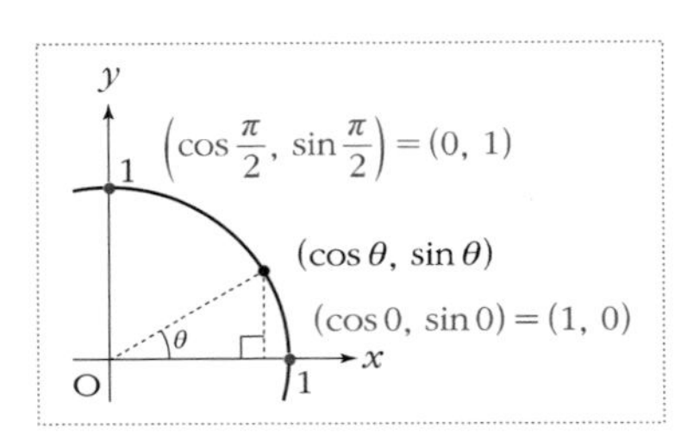

$a°$는 호도법(p. 79)에서
$$\theta = \frac{a\pi}{180}$$

실제로 $x = \frac{\pi}{180}\,(=1°)$일 때, 함수 계산기로 풀어보면

$$\sin x = \sin\frac{\pi}{180} = 0.017452406\cdots$$

$$x = \frac{\pi}{180} = 0.017453292\cdots$$

즉 소수 다섯째 자리까지 같다.

1차 근사 예시 ③ $f(x) = \cos x$인 경우

$$f'(x) = (\cos x)' = -\sin x \qquad (3\text{-}188)$$

이므로 x가 0에 가까운 값일 때

$$f(x) \fallingdotseq f(0) + f'(0)x$$

$$\Rightarrow \cos x \fallingdotseq \cos 0 - \sin 0 \cdot x = 1 + 0 \cdot x$$

$$\Rightarrow \cos x \fallingdotseq 1 \qquad (3\text{-}189)$$

1차 항이 사라지고 상수가 되어버렸다.

확실히 $\cos x$는 x가 0에 가까울 때 1에 가까운 값을 취하지만, 함수를 상수로 근사하는(0차 근사라고도 한다) 것은 불안하다. 그러므로 2차 근사나 3차 근사를 생각해보기로 하자.

2차 근사와 3차 근사

1차 근사의

$$f(x) \fallingdotseq f(0) + f'(0)x$$

란, 결국 미분 가능한 함수 $f(x)$를

$$f(x) \fallingdotseq K_0 + K_1 x \qquad (3\text{-}190)$$

로 1차 함수에 근사하는 것이다. 여기서는

$$f(x) \fallingdotseq K_0 + K_1 x + K_2 x^2 \qquad (3\text{-}191)$$

과 같이 $f(x)$를 2차 함수에 근사하는 것을 생각해본다.

또한 다음에 나올 $f(x)$는 $x=0$을 포함하는 구간에서 세 번 이상 미분 가능한 것으로 정한다.

(3-191)에서 $x=0$이라고 하면,

$$f(0) \fallingdotseq K_0 + K_1 \cdot 0 + K_2 \cdot 0^2 = K_0$$

$$\Rightarrow K_0 \fallingdotseq f(0) \tag{3-192}$$

다음으로 (3-191)의 양변을 x로 미분한다.

$$f'(x) \fallingdotseq \{K_0 + K_1 x + K_2 x^2\}' = K_1 + 2K_2 x \tag{3-193}$$

(3-193)에서 $x = 0$이라고 하면,

$$f'(0) \fallingdotseq K_1 + 2K_2 \cdot 0 = K_1$$

$$\Rightarrow K_1 \fallingdotseq f'(0) \tag{3-194}$$

다시 (3-193)의 양변을 x로 미분한다.

$$f''(x) \fallingdotseq \{K_1 + 2K_2 x\}' = 2K_2 \tag{3-195}$$

(3-195)에서 $x = 0$이라고 하면,

$$f''(0) \fallingdotseq 2K_2$$

$$\Rightarrow K_2 \fallingdotseq \frac{f''(0)}{2} \tag{3-196}$$

(3-192), (3-194), (3-196)을 (3-191)에 대입하면 $f(x)$를 2차식으로 근사한 다음 식을 얻을 수 있다.

$$\textbf{2차 근사} : f(x) \fallingdotseq f(0) + f'(0)x + \frac{f''(0)}{2}x^2 \tag{3-197}$$

이것을 사용하면, 앞에서 나온 $\cos x$에 대하여 다음 근사식을 얻을 수 있다.

2차 근사 예시 $f(x) = \cos x$인 경우

$$f'(x) = (\cos x)' = -\sin x$$
$$f''(x) = (\cos x)'' = (-\sin x)' = -\cos x \qquad (3\text{-}198)$$

이므로, x가 0에 가까운 값일 때 (3-197)에서

$$f(x) \fallingdotseq f(0) + f'(0)x + \frac{f''(0)}{2}x^2$$
$$\Rightarrow \cos x \fallingdotseq \cos 0 - \sin 0 \cdot x - \frac{\cos 0}{2}x^2 \qquad \boxed{\cos 0 = 1,\ \sin 0 = 0}$$
$$\Rightarrow \boldsymbol{\cos x \fallingdotseq 1 - \frac{1}{2}x^2} \qquad (3\text{-}199)$$

(3-199)의 근사가 얼마나 정확한지, 다시 $x = \frac{\pi}{180}(=1^\circ)$인 경우로 계산해보자.

$$\cos x = \cos\frac{\pi}{180} = 0.9998476952\cdots$$
$$1 - \frac{1}{2}x^2 = 1 - \frac{1}{2}\cdot\left(\frac{\pi}{180}\right)^2 = 0.9998476913\cdots$$

즉 소수 여덟 번째 자리까지 같다!

그럼, 이 기세를 몰아서 $f(x)$의 3차식에 의한 근사를 생각해보자. 이번에는

$$f(x) \fallingdotseq K_0 + K_1 x + K_2 x^2 + K_3 x^3 \tag{3-200}$$

이라고 한다.

K_0, K_1, K_2는 (3-192), (3-194), (3-196)과 완전히 똑같이 풀면 다음과 같이 구해진다(확인해보자).

$$K_0 \fallingdotseq f(0) \quad K_1 \fallingdotseq f'(0) \quad K_2 \fallingdotseq \frac{f''(0)}{2} \tag{3-201}$$

K_3를 구하기 위해 (3-200)을 세 번 미분한다.

$$\begin{aligned} f'''(x) &\fallingdotseq (K_0 + K_1 x + K_2 x^2 + K_3 x^3)''' \\ &= (K_1 + 2K_2 x + 3K_3 x^2)'' \\ &= (2K_2 + 6K_3 x)' = 6K_3 \end{aligned} \tag{3-202}$$

(3-202)에서 $x = 0$이라고 하면,

$$\begin{aligned} & f'''(0) \fallingdotseq 6K_3 \\ \Rightarrow \quad & K_3 \fallingdotseq \frac{f'''(0)}{6} \end{aligned} \tag{3-203}$$

즉 (3-201)과 (3-203)을 (3-200)에 대입하면 $f(x)$를 3차식에 근사한

$$f(x) \fallingdotseq f(0) + f'(0)x + \frac{f''(0)}{2}x^2 + \frac{f'''(0)}{6}x^3 \tag{3-204}$$

을 얻는다. 분수의 분모를 계승(팩토리얼)으로 나타내면 깔끔해진다.

$$3\text{차 근사}: f(x) \fallingdotseq f(0) + f'(0)x + \frac{f''(0)}{2!}x^2 + \frac{f'''(0)}{3!}x^3 \quad (3\text{-}205)$$

> **주**
>
> 계승은 $n! = n(n-1)(n-2)\cdots 3\cdot 2\cdot 1$ 이다. 따라서
>
> $2! = 2\cdot 1 = 2,\quad 3! = 3\cdot 2\cdot 1 = 6$

테일러 전개

3차 근사식에서 예측하면, n차 근사식은 아래와 같을 것이다.

$$f(x) \fallingdotseq f(0) + f'(0)x + \frac{f''(0)}{2!}x^2 + \frac{f'''(0)}{3!}x^3 \cdots + \frac{f^{(n-1)}(0)}{(n-1)!}x^{n-1} + \frac{f^{(n)}(0)}{n!}x^n \quad (3\text{-}206)$$

실제로 함수 $f(x)$가 $x=0$을 포함하는 구간에서 몇 번이고 미분 가능할 때,

$$f(x) = f(0) + f'(0)x + \frac{f''(0)}{2!}x^2 + \frac{f'''(0)}{3!}x^3 \cdots + \frac{f^{(n-1)}(0)}{(n-1)!}x^{n-1} + \frac{f^{(n)}(c)}{n!}x^n \quad (3\text{-}207)$$

을 만족하는 c가 0과 x 사이에 존재한다는 것이 증명되었다. 이것을 **테일러의 정리**라고 한다. 또한 (3-207)에서 우변의 마지막 항 $\frac{f^{(n)}(c)}{n!}x^n$을 **잉여항**이라고 한다. (3-207)의 우변은 $f(x)$와 같

으므로, (3-206)의 오차는

$$\frac{f^{(n)}(c)}{n!}x^n - \frac{f^{(n)}(0)}{n!}x^n = \frac{f^{(n)}(c) - f^{(n)}(0)}{n!}x^n$$

> **주** 테일러 정리의 핵심은 (3-207)의 =(등호)를 성립시키는 잉여항의 존재를 증명하는 것인데, 이것을 증명하는 데 평균값 정리를 증명할 때도 이용하는 '롤(Rolle)의 정리'를 사용한다(상세한 내용은 생략한다).

$n \to \infty$일 때 잉여항$\to 0$이 되는 함수 $f(x)$는 다음과 같이 **무한차의 다항식**을 써서 나타낸다. 이것을 $x=0$ **주변의 테일러 전개**(또는 매클로린 전개)라고 한다.

> **$x=0$ 주변의 테일러 전개(매클로린 전개)**
>
> 함수 $f(x)$가 $x=0$을 포함하는 구간에서 몇 번이고 미분 가능하고, 또한 $n \to \infty$일 때 잉여항$\to 0$이 된다면
>
> $$f(x) \fallingdotseq f(0) + f'(0)x + \frac{f''(0)}{2!}x^2 + \frac{f'''(0)}{3!}x^3 + \cdots + \frac{f^{(n)}(0)}{n!}x^n + \cdots$$

주

$x=a$ 주변의 테일러 전개는 일반적으로

$$f(x) \fallingdotseq f(a)+f'(a)(x-a)+\frac{f''(a)}{2!}(x-a)^2 + \frac{f'''(a)}{3!}(x-a)^3+\cdots+\frac{f^{(n)}(a)}{n!}(x-a)^n+\cdots$$

이다. 위의 식을 $n-1$차 근사까지로 했을 때 잉여항은 a와 x 사이의 수 c를 이용하여 $\frac{f^{(n)}(c)}{n!}(x-a)^n$이다.

예시

$$e^x = 1+x+\frac{x^2}{2!}+\frac{x^3}{3!}+\cdots+\frac{x^{2k}}{(2k)!}+\frac{x^{2k+1}}{(2k+1)!}+\cdots \tag{3-208}$$

$$\sin x = x-\frac{x^3}{3!}+\frac{x^5}{5!}-\frac{x^7}{7!}+\cdots+(-1)^k\frac{x^{2k+1}}{(2k+1)!}+\cdots \tag{3-209}$$

$$\cos x = 1-\frac{x^2}{2!}+\frac{x^4}{4!}-\frac{x^6}{6!}+\cdots+(-1)^k\frac{x^{2k}}{(2k)!}+\cdots \tag{3-210}$$

✤

이들 함수는 모두 $n\to\infty$일 때 잉여항$\to 0$이 된다.

주

$\sin x$의 테일러 전개는 홀수제곱인 다항식, $\cos x$의 테일러 전개는 짝수제곱인 다항식이 된다. 또한 e^x의 테일러 전개는 보통

$$e^x = 1 + \frac{x}{1!} + \frac{x^2}{2!} + \frac{x^3}{3!} + \cdots + \frac{x^n}{n!} + \cdots$$

이라고 쓰지만, 여기서는 $\sin x$ 나 $\cos x$ 와 비교하기 쉽도록 일부러 홀수제곱인 항과 짝수제곱인 항이 구별되도록 썼다.

$n \to \infty$ 일 때 잉여항 $\to 0$ 이 되는 함수는 모두 테일러 전개를 할 수 있으므로, 다양한 함수가 x 의 다항식으로 나타난다. 이것은 말하자면, 다양한 함수를 직접 비교하기 위한 척도를 얻은 셈이다.

실제로 테일러 전개를 사용하여 지수함수와 삼각함수를 비교해 보면, 지금까지 아무 관계도 없는 것처럼 보이던 두 함수 사이에 아주 단순하면서도 아름다운 관계가 있음을 알 수 있다. 그것이 다음에 소개하는 **오일러 공식**이다.

오일러 공식

(3-208)의 x 에 ix 를 대입한다. i 는 허수단위(p. 394)다.

$$e^{ix} = 1 + ix + \frac{(ix)^2}{2!} + \frac{(ix)^3}{3!} + \cdots + \frac{(ix)^{2k}}{(2k)!} + \frac{(ix)^{2k+1}}{(2k+1)!} + \cdots$$

$$= 1 + ix + \frac{i^2x^2}{2!} + \frac{i^2 \cdot ix^3}{3!} + \cdots$$

$$+ \frac{(i^2)^k x^{2k}}{2k!} + \frac{(i^2)^k ix^{2k+1}}{(2k+1)!} + \cdots$$

$(ix)^{2k} = i^{2k}x^{2k} = (i^2)^k x^{2k}$
$(ix)^{2k+1} = i^{2k+1}x^{2k+1}$
$= i^{2k} \cdot ix^{2k+1}$
$= (i^2)^k ix^{2k+1}$

$$= 1 + ix - \frac{x^2}{2!} - \frac{ix^3}{3!} + \cdots$$

$$+(-1)^k \frac{x^{2k}}{2k!}+(-1)^k \frac{ix^{2k+1}}{(2k+1)!}+\cdots$$

$$=\left\{1-\frac{x^2}{2!}+\cdots+(-1)^k \frac{x^{2k}}{2k!}+\cdots\right\} \quad \boxed{i^2=1}$$

$$+i\left\{x-\frac{x^3}{3!}+\cdots+(-1)^k \frac{x^{2k+1}}{(2k+1)!}+\cdots\right\} \qquad (3\text{-}211)$$

(3-211)에서 앞의 { }는 짝수제곱의 다항식, 뒤의 { }는 홀수제곱의 다항식으로 나타나 있다. (3-209), (3-210)과 비교하면,

$$\sin x = x-\frac{x^3}{3!}+\frac{x^5}{5!}-\frac{x^7}{7!}+\cdots+(-1)^k \frac{x^{2k+1}}{(2k+1)!}+\cdots \qquad (3\text{-}209)$$

$$\cos x = 1-\frac{x^2}{2!}+\frac{x^4}{4!}-\frac{x^6}{6!}+\cdots+(-1)^k \frac{x^{2k}}{(2k)!}+\cdots \qquad (3\text{-}210)$$

이므로 (3-211)은 다음과 같이 바꿔쓸 수 있다.

$$e^{ix} = \cos x + i \sin x \qquad (3\text{-}212)$$

(3-212)를 **오일러 공식**이라고 한다.

주

엄밀히는 e^x의 x에 복소수 ix를 대입하기 전에 **해석접속**이라 불리는 수법을 이용하여 정의역을 실수에서 복소수 전체로 확장할 필요가 있다.

오일러 공식은 종종 '**세상에서 가장 아름다운 수식**'이라 불린다.

'인류 최고의 보물'이라고 말하는 사람도 있다. 그것은 오일러 공식의 x에 π(원주율)를 대입하면

$$e^{i\pi} = \cos\pi + i\sin\pi = -1 + i\cdot 0 = -1$$

$$\Rightarrow \quad e^{i\pi} + 1 = 0 \qquad (3\text{-}213)$$

이라는 아름다운 수식을 얻을 수 있기 때문이다.

(3-213)에는 **자연로그의 밑 e**(p. 360)와 **허수단위 i**(p. 394)와 **원주율 π**와 1(곱셈의 단위원)과 0(덧셈의 단위원)이라는 수학 전체를 지배하는 중요한 숫자들의 관계가 아주 단순한 형태로 나타나 있다.

오일러 공식

$$e^{ix} = \cos x + i\sin x$$

특히 $x = \pi$일 때

$$e^{i\pi} + 1 = 0$$

많이 기다렸죠? 이것으로 **서로 상수배 관계인 $y'' + ay' + by = 0$의 근을 두 개 찾아낼** 준비가 되었다. 자, 이제 상수계수 선형 동차 미분방정식 이야기로 돌아가자.

$y'' + ay' + by = 0$의 세 가지 근

과연 어떤 함수가 $y'' + ay' + by = 0$의 근이 될까? 이렇게 말하면

서 '요령'을 알려주면 얼마나 고마울까? 실은

$$y = e^{\lambda x} \quad [\lambda\text{는 상수}] \tag{3-214}$$

라고 하면, 적절한 근을 찾을 수 있다. 서둘러 계산해보자.

주1 λ(람다)는 알파벳 l에 해당하는 그리스 문자로, 물리에서는 파장을 나타낼 때 자주 쓰이는 기호다.

주2 "아니, '이렇게 하면 적절한 근을 찾을 수 있다'는 말을 도저히 납득할 수 없어요!" 이런 사람들을 위해 뒤에서(p. 426~) 다른 생각(결론은 같다)도 소개한다.

$$y'' + ay' + by = 0$$

$$\Rightarrow (e^{\lambda x})'' + a(e^{\lambda x})' + b(e^{\lambda x}) = 0$$

$$\Rightarrow \lambda^2 e^{\lambda x} + a\lambda e^{\lambda x} + be^{\lambda x} = 0$$

$$\Rightarrow (\lambda^2 + a\lambda + b)e^{\lambda x} = 0 \quad \boxed{e^x > 0}$$

$$\Rightarrow \lambda^2 + a\lambda + b = 0 \tag{3-215}$$

주 $e^{\lambda x}$를 미분할 때마다 상수 λ가 앞에 나온다.

$$(e^{\lambda x})' = \frac{d}{dx}(e^{\lambda x}) = \lambda e^{\lambda x} \quad \boxed{\{g(ax+b)\}' = ag'(ax+b)} \quad \boxed{(e^x)' = e^x}$$

$$(e^{\lambda x})'' = \frac{d^2}{dx^2}(e^{\lambda x}) = \frac{d}{dx}\left\{\frac{d}{dx}(e^{\lambda x})\right\} = \frac{d}{dx}(\lambda e^{\lambda x})$$
$$= \lambda \frac{d}{dx}(e^{\lambda x}) = \lambda \cdot \lambda e^{\lambda x} = \lambda^2 e^{\lambda x}$$

(3-215)를 만족하는 λ를 (3-214)에 대입하면 $y'' + ay' + by = 0$의 근이 발견되므로, (3-215)를 $y'' + ay' + by = 0$의 **특성방정식**이라고 한다.

(3-215)는 λ에 대한 2차 방정식이므로 근의 공식을 사용하여 풀어보자.

$$\lambda^2 + a\lambda + b = 0$$
$$\Rightarrow \lambda = \frac{-a \pm \sqrt{a^2 - 4b}}{2} \tag{3-216}$$

이렇게 하면 판별식 $D = a^2 - 4b$의 부호에 의해 **특성방정식의 근이 세 가지 경우**임을 알 수 있다.

① $D > 0$일 때, 서로 다른 두 개의 실수근
② $D = 0$일 때, 중근
③ $D < 0$일 때, 서로 다른 두 개의 허수근

$ax^2 + bx + c = 0$
$\Rightarrow x = \frac{-b \pm \sqrt{b^2 - 4ac}}{2a}$
판별식($\sqrt{\ }$ 안) : $D = \sqrt{b^2 - 4ac}$

하나씩 살펴보자.

① $D>0$일 때

(3-215)는 서로 다른 두 개의 실수근(실근)을 가지므로 각각 α, β라고 한다($\alpha \neq \beta$). 이 경우 (3-214)에서

$$y_1 = e^{\alpha x}, \quad y_2 = e^{\beta x} \tag{3-217}$$

이 둘은 $y'' + ay' + by = 0$의 근이다.

여기서 $y_1 = ky_2$(k는 실수)라고 하면 아래 식을 얻는다.

$$\begin{aligned} & e^{\alpha x} = ke^{\beta x} \\ \Rightarrow\ & \frac{e^{\alpha x}}{e^{\beta x}} = k \\ \Rightarrow\ & e^{\alpha x - \beta x} = k \\ \Rightarrow\ & e^{(\alpha - \beta)x} = k \end{aligned} \tag{3-218}$$

(3-218)은 $e^{(\alpha - \beta)x}$가 x값에 상관없이 일정한 값 k가 된다는 것을 나타내는데, $\alpha \neq \beta$에서 그런 것은 있을 수 없다. 따라서 $y_1 \neq ky_2$이다. 물론 완전히 똑같은 방법으로 $y_2 \neq ly_1$(l은 실수)이라는 것도 보여줄 수 있다. 즉 **$y_1 = e^{\alpha x}$와 $y_2 = e^{\beta x}$는 서로 상수배 관계에 있지 않다(선형독립)**. 따라서 $y_1 = e^{\alpha x}$와 $y_2 = e^{\beta x}$는 $y'' + ay' + by = 0$의 일반근을 나타내기 위한 두 개의 근으로서 '합격'이다.

이상에서, $y'' + ay' + by = 0$에서 $a^2 - 4b > 0$이라면 일반근은

$$y = C_1 e^{\alpha x} + C_2 e^{\beta x} \quad [C_1,\ C_2\text{는 임의 상수}] \tag{3-219}$$

② $D=0$일 때

$\lambda^2+a\lambda+b=0$은 중근이 되므로, 그 근을 α라고 한다. 즉

$$\alpha^2+a\alpha+b=0 \tag{3-220}$$

또한 (3-216)에서

$$\alpha=\frac{-a\pm\sqrt{0}}{2}=\frac{-a}{2} \quad \Rightarrow \quad 2\alpha=-\alpha \tag{3-221}$$

라는 것도 신경 쓰자. 여기서

$$y_1=e^{\alpha x} \tag{3-222}$$

이라고 하면, y_1은 $y''+ay'+by=0$의 근이다.

단, 일반근을 나타내려면 (3-222)의 상수배가 아닌(선형독립인) 근을 하나 더 찾을 필요가 있다. 거기서

$$y_2=(mx+n)e^{\alpha x} \tag{3-223}$$

이라는 함수를 만들고, 이것이 $y''+ay'+by=0$의 근이 될 수 있는지 계산해보자.

> **주1** 지금, '왜 그런 함수를 생각해내는 거지!?'라고 생각했는가? 구차한 변명을 늘어놓자면 (3-222)의 상수배가 아닌 함수를 찾을 필요가 있어 단순한 1차 함수를 y_1에 곱한 것을 검토했다고 말할 수도 있지만, 조상님들의 지혜를 빌렸다는 게 정직한 답일 것이다.

주2 이래도 '납득할 수 없어요!' 하는 사람들을 위해 나중에(p. 426~) 다른 생각(결론은 같다)을 소개한다.

(3-223)을 $y''+ay'+by=0$의 좌변에 대입한다.

$$
\begin{aligned}
&y_2''+ay_2'+by_2 \\
&=\{(mx+n)e^{\alpha x}\}''+a\{(mx+n)e^{\alpha x}\}'+b\{(mx+n)e^{\alpha x}\}
\end{aligned}
\tag{3-224}
$$

이다음은 약간 복잡하므로 각 항별로 계산한다. 곱의 미분 공식(p. 116)이 등장하므로 주의하자.

$$
\begin{aligned}
&\{(mx+n)e^{\alpha x}\}' \\
&=\frac{d}{dx}\{(mx+n)e^{\alpha x}\} \\
&=(mx+n)'e^{\alpha x}+(mx+n)(e^{\alpha x})' \\
&=me^{\alpha x}+(mx+n)\alpha e^{\alpha x} \\
&=(\alpha mx+\alpha n+m)e^{\alpha x}
\end{aligned}
\tag{3-225}
$$

$\{f(x)g(x)\}'=f'(x)g(x)+f(x)g'(x)$

$(e^{\alpha x})'=\alpha e^{x}$

$$
\begin{aligned}
&\{(mx+n)e^{\alpha x}\}'' \\
&=\frac{d}{dx}\{(mx+n)e^{\alpha x}\}' \\
&=\frac{d}{dx}\{(\alpha mx+\alpha n+m)e^{\alpha x}\} \\
&=(\alpha mx+\alpha n+m)'e^{\alpha x}+(\alpha mx+\alpha n+m)(e^{\alpha x})'
\end{aligned}
$$

$$= \alpha m e^{\alpha x} + (\alpha m x + \alpha n + m)\alpha e^{\alpha x}$$

$$= (\alpha^2 m x + \alpha^2 n + 2\alpha m)e^{\alpha x} \tag{3-226}$$

(3-225)와 (3-226)을 (3-224)에 대입한다.

$$y_2'' + a y_2' + b y_2$$

$$= \{(mx+n)e^{\alpha x}\}'' + a\{(mx+n)e^{\alpha x}\}' + b\{(mx+n)e^{\alpha x}\}$$

$$= (\alpha^2 m x + \alpha^2 n + 2\alpha m)e^{\alpha x} + a(\alpha m x + \alpha n + m)e^{\alpha x}$$

$$+ b(mx+n)e^{\alpha x}$$

$$= (\alpha^2 m x + \alpha^2 n + 2\alpha m)e^{\alpha x} + (a\alpha m x + a\alpha n + am)e^{\alpha x}$$

$$+ (bmx + bn)e^{\alpha x}$$

$$= \{(\alpha^2 + a\alpha + b)mx + (\alpha^2 + a\alpha + b)n + 2\alpha m + am\}e^{\alpha x} \tag{3-227}$$

여기서 (3-220)과 (3-221)을 떠올리면 $\alpha^2 + a\alpha + b = 0$, $2\alpha = -a$ 이므로 (3-187)에서

$$y_2'' + a y_2' + b y_2$$

$$= (0 \cdot mx + 0 \cdot n - am + am)e^{\alpha x} = 0 \cdot e^{\alpha x} = 0 \tag{3-228}$$

(3-228)은

$$y_2 = (mx+n)e^{\alpha x} \tag{3-223}$$

이 **m, n의 값에 상관없이** $y'' + ay' + by = 0$의 근이라는 것을 나타낸다. 여기서 간단하게 $m = 1$, $n = 0$인 경우를 생각해서 $y_2 = xe^{\alpha x}$

이라고 하자.

'예? 멋대로 정해도 되나요?' 이렇게 생각할 수도 있다. 하지만 $y_1 = e^{\alpha x}$과 $y_2 = xe^{\alpha x}$이 서로 상수배 관계에 있지 않다면(선형독립이라면), 역시 이들은 $y'' + ay' + by = 0$의 일반근을 나타내기 때문에 두 개의 근으로서 '합격'이다! 바로 확인해보자.

여기서 $y_1 = ky_2$(k는 실수)라고 하면 다음 식이 나온다.

$$e^{\alpha x} = kxe^{\alpha x}$$
$$\Rightarrow \quad 1 = kx \tag{3-229}$$

그러나 x는 변수, k는 상수이므로 이것은 명백하게 부적합하다. 따라서 $y_1 \neq ky_2$이다. 마찬가지 방법으로 $y_2 \neq ly_1$(l은 실수)이라는 것도 나타낼 수 있다.

이상에서 $y_1 = e^{\alpha x}$과 $y_2 = xe^{\alpha x}$은 서로 상수배 관계에 있지 않으므로, $y'' + ay' + by = 0$에서 $a^2 - 4b = 0$이라면 일반근은

$$y = C_1 e^{\alpha x} + C_2 x e^{\alpha x} \quad [C_1,\ C_2\text{는 임의 상수}] \tag{3-230}$$

③ $D < 0$일 때

$\lambda^2 + a\lambda + b = 0$은 허수근(허근)이다. (3-216)에서

$$D = a^2 - 4b < 0 \quad \Rightarrow \quad -a^2 + 4b > 0$$

이므로

$$\lambda = \frac{-a \pm \sqrt{a^2-4b}}{2}$$

$$= \frac{-a}{2} \pm \frac{\sqrt{-(-a^2+4b)}}{2}$$

$$= \frac{-a}{2} \pm \frac{\sqrt{-a^2+4b}}{2}\sqrt{-1}$$

$$= \frac{-a}{2} \pm \frac{\sqrt{-a^2+4b}}{2} i \tag{3-231}$$

$$p = \frac{-a}{2}, \quad q = \frac{\sqrt{(-a^2+4b)}}{2}$$

라고 하면 실수 p, q를 이용하여 $\lambda^2 + a\lambda + b = 0$의 근은

$$\lambda_1 = p + \boldsymbol{q}i, \quad \lambda_2 = p - \boldsymbol{q}i \tag{3-232}$$

라고 쓸 수 있다. 이때 (3-214)에서

$$y_1 = e^{\lambda_1 x} = e^{(p+qi)x} = e^{px+iqx} = e^{px}e^{iqx}$$

$a^{m+n} = a^m a^n$

$$y_2 = e^{\lambda_2 x} = e^{(p-qi)x} = e^{px-iqx} = e^{px}e^{-iqx} \tag{3-233}$$

이것은 모두 $y'' + ay' + by = 0$의 근이다.

하지만… 이들은 허수를 포함하는 함수(복소함수라고 한다)이므로, 가능하면 실수의 범위에서 근을 찾고 싶다. 그러므로 오일러 공식 (p. 411)을 사용한다.

(3-212)에서

$$e^{ix} = \cos x + i \sin x$$

x에 qx를 대입하면

$$e^{iqx} = \cos qx + i \sin qx \quad (3\text{-}234)$$

다시 (3-234)의 i에 $-i$를 대입하면

$$e^{-iqx} = \cos qx - i \sin qx \quad (3\text{-}235)$$

(3-234), (3-235)를 (3-233)에 각각 대입하면

$$y_1 = e^{px} e^{iqx} = e^{px}(\cos qx + i \sin qx)$$

$$y_2 = e^{px} e^{-iqx} = e^{px}(\cos qx - i \sin qx) \quad (3\text{-}236)$$

(3-236)에서 다음과 같은 두 가지 방법으로 i를 소거한다. 먼저 $y_1 + y_2$를 만든다.

$$\begin{aligned} y_1 + y_2 &= e^{px}(\cos qx + i \sin qx) + e^{px}(\cos qx - i \sin qx) \\ &= e^{px}(\cos qx + i \sin qx + \cos qx - i \sin qx) \\ &= 2e^{px} \cos qx \end{aligned}$$

$$\Rightarrow \quad \frac{y_1 + y_2}{2} = \boldsymbol{e^{px} \cos qx} \quad (3\text{-}237)$$

이어서 $y_1 - y_2$를 만든다.

$$\begin{aligned} y_1 - y_2 &= e^{px}(\cos qx + i \sin qx) - e^{px}(\cos qx - i \sin qx) \\ &= e^{px}(\cos qx + i \sin qx - \cos qx + i \sin qx) \\ &= 2ie^{px} \sin qx \end{aligned}$$

$$\Rightarrow \quad \frac{y_1 - y_2}{2i} = \boldsymbol{e^{px} \sin qx} \quad (3\text{-}238)$$

앞에서 $y_1 = p(x)$와 $y_2 = q(x)$가 $y'' + ay' + by = 0$의 근이라면 $y = C_1 y_1 + C_2 y_2$는 $y'' + ay' + by = 0$의 근이라는 것을 확인했다. 따라서 (3-237)과 (3-238)에서 얻은 실수의 함수를

$$u_1 = \frac{y_1 + y_2}{2} = \boldsymbol{e^{px}\cos qx}$$

$$u_2 = \frac{y_1 - y_2}{2i} = \boldsymbol{e^{px}\sin qx} \tag{3-239}$$

라고 하면 u_1과 u_2는 각각 $y'' + ay' + by = 0$의 근이다.

다음은 이들이 일반근을 나타내기 위한 두 개의 근으로서 합격인지, 즉 서로 상수배를 이루지 않는지(선형독립인지)를 확인해보자.

여기서 $u_1 = ku_2$(k는 실수)라고 하면

$$e^{px}\cos qx = ke^{px}\sin qx$$

$$\Rightarrow \cos qx = k\sin qx$$

$$\Rightarrow k\sin qx - \cos qx = 0 \tag{3-240}$$

을 얻는다. 여기서 삼각함수의 합성(p. 305)을 사용하면

$$k\sin qx - \cos qx = 0 \qquad \cos\varphi = \frac{k}{\sqrt{k^2+1}},\ \sin\varphi = \frac{-1}{\sqrt{k^2+1}}$$

$$\Rightarrow \sqrt{k^2 + (-1)^2}\sin(qx + \varphi) = 0$$

$$\Rightarrow \sqrt{k^2 + 1}\sin(qx + \varphi) = 0 \tag{3-241}$$

으로 변형할 수 있다. 하지만 x는 변수이고 k, q, φ는 상수이므로 이것은 명백하게 부적합하다. 따라서 $u_1 \neq ku_2$이다. 마찬가지로 $u_2 \neq$

lu_1 (l은 실수)이라는 것도 나타낼 수 있다. 이상에서 $u_1 = e^{px}\cos qx$와 $u_2 = e^{px}\sin qx$는 서로 상수배 관계에 있지 않다.

즉 $a^2 - 4b < 0$일 때, $y'' + ay' + by = 0$의 일반근은

$$y = C_1 e^{px}\cos qx + C_2 e^{px}\sin qx \quad [C_1,\ C_2\text{는 임의 상수}] \tag{3-242}$$

마침내 $y'' + ay' + by = 0$을 만족하는 세 가지 경우의 근이 모두 갖추어졌다. 정리해보자.

이계 상수계수 선형 동차 미분방정식의 해법

$y'' + ay' + by = 0$일 때

〈특성방정식〉 $\lambda^2 + a\lambda + b = 0$

〈일반근〉

① $D > 0$일 때 : $\lambda = \alpha,\ \beta$

$$y = C_1 e^{\alpha x} + C_2 e^{\beta x}$$

② $D = 0$일 때 : $\lambda = \alpha$

$$y = C_1 e^{\alpha x} + C_2 x e^{\alpha x}$$

③ $D < 0$일 때 : $\lambda = p + qi,\ p - qi$

$$y = C_1 e^{px}\cos qx + C_2 e^{px}\sin qx \quad [C_1,\ C_2\text{는 임의 상수}]$$

익숙해지도록 다음 몇 가지 예시 문제를 풀어보자.

예시 1 $y'' - 5y' + 6y = 0$

특성방정식은 $\lambda^2 - 5\lambda + 6 = 0$

판별식은

$ax^2 + bx + c = 0 \Rightarrow D = \sqrt{b^2 - 4ac}$

$$D = (-5)^2 - 4 \cdot 1 \cdot 6 = 25 - 24 = 1 > 0$$

이므로 특성방정식이 서로 다른 두 개의 실수근을 갖는 ①의 경우다.

$$\begin{aligned} & \lambda^2 - 5\lambda + 6 = 0 \\ \Rightarrow\ & (\lambda - 2)(\lambda - 3) = 0 \\ \Rightarrow\ & \lambda = 2,\ 3 \end{aligned}$$

따라서 일반근은

$D > 0$일 때 : $\lambda = \alpha, \beta$
$y = C_1 e^{\alpha x} + C_2 e^{\beta x}$

$$y = C_1 e^{2x} + C_2 e^{3x}$$

✤

예시 2 $y'' - 4y' + 4y = 0$

특성방정식은 $\lambda^2 - 4\lambda + 4 = 0$

판별식은

$ax^2 + bx + c = 0 \Rightarrow D = \sqrt{b^2 - 4ac}$

$$D = (-4)^2 - 4 \cdot 1 \cdot 4 = 16 - 16 = 0$$

이므로 특성방정식이 중근을 갖는 ②의 경우다.

$$\lambda^2 - 4\lambda + 4 = 0$$
$$\Rightarrow \ (\lambda - 2)^2 = 0$$
$$\Rightarrow \ \lambda = 2$$

따라서 일반근은

> $D=0$일 때 : $\lambda = \alpha$
> $y = C_1 e^{\alpha x} + C_2 x e^{\alpha x}$

$$y = C_1 e^{2x} + C_2 x e^{2x}$$

✤

예시 3 $y'' - 2y' + 3y = 0$

특정방정식은 $\lambda^2 - 2\lambda + 3 = 0$

판별식은

> $ax^2 + bx + c = 0 \Rightarrow D = \sqrt{b^2 - 4ac}$

$$D = (-2)^2 - 4 \cdot 1 \cdot 3 = 4 - 12 = -8 < 0$$

이므로 특성방정식이 서로 다른 두 개의 허수근을 갖는 ③의 경우다.

$$\lambda^2 - 2\lambda + 3 = 0$$
$$\Rightarrow \ \lambda = \frac{-(-2) \pm \sqrt{(-2)^2 - 4 \cdot 1 \cdot 3}}{2}$$
$$= \frac{2 \pm \sqrt{-8}}{2} = \frac{2 \pm \sqrt{8}\sqrt{-1}}{2}$$
$$= \frac{2 \pm 2\sqrt{2}\,i}{2}$$

> $\sqrt{-1} = i$

$$\Rightarrow \ \lambda = 1 + \sqrt{2}\,i, \ 1 - \sqrt{2}\,i$$

> $D<0$일 때 : $\lambda = p + qi, \ p - qi$
> $y = C_1 e^{px} \cos qx + C_2 e^{px} \sin qx$

따라서 일반근은

$$y = C_1 e^x \cos\sqrt{2}\,x + C_2 e^x \sin\sqrt{2}\,x$$

✤

보충설명 $y''+ay'+by=0$**의 세 가지 근을 구하는 다른 방법**

지금까지의 논리 전개에 대해 '납득할 수 없어!'라고 생각하는 여러분을 위해 다른 시점에서 $y''+ay'+by=0$의 세 가지 근을 구하는 방법을 알려준다. 일반적으로

$$x^2+ax+b=0 \tag{3-243}$$

에서 두 개의 근이 α, β인 경우, (3-243)의 좌변은

$$x^2+ax+b=(x-\alpha)(x-\beta) \tag{3-244}$$

로 인수분해할 수 있다. (3-244)의 우변을 다시 전개하면

$$x^2+ax+b=(x-\alpha)(x-\beta)=x^2-(\alpha+\beta)x+\alpha\beta \tag{3-245}$$

이므로, (3-245)의 맨 좌변과 맨 우변을 서로 비교하면

$$\begin{aligned} &-(\alpha+\beta)=+a, \quad +\alpha\beta=+b \\ \Rightarrow\ &\alpha+\beta=-a, \quad \alpha\beta=b \end{aligned} \tag{3-246}$$

이것을 **2차 방정식의 근과 계수의 관계**라고 한다.

주

근의 공식을 사용하면

$$x^2+ax+b=0 \Rightarrow x=\frac{-a\pm\sqrt{a^2-4b}}{2}$$

이것에서

$$\alpha = \frac{-a-\sqrt{a^2-4b}}{2}, \quad \beta = \frac{-a+\sqrt{a^2-4b}}{2}$$

라고 하면($\sqrt{\ }$ 안의 부호=판별식의 부호와 상관없이)

$$\alpha + \beta = -\alpha, \quad \alpha\beta = b$$

임을 확인할 수 있다. 즉 (3-246)의 2차 방정식의 근과 계수의 관계는 **근이 중근**이든, **허수근**이든 상관없이 성립하는 관계다.

이계 상수계수 선형 동차 미분방정식

$$y'' + ay' + by = 0 \tag{3-247}$$

이 주어졌을 때, 특성방정식

$$\lambda^2 + a\lambda + b = 0$$

의 두 근을 α, β 라고 하면, 근과 계수의 관계 (3-246)에서 (3-247)은 다음과 같이 변형할 수 있다.

$$\begin{aligned} & y'' + ay' + by = 0 \\ \Rightarrow\ & y'' - (\alpha + \beta)y' + \alpha\beta y = 0 \\ \Rightarrow\ & y'' - \alpha y' - \beta y' + \alpha\beta y = 0 \\ \Rightarrow\ & y'' - \alpha y' = \beta(y' - \alpha y) \end{aligned} \tag{3-248}$$

$a = -(\alpha+\beta)$, $b = \alpha\beta$

여기서

$$u = y' - \alpha y \tag{3-249}$$

라고 하면,

$$\frac{du}{dx} = \frac{d}{dx}(y' - \alpha y) = y'' - \alpha y' \tag{3-250}$$

이므로, (3-249)와 (3-250)을 (3-248)에 대입하면

$$\frac{du}{dx} = \beta u \Rightarrow \frac{1}{u}du = \beta dx \tag{3-251}$$

로 변형할 수 있는 변수분리형의 일계 미분방정식이 된다. 이것은 371쪽의 **〈예시 2〉**와 마찬가지로 풀 수 있다.

$$\frac{1}{u}du = \beta dx \Rightarrow \int \frac{1}{u}du = \int \beta dx \quad \boxed{\int \text{을 붙인다}}$$

$$\Rightarrow \log|u| + A_1 = \beta x + A_2 \quad \boxed{\int \frac{1}{x}dx = \log|x| + C}$$

$$\Rightarrow \log|u| = \beta x + (A_2 - A_1) = \beta x + A_3$$

$$\boxed{a^{m+n} = a^m a^n} \quad \Rightarrow |u| = e^{\beta x + A_3} = e^{A_3}e^{\beta x} \quad \boxed{(A_2 - A_1) = A_3}$$

$$\Rightarrow u = \pm e^{A_3}e^{\beta x}$$

$$\boxed{u = y' - \alpha y} \quad \Rightarrow y' - \alpha y = Ae^{\beta x} \quad \boxed{\pm e^{A_3} = A} \tag{3-252}$$

[A_1, A_2, A_3, A는 임의 상수]

또한 (3-248)은 α와 β를 바꿔 넣어서

$$y'' - \beta y' = \alpha(y' - \beta y) \tag{3-253}$$

라고 변형할 수도 있으므로, (3-252)와 완전히 똑같이 하여

$$y' - \beta y = Be^{\alpha x} \quad [B\text{는 임의 상수}] \tag{3-254}$$

를 얻는다. 다음으로 (3-254)−(3-252)를 만들면

$$(y' - \beta y) - (y' - \alpha y) = Be^{\alpha x} - Ae^{\beta x}$$

$$\Rightarrow \quad (\alpha - \beta)y = Be^{\alpha x} - Ae^{\beta x} \tag{3-255}$$

여기도 만약 $\alpha - \beta \neq 0$이라면, 즉 α와 β가 특성방정식의 다른 실수근과 다른 허수근이라면 (3-255)에서

$$y = \frac{1}{\alpha - \beta}(Be^{\alpha x} - Ae^{\beta x}) = \frac{B}{\alpha - \beta}e^{\alpha x} + \frac{-A}{\alpha - \beta}e^{\beta x} \tag{3-256}$$

가 된다. 임의의 상수 C_1, C_2를 사용해 다음과 같이 바꿔쓰면

$$\frac{B}{\alpha - \beta} = C_1 \qquad \frac{-A}{\alpha - \beta} = C_2$$

(3-256)은

$$y = C_1 e^{\alpha x} + C_2 e^{\beta x}$$

가 되어, 특성방정식의 판별식 D가 $D > 0$인 경우의 일반근 (3-219)에 일치한다! 또한 판별식 D가 $D < 0$인 경우도 (3-233)에서 일반근

$$y = C_1 y_1 + C_2 y_2 = C_1 e^{\lambda_1 x} + C_2 e^{\lambda_2 x}$$

를 만들면 같은 형태가 된다. 단, $D < 0$인 경우 λ_1이나 λ_2는 허수이므로 실수의 범위에서 일반근을 찾는다면 앞(pp. 419~423)에서와 같이 오일러 정리를 이용한 공부를 할 필요가 있다. 그 결과는 물론 (3-242)와 일치한다.

문제는 $\alpha - \beta = 0 \Rightarrow \alpha = \beta$ **인 경우**, 즉 특성방정식이 중근을 갖는 경우다. 이 경우는 더 많은 공부가 필요하다.

(3-252)에 $\beta = \alpha$를 대입하고, 우변부터 $e^{\alpha x}$를 없애기 위해, 양변에

$e^{-\alpha x}$를 곱해보자.

$$y' - \alpha y = Ae^{\alpha x}$$
$$\Rightarrow (y' - \alpha y)e^{-\alpha x} = Ae^{\alpha x} \cdot e^{-\alpha x} \quad \boxed{e^{\alpha x}e^{-\alpha x} = e^{\alpha x + (-\alpha x)} = e^0 = 1}$$
$$\Rightarrow y'e^{-\alpha x} - \alpha ye^{-\alpha x} = Ae^0 = A \qquad (3\text{-}257)$$

여기서 (3-257)의 좌변은 다음과 같이 '$ye^{-\alpha x}$'를 미분한 것이다(곱의 미분과 1차 함수를 포함하는 합성함수의 미분을 사용한다).

$$(ye^{-\alpha x})' = y' \cdot e^{-\alpha x} + y \cdot (e^{-\alpha x})' \quad \boxed{\{f(x)g(x)\}' = f'(x)g(x) + f(x)g'(x)}$$
$$= y' \cdot e^{-\alpha x} + y(-\alpha e^{-\alpha x}) \quad \boxed{\{g(\alpha x + b)\}' = \alpha g'(\alpha x + b)}$$
$$= y'e^{-\alpha x} - \alpha ye^{-\alpha x} \qquad (3\text{-}258)$$

(3-258)을 (3-257)에 대입하면

$$y'e^{-\alpha x} - \alpha ye^{-\alpha x} = A$$
$$\Rightarrow (ye^{-\alpha x})' = A$$
$$\Rightarrow \int (ye^{-\alpha x})'dx = \int Adx$$
$$\Rightarrow ye^{-\alpha x} = Ax + B \quad [A,\ B\text{는 임의 상수}] \qquad (3\text{-}259)$$

(3-259)의 양변에 $e^{\alpha x}$를 곱하면

$$ye^{-\alpha x} = Ax + B$$
$$\Rightarrow ye^{-\alpha x} \cdot e^{\alpha x} = (Ax + B)e^{\alpha x}$$
$$\Rightarrow ye^0 = Axe^{\alpha x} + Be^{\alpha x}$$
$$\Rightarrow y = Be^{\alpha x} + Axe^{\alpha x} \qquad (3\text{-}260)$$

(3-260)은

$D=0$일 때
$y=C_1e^{\alpha x}+C_2xe^{\alpha x}$

$$B=C_1,\quad A=C_2$$

라고 하면, 특성방정식의 판별식 D가 $D=0$인 경우(중근인 경우)의 일반근 (3-230)과 일치한다. ✤

물리에 필요한 수학 … 감쇠진동

이제 상수계수 선형 동차 미분방정식을 풀 수 있으면 용수철에 연결된 물체가 속도에 비례하는 저항력을 받는 경우의 운동방정식을 풀 수 있다.

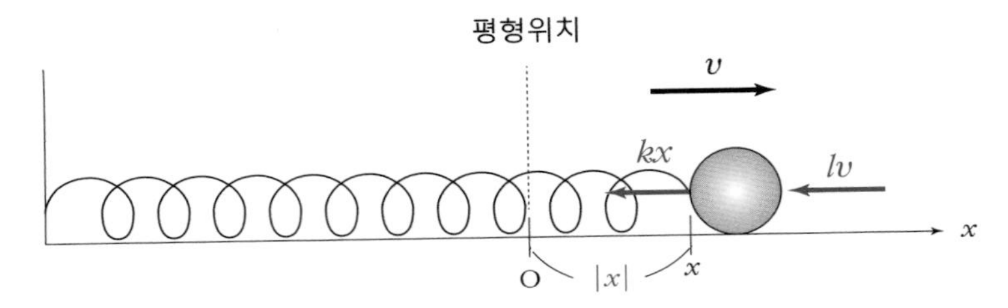

〈그림 3-19〉 용수철에 연결된 물체가 속도에 비례하는 저항력을 받는 경우의 운동

〈그림 3-19〉와 같이 용수철 상수 k인 용수철에 연결된 물체가 속도에 비례하는 저항력 lv(l은 비례상수)를 받는 경우, 운동방정식은

$$ma = -kx - lv \tag{3-261}$$

이다(p. 444 〈주〉 참조). 미분을 사용해 바꿔쓰면

$$m\frac{d^2x}{dt^2} = -kx - l\frac{dx}{dt}$$

$$\Rightarrow \quad m\frac{d^2x}{dt^2} + l\frac{dx}{dt} + kx = 0$$

$$\Rightarrow \quad \frac{d^2x}{dt^2}+\frac{l}{m}\frac{dx}{dt}+\frac{k}{m}x=0 \qquad (3\text{-}262)$$

여기서

$$\frac{d^2x}{dt^2}=x'', \quad \frac{dx}{dt}=x', \quad \frac{l}{m}=\gamma, \quad \frac{k}{m}=\omega^2 \qquad (3\text{-}263)$$

으로 치환하면,

주

$$\frac{l}{m}=\gamma, \quad \frac{k}{m}=\omega^2$$

으로 치환하는 것은 물리의 관습이다. 앞에서 설명한 것처럼 ω (오메가)를 **각진동수**라고 부르기도 한다. γ (감마)는 그리스 문자다.

(3-262)는 다음과 같이 바뀐다.

$$x''+\gamma x'+\omega^2 x=0 \quad [\gamma,\ \omega \text{는 양의 상수}] \qquad (3\text{-}264)$$

이 장에서 힘들게 일반근을 구했던 이계 상수계수 선형 동차 미분방정식, 바로 그것이다. 특성방정식은

$$\lambda^2+\gamma\lambda+\omega^2=0 \qquad (3\text{-}265)$$

판별식 $D=\gamma^2-4\omega^2$의 부호에 따라 일반근이 다르므로 다음과 같이 경우를 나눠 살펴보자.

① $D > 0$일 때, 즉

$$D = \gamma^2 - 4\omega^2 > 0 \ \Rightarrow\ \gamma^2 > 4\omega^2$$

$\gamma > 0,\ \omega > 0$

$$\Rightarrow\ \gamma > 2\omega \qquad (3\text{-}266)$$

일 때, 특성방정식 (3-265)는 서로 다른 두 개의 실수근을 가진다. 그것들을 α, β로 하면 근의 공식에서

$$\alpha = \frac{-\gamma + \sqrt{\gamma^2 - 4\omega^2}}{2},\quad \beta = \frac{-\gamma - \sqrt{\gamma^2 - 4\omega^2}}{2} \qquad (3\text{-}267)$$

이며, 일반근은

$D > 0$일 때 : $\lambda = \alpha,\ \beta$
$y = C_1 e^{\alpha x} + C_2 e^{\beta x}$

$$x = C_1 e^{\alpha t} + C_2 e^{\beta t} \qquad (3\text{-}268)$$

단, (3-267)과 $\gamma > 0$에서

$$\beta < \alpha < 0 \qquad (3\text{-}269)$$

따라서 $e^{\alpha t}$와 $e^{\beta t}$는 시간의 경과와 더불어 점점 작아진다(〈그림 3-20〉은 $\alpha = -1$, $\beta = -3$인 경우의 그래프다).

예를 들어 $t = 0$에서 초기 조건이 $x = 0$, $v = v_0 > 0$인 경우 (3-268)에서

$$0 = C_1 e^0 + C_2 e^0 = C_1 + C_2 \qquad (3\text{-}270)$$

$$v = \frac{dx}{dt} = (C_1 e^{\alpha t} + C_2 e^{\beta t})' = C_1 \alpha e^{\alpha t} + C_2 \beta e^{\beta t}$$

$$\Rightarrow\ v_0 = C_1 \alpha e^0 + C_2 \beta e^0 = C_1 \alpha + C_2 \beta \qquad (3\text{-}271)$$

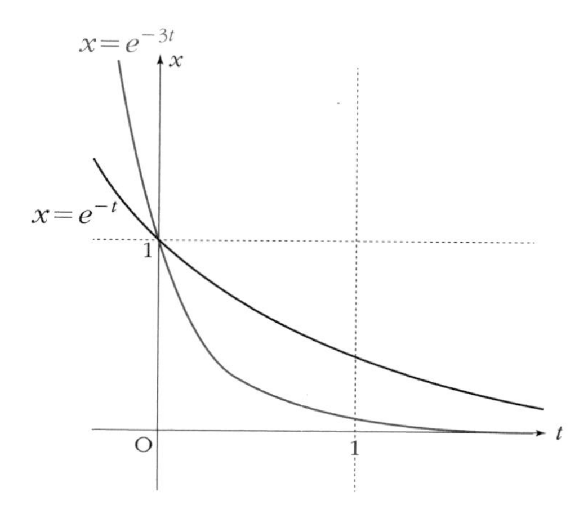

〈그림 3-20〉 $x=e^{-t}$과 $x=e^{-3t}$ **그래프**

(3-270)과 (3-271)을 C_1과 C_2의 연립방정식으로 풀면

$$C_1=\frac{v_0}{\alpha-\beta},\quad C_2=\frac{-v_0}{\alpha-\beta} \tag{3-272}$$

를 얻는다. (3-272)를 (3-268)에 대입하면

$$x=\frac{v_0}{\alpha-\beta}e^{\alpha t}-\frac{v_0}{\alpha-\beta}e^{\beta t}=\frac{v_0}{\alpha-\beta}(e^{\alpha t}-e^{\beta t}) \tag{3-273}$$

$v_0>0$이고 (3-269)에서 $\beta<\alpha<0$이므로, (3-273)에서 주어진 운동의 모습을 나타내는 그래프는 〈그림 3-21〉처럼 나타난다.

주 〈그림 3-21〉에서는 $\alpha=-1$, $\beta=-3$으로 정했다. 이것은 특성방정식 (3-265)가 $\lambda^2+4\lambda+3=0$인 경우이므로 $\gamma=4$, $\omega=$

$\sqrt{3}$ 이다. 또한 처음 속도 $v_0 = 6$ 이다.

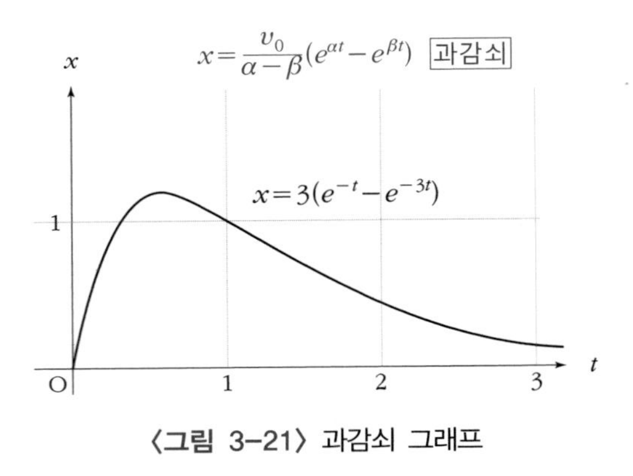

〈그림 3-21〉 과감쇠 그래프

이 경우 저항력이 강하기 때문에 진동이 일어나지 않는다. 이것을 **과감쇠**(overdamping)라고 한다.

② $D = 0$ 인 경우, 즉

$$D = \gamma^2 - 4\omega^2 = 0 \quad \Rightarrow \quad \gamma^2 = 4\omega^2 \quad \Rightarrow \quad \gamma = 2\omega \qquad (\gamma > 0,\ \omega > 0) \tag{3-274}$$

일 때, 특성방정식 (3-265)는 중근을 가진다. 이것을 α 라고 하면 근의 공식에서

$\lambda^2 + \gamma\lambda + \omega^2 = 0$

$$\alpha = \frac{-\gamma + \sqrt{\gamma^2 - 4\omega^2}}{2} = \frac{-\gamma + \sqrt{0}}{2} = -\frac{\gamma}{2} \tag{3-275}$$

이때 일반근은

$D=0$일 때 : $\lambda=\alpha$
$y=C_1e^{\alpha x}+C_2xe^{\alpha x}$

$$x=C_1e^{\alpha t}+C_2te^{\alpha t}=(C_1+C_2t)e^{-\frac{\gamma}{2}t} \tag{3-276}$$

앞에서와 같은 초기 조건을 생각하여 $t=0$이고 $x=0$, $v=v_0>0$이라고 하면

$$0=(C_1+C_2\cdot 0)e^0=C_1 \tag{3-277}$$

$$\begin{aligned} v=\frac{dx}{dt}&=\{(C_1+C_2t)e^{-\frac{\gamma}{2}t}\}' \\ &=C_2e^{-\frac{\gamma}{2}t}+(C_1+C_2t)\cdot\left(-\frac{\gamma}{2}\right)e^{-\frac{\gamma}{2}t} \\ &=C_2\left(1-\frac{\gamma}{2}t\right)e^{-\frac{\gamma}{2}t} \end{aligned}$$

$C_1=0$

$$\Rightarrow\ v_0=C_2\left(1-\frac{\gamma}{2}\cdot 0\right)e^{-\frac{\gamma}{2}\cdot 0}=C_2 \tag{3-278}$$

(3-277)과 (3-278)을 (3-276)에 대입하면

$$x=v_0te^{-\frac{\gamma}{2}t} \tag{3-279}$$

를 얻는다. (3-279)에서 주어진 운동의 모습을 앞의 과감쇠 그래프 위에 겹쳐보자(〈그림 3-22〉 참조).

주

〈그림 3-22〉에서 파란색 그래프는 특성방정식 (3-265)가

$\lambda^2 + 4\lambda = 0$인 경우다. 즉 검정색 그래프(〈그림 3-21〉)와 마찬가지로 $\gamma = 4$이고, $\gamma = 2\omega$에 따라 계산하면 $\omega = 2$이다. 또한 처음 속도는 모두 $v_0 = 6$이다.

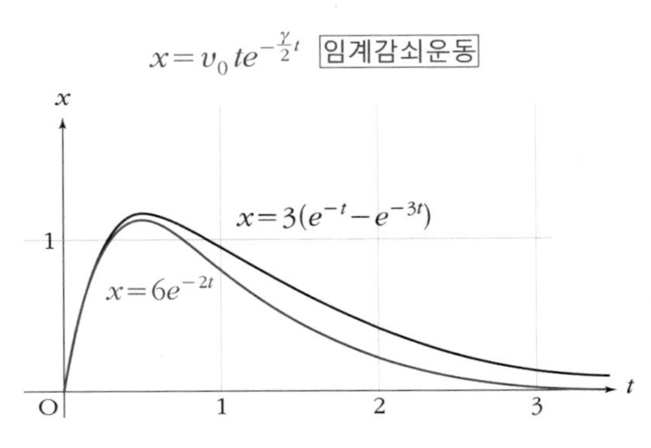

〈그림 3-22〉 임계감쇠운동 그래프(파란색)

$\gamma = 2\omega$일 때의 운동을 **임계감쇠운동**이라고 한다. 이것보다 저항력이 약해지면(또는 탄성력이 강해지면) 물체는 진동한다. 이어서 이 경우를 살펴보자.

③ **$D < 0$일 때**, 즉

$$D = \gamma^2 - 4\omega^2 < 0 \;\Rightarrow\; \gamma^2 < 4\omega^2 \quad (\gamma > 0,\ \omega > 0)$$
$$\Rightarrow\; \gamma < 2\omega \qquad (3\text{-}280)$$

일 때, 특성방정식 (3-265)는 허수근을 가진다. 근의 공식에서

$$\lambda = \frac{-\gamma \pm \sqrt{\gamma^2 - 4\omega^2}}{2}$$

$\lambda^2 + \gamma\lambda + \omega^2 = 0$

$$= \frac{-\gamma}{2} \pm \frac{\sqrt{-(4\omega^2 - \gamma^2)}}{2}$$

$\gamma^2 - 4\omega^2 < 0 \Rightarrow 4\omega^2 - \gamma^2 > 0$

$$= \frac{-\gamma}{2} \pm \frac{\sqrt{4\omega^2 - \gamma^2}}{2}\sqrt{-1}$$

$\sqrt{-1} = i$

$$= \frac{-\gamma}{2} \pm \frac{\sqrt{4\omega^2 - \gamma^2}}{2}i \qquad (3\text{-}281)$$

두 개의 근을 α, β라고 하면

$$\alpha = \frac{-\gamma}{2} + \frac{\sqrt{4\omega^2 - \gamma^2}}{2}i, \quad \beta = \frac{-\gamma}{2} - \frac{\sqrt{4\omega^2 - \gamma^2}}{2}i$$

$$(3\text{-}282)$$

이것을 다시 $\omega_1 = \frac{\sqrt{4\omega^2 - \gamma^2}}{2}$ (3-283)

으로 치환하면

$$\alpha = \frac{-\gamma}{2} + \omega_1 i, \quad \beta = \frac{-\gamma}{2} - \omega_1 i \qquad (3\text{-}284)$$

이므로 일반근은

$D<0$일 때 : $\lambda = p + qi$, $p = qi$
$y = C_1 e^{px} \cos qx + C_2 e^{px} \sin qx$

$$x = C_1 e^{-\frac{\gamma}{2}t} \cos \omega_1 t + C_2 e^{-\frac{\gamma}{2}t} \sin \omega_1 t \qquad (3\text{-}285)$$

(3-285)는 삼각함수의 합성(p. 305)을 이용하여

$$x = e^{-\frac{\gamma}{2}t}(C_1 \cos \omega_1 t + C_2 \sin \omega_1 t)$$

$$= e^{-\frac{\gamma}{2}t} \cdot A \sin(\omega_1 t + \varphi) \tag{3-286}$$

로 정리할 수 있다. 다만,

$$A = \sqrt{C_1^2 + C_2^2}, \quad \sin \varphi = \frac{C_1}{\sqrt{C_1^2 + C_2^2}},$$

$$\cos \varphi = \frac{C_2}{\sqrt{C_1^2 + C_2^2}} \tag{3-287}$$

이다. 지금까지와 같은 초기 조건을 생각하여 $t = 0$이고 $x = 0$, $v = v_0 > 0$이라고 하면

$$0 = e^0 \cdot A \sin(0 + \varphi) = A \sin \varphi \Rightarrow \sin \varphi = 0 \tag{3-288}$$

$e^0 = 1$

$\sin \varphi = 0$

$$v = \frac{dx}{dt} = \{e^{-\frac{\gamma}{2}t} \cdot A \sin(\omega_1 t + \varphi)\}'$$

$$= -\frac{\gamma}{2} e^{-\frac{\gamma}{2}t} A \sin(\omega_1 t + \varphi) + e^{-\frac{\gamma}{2}t} A\omega_1 \cos(\omega_1 t + \varphi)$$

$$= Ae^{-\frac{\gamma}{2}t}\left\{-\frac{\gamma}{2}\sin(\omega_1 t + \varphi) + \omega_1 \cos(\omega_1 t + \varphi)\right\}$$

$\sin \varphi = 0$

$$\Rightarrow \ v_0 = Ae^0\left(-\frac{\gamma}{2}\sin \varphi + \omega_1 \cos \varphi\right) = A\omega_1 \cos \varphi \tag{3-289}$$

(3-288)에서 $\varphi = 0$ 또는 π이므로 $\cos \varphi = 1$ 또는 -1이다.

(3-289)에서 $v_0 > 0$, $A > 0$, $\omega_1 > 0$이므로 $\cos\varphi > 0$. 따라서 $\varphi = 0$, $\cos\varphi = 1$임을 알 수 있다. 이때 (3-289)에서

$$v_0 = A\omega_1 \quad \Rightarrow \quad A = \frac{v_0}{\omega_1} \tag{3-290}$$

$\varphi = 0$과 (3-290)을 (3-286)에 대입하여

$$x = e^{-\frac{\gamma}{2}t} \cdot \frac{v_0}{\omega_1} \sin \omega_1 t \tag{3-291}$$

를 얻는다. (3-291)에서 주어진 운동의 모습을 〈그림 3-22〉에 겹쳐보자(〈그림 3-23〉 참조).

$\gamma < 2\omega$일 때는 그림에서 보듯이 진폭이 점점 작아지는 진동이 발생한다. 이것을 감쇠진동이라고 한다.

> **주** 〈그림 3-23〉의 파란색 그래프는 특성방정식 (3-265)이 $\lambda^2 + 4\lambda + 40 = 0$인 경우다. 이번에도 γ는 〈그림 3-21〉이나 〈그림 3-22〉와 같이 $\gamma = 4$이고, ω는 $\omega = 2\sqrt{10}$으로 정했다(3-283에서 $\omega_1 = 6$). 또한 처음 속도는 모든 경우에 $v_0 = 6$이다.

눈치챘는가? 속도에 비례하는 저항력이 없을 때, 즉 $\gamma = 0$일 때 (3-286)은 (3-39)에서 얻은 단진동 식과 일치한다.

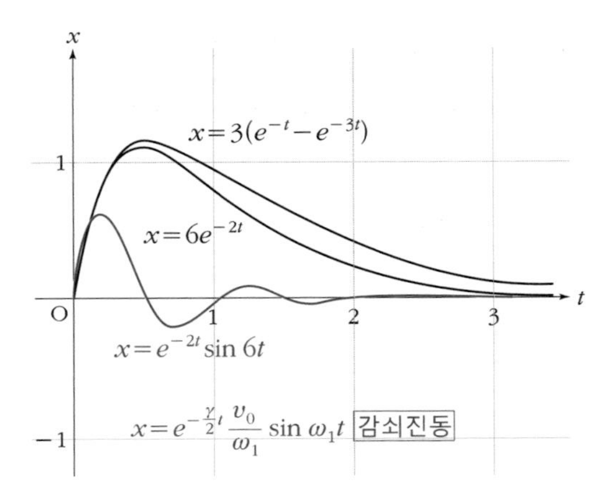

〈그림 3-23〉 감쇠진동 그래프(파란색)

$$x = e^{-\frac{\lambda}{2}t} \cdot A\sin(\omega_1 t + \varphi) \qquad (3\text{-}286)$$

$$\gamma = 0 \quad \Rightarrow \quad \omega_1 = \frac{\sqrt{4\omega^2 - \gamma^2}}{2} = \omega$$

$$x = A\sin(\omega t + \varphi) \qquad (3\text{-}39)$$

임기응변으로 306쪽에서 설명한 (3-39)를 계산해보았다. 이렇게나마 이게 상수계수 선형 동차 미분방정식의 해법을 배운 다음에는 단진동의 운동방정식이 일계미분의 항을 포함하지 않는 특별한 경우라는 것도 이해해주리라 믿는다.

예상문제

이 장의 내용은 완전히 대학 수준이므로 적당한 예제가 없다. 자, 이번에는 오리지널 예상문제에 도전해보자.

문제 10

x축 위를 움직이는 질량 m인 물체가 용수철 상수 k인 용수철에 연결돼 있다. 이 물체가 속도 v에 비례하는 저항력 lv를 받을 때, 다음 문제에 답하시오.

(1) 임계감쇠운동이 되기 위한 조건을 l, k, m으로 나타내시오.

(2) 물체를 $t=0$에서 $x=x_0$에 두고 살짝 놓았다. $k=101\text{m}$, $l=2m$로 할 때, 임의의 시각 t에서 물체의 위치를 t의 함수로 나타내시오.

(3) k와 l이 (2)의 값일 때, 이 물체의 속도가 0이 되는 순간의 시각을 구하시오.

해설

운동방정식은 (3-261)과 같다.

$$ma=-kx-lv$$

주 v는 빠르기(속도의 절댓값)가 아니라 속도(x축의 양의 방향으로 움직일 때는 $v>0$, x축의 음의 방향으로 움직일 때는 $v<0$이 되는 부호가 붙은 값)이므로 운동방정식에서 저항력의 항은 언제나 '$-lv$' 임을 기억하자.

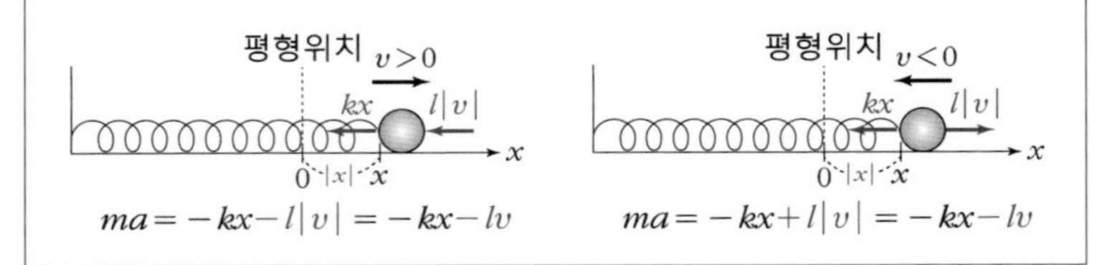

(1) 임계감쇠운동이 되는 것은 **특성방정식이 중근을 갖는 경우**다.

(2) (3)은 **특성방정식이 허수근을 갖는** 경우이므로 **감쇠진동**이 된다. 여기서는 삼각함수의 합성은 사용하지 않는 게 좋다. 그것이 x나 v를 깔끔하게 나타낼 수 있기 때문이다.

해답

(1) 운동방정식은

$$ma = -kx - lv \tag{3-292}$$

이므로, 미분을 사용하여 다시 쓰면

$$m\frac{d^2x}{dt^2} = -kx - l\frac{dx}{dt}$$

$$\Rightarrow \quad m\frac{d^2x}{dt^2} + l\frac{dx}{dt} + kx = 0$$

$$\Rightarrow \quad \frac{d^2x}{dt^2}+\frac{l}{m}\frac{dx}{dt}+\frac{k}{m}x=0 \qquad (3\text{-}293)$$

이계 상수계수 선형 동차 미분방정식인 (3-293)의 특성방정식은

$$\lambda^2+\frac{l}{m}\lambda+\frac{k}{m}=0 \qquad (3\text{-}294)$$

임계감쇠운동이 되는 것은 특성방정식 (3-294)가 중근을 가질 때이므로 판별식은 0. 따라서 구하는 조건은

$ax^2+bx+c=0 \quad \Rightarrow \quad D=\sqrt{b^2-4ac}$

$$D=\left(\frac{l}{m}\right)^2-4\frac{k}{m}=0 \Rightarrow \boldsymbol{l^2=4km} \qquad (3\text{-}295)$$

(2) $l=2m,\ k=101m$에서

$$\frac{l}{m}=2,\quad \frac{k}{m}=101 \qquad (3\text{-}296)$$

이들을 (3-294)에 대입하면

$$\lambda^2+2\lambda+101=0$$

$$\Rightarrow \quad \lambda=\frac{-2\pm\sqrt{2^2-4\cdot1\cdot101}}{2}$$

$ax^2+bx+c=0$

$\Rightarrow \quad x=\dfrac{-b\pm\sqrt{b^2-4ac}}{2a}$

$$=-1\pm\frac{\sqrt{-(404-4)}}{2}$$

$$=-1\pm\frac{\sqrt{400}}{2}\sqrt{-1}$$

$\sqrt{-1}=i$

$$=-1\pm10i \qquad (3\text{-}297)$$

따라서 일반근은

$D<0$일 때 : $\lambda=p+qi,\ p-qi$
$y=C_1e^{px}\cos qx+C_2e^{px}\sin qx$

$$x' = C_1 e^{-t}\cos 10t + C_2 e^{-t}\sin 10t$$

$$= e^{-t}(C_1\cos 10t + C_2\sin 10t) \qquad (3\text{-}298)$$

이다(C_1, C_2는 임의 상수).

$t=0$에서 $x=x_0$, $v=0$이라고 하면

$e^0=1$

$$x_0 = e^0(C_1\cos 0 + C_2\sin 0) = C_1 \qquad (3\text{-}299)$$

$\{f(x)g(x)\}' = f'(x)g(x) + f(x)g'(x)$

$(e^{ax})' = ae^x$

$(\cos ax)' = -a\sin x$, $(\sin ax)' = a\cos ax$

$$v = \frac{dx}{dt}$$

$$= \{e^{-t}(C_1\cos 10t + C_2\sin 10t)\}'$$

$$= -e^{-t}(C_1\cos 10t + C_2\sin 10t)$$

$$+ e^{-t}(-10C_1\sin 10t + 10C_2\cos 10t)$$

$$= e^{-t}\{(10C_2 - C_1)\cos 10t - (10C_1 + C_2)\sin 10t\}$$

$$(3\text{-}300)$$

$t=0$에서 $v=0$

$\cos 0 = 1$, $\sin 0 = 0$

$$\Rightarrow\ 0 = e^0\{(10C_2 - C_1)\cos 0 - (10C_1 + C_2)\sin 0\}$$

$$\Rightarrow\ 10C_2 - C_1 = 0 \Rightarrow C_2 = \frac{1}{10}C_1 \qquad (3\text{-}301)$$

(3-299)와 (3-301)에서

$$C_1 = x_0,\ C_2 = \frac{1}{10}x_0 \qquad (3\text{-}302)$$

(3-302)를 (3-298)에 대입하면

$$x = e^{-t}\left(x_0\cos 10t + \frac{1}{10}x_0\sin 10t\right)$$

$$=x_0e^{-t}\left(\cos 10t+\frac{1}{10}\sin 10t\right) \qquad (3\text{-}303)$$

(3) (3-300)에 (3-302)를 대입하면

$$v=e^{-t}\left\{\left(10\cdot\frac{1}{10}x_0-x_0\right)\cos 10t\right.$$

$$\left.-\left(10x_0+\frac{1}{10}x_0\right)\sin 10t\right\}$$

$$=-\left(10+\frac{1}{10}\right)x_0e^{-t}\sin 10t \qquad (3\text{-}304)$$

$e^{-t}>0$

이므로 $v=0$일 때

$$\sin 10t=0 \quad \Rightarrow \quad 10t=n\pi$$

$$\Rightarrow \quad t=\frac{n\pi}{10} \quad (n=0,\ 1,\ 2,\ 3\cdots) \qquad (3\text{-}305)$$

주

$\sin\theta=0$일 때, 일반각(p. 110)에서 생각하면

$$\theta=0+2n\pi \text{ 또는 } \theta=\pi+2n\pi \quad \Rightarrow \quad \theta=n\pi$$

〈그림 3-24〉는 (3-303)의 그래프다. 참고하기 바란다.

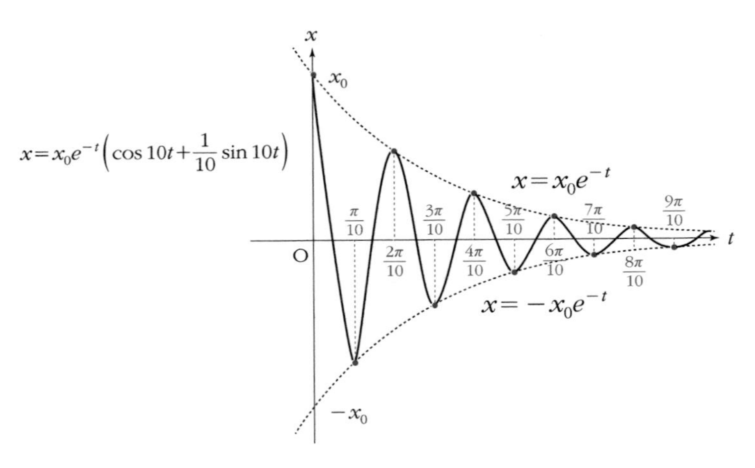

〈그림 3-24〉 감쇠운동

주 점선은 $x = \pm x_0e^{-t}$, 파란 점은 속도 v가 0이 되는 순간을 나타낸다.

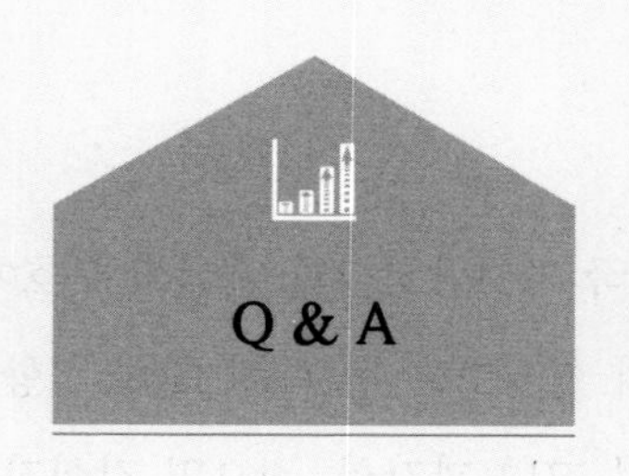

학생 : 드디어 선생님과도 작별이네요…. (딱히 미련은 없지만) 여기까지 왔다는 게 믿어지지 않아요.

선생 : 고생 많았어요. 정말 열심히 따라와주었어요.

학생 : 이번 장은 특히 수식이 엄청났어요….

선생 : 그렇기 때문에 물리적인 상황을 의식하는 게 중요해요.

학생 : 무슨 말씀이세요?

선생 : 우리는 오랜 준비와 계산을 거쳐 이계 상수계수 선형 동차 미분방정식의 일반근은 특성방정식의 판별식 부호에 의해 세 가지로 분류할 수 있다고 배웠어요. 거기까지만 알고 끝나버리면 미분방정식의 본질을 다루었다고 할 수 없어요.

학생 : 휴우….

선생 : 실제로 많은 대학생이 이계 상수계수 선형 동차 미분방정식의 세 가지 근을 암기만 하고 끝내버린다고 해요. 하지만 이계 상수계수 선형 동차 미분방정식을 용수철에 연결된 물체가 속도에 비례하는 저항력을 받으면서 운동할 때의 운동방정식으로 이해하면, 각각의 근과 그래프를 설명할 수 있었죠?

학생 : 확실히 계산은 어려웠지만 '물리에 필요한 수학'에 들어가서 약간 안심이 되기는 했어요.

선생 : 그렇죠? 결국 특성방정식의 판별식 부호에 의한 근의 분류는 용수철의 힘(용수철 상수 k)에 대해 저항력의 크기(저항력의 비례상수 l)가 크면 **과감쇠**, 작으면 **감쇠진동**이 된다고 알려주는 것에 지나지 않아요. 저항력이 클 때, 물체가 평형위치로 돌아가기 전에 (진동하지 않고) 정지해버리는 것은 직감으로 이해할 수 있지요.

학생 : 용수철의 힘에 대해 저항력이 작은 경우, 진동이 계속되다가 점차 진동의 진폭이 작아지지요.

선생 : 미분방정식은 그런 이미지나 '실감'을 동반해야 비로소 이해했다고 말할 수 있어요.

학생 : 그것이 '수학과 물리를 함께 배우는 묘미'인가요?

선생 : 맞아요! 수학의 수준이 높아지고 수식 변형이 복잡해질수록 얻어진 결과는 단순한 문자나 숫자의 나열로 보입니다. 하지만 물리라는 '현상'은 수식에 생생한 이미지를 불어넣어 주죠. 이것이 수학에 대한 이해를 비약적으로 높여주고요. 그런 의미에서 **수학과 물리는 자동차의 두 바퀴 같아 양쪽을 배울 때 비로소 균형이 맞춰진다**고 생각합니다.

학생 : 하지만 미적분은 물리뿐만 아니라 다른 분야에도 널리 응용되잖아요?

선생 : 예. 하지만 물리 이외의 분야에 응용하는 것은 여러 현상을 물리현상에 견주어 생각함으로써 발전해온 측면이 많습니다. 아무튼 물리를 통해 미적분을 이해한다면 다양한 면에서 아주 유리할 거예요.

마치며

먼저 결코 얇지 않은 이 책을 끝까지 읽어준 독자 여러분에게 진심 어린 감사와 경의를 표한다. 이 책이 독자 여러분에게 유익할지 어떨지는 순전히 여러분 자신에게 달려 있다. 다만, 수학과 물리를 동시에 배우는 것의 의미와 의의를 느끼는 사람이 이 책을 통해 한 명이라도 많아지기를 기대한다.

운 좋게도 나는 고등학생일 때 미적분을 물리에 사용하는 감동을 체험할 기회를 얻었다. 그것이 오늘날의 나로 이어졌음을 언제나 느끼고 있다. 그래서 '물리+수학책'을 써달라는 의뢰를 받았을 때 기뻤다.

귀중한 기회를 제공해준 SB크리에이티브의 편집자에게 이 지면을 빌려 깊이 감사드린다. 그는 편집자로서는 드물게(?) 수학과 출신으로, 이과생다운 귀중한 조언을 많이 해주었다. 또한 표지와 본문을 멋지게 꾸며준 북디자이너, 내용을 세세하게 살펴봐준 교정자, 그 외에도 이 책이 만들어지기까지 최선을 다해준 모든 분들께 고마움을 전하고 싶다.

2016년 가을, 요코하마에서

나가노 히로유키

옮긴이 위정훈

고려대학교 서어서문학과를 졸업하고 도쿄대 대학원 총합문화연구과 객원연구원으로 유학했다. 인문, 정치사회, 문학 등 다양한 분야의 출판기획과 번역가로 활동하고 있다. 옮긴 책으로《회사에 꼭 필요한 최소한의 수학》,《빅데이터를 지배하는 통계의 힘-데이터활용 편》,《왜 인간은 전쟁을 하는가》,《통계가 빨라지는 수학력》등 다수가 있다.

처음 만나는 물리수학책

물리가 쉬워지는 미적분

초판 1쇄 발행 2018년 6월 20일
초판 11쇄 발행 2024년 6월 3일

지은이 나가노 히로유키
옮긴이 위정훈
감 수 김범준
펴낸이 이범상
펴낸곳 (주)비전비엔피 · 비전코리아

기획편집 차재호 김승희 김혜경 한윤지 박성아 신은정
디자인 김혜림 최원영 이민선
마케팅 이성호 이병준 문세희
전자책 김성화 김희정 안상희 김낙기
관리 이다정

주소 우)04034 서울시 마포구 잔다리로7길 12 (서교동)
전화 02)338-2411 | **팩스** 02)338-2413
홈페이지 www.visionbp.co.kr
인스타그램 www.instagram.com/visionbnp
포스트 post.naver.com/visioncorea
이메일 visioncorea@naver.com
원고투고 editor@visionbp.co.kr

등록번호 제313-2005-224호

ISBN 978-89-6322-135-9 04410

· 값은 뒤표지에 있습니다.
· 잘못된 책은 구입하신 서점에서 바꿔드립니다.